水利水电工程
质量管理与控制

郑霞忠　朱忠荣　主　编
蔡启龙　王从锋　晋良海　李俊美　谭　华　副主编

中国电力出版社
CHINA ELECTRIC POWER PRESS

内 容 提 要

本书是按照国家和相关部门的有关法律、法规、标准和规范，结合水利水电工程实践经验编写而成的。书中首先介绍了建设工程质量控制相关理论，然后重点从施工角度介绍了水利水电工程施工全过程的质量控制手段和方法，最后介绍了水利水电工程质量标准与强制性条文，并结合工程实践介绍了水利水电工程施工质量控制的要点。

本书在编写过程中注重理论性和实用性相结合，强调操作性，内容系统、翔实，主要来源于编者多年的水利水电工程实践经验，同时也参阅了国家及行业标准、国内外有关技术文献等。书中列举了一些水电工程实践性案例，包括水利水电工程中一些主要工程类别的质量控制要点与措施，是一部较为完整、系统的水利水电工程质量管理工具书。

本书既可作为水利水电工程建设单位、监理单位、施工单位质量管理等工作人员的培训用书，也可作为大专院校水利水电工程、农田水利工程、土木工程及工程管理等专业学生的参考用书。

图书在版编目（CIP）数据

水利水电工程质量管理与控制/郑霞忠，朱忠荣主编. —北京：中国电力出版社，2011.10（2018.8 重印）

ISBN 978-7-5123-2205-9

Ⅰ. ①水… Ⅱ. ①郑…②朱… Ⅲ. ①水利工程-工程质量-质量管理②水利发电工程-工程质量-质量管理 Ⅳ. ①TV512

中国版本图书馆 CIP 数据核字（2011）第 204111 号

中国电力出版社出版、发行

（北京市东城区北京站西街 19 号 100005 http：//www.cepp.sgcc.com.cn）

三河市航远印刷有限公司印刷

各地新华书店经售

*

2011 年 10 月第一版 2018 年 8 月北京第三次印刷

787 毫米×1092 毫米 16 开本 18.25 印张 412 千字

印数 3501—4500 册 定价 **70.00** 元

前　　言

2011年中央1号文件《中共中央国务院关于加快水利改革的决定》首次全面聚焦水利行业，中央高度重视水利行业的发展。根据该文件，未来10年，我国水利年均投入比2010年高出1倍，水利工程投资将达4万亿元。为兑现我国向国际社会作出的节能减排承诺，到2020年，我国水电装机容量必须达到3.8亿kW（截至2010年8月，我国水电装机容量为2亿kW），这意味着未来10年我国水电装机容量将翻一番。未来10年将是我国水利水电行业发展新的高峰期。

水利水电工程通常具有建设周期长、投资规模大、工程技术复杂、施工中不确定性因素多、施工质量控制难度较大等特点，面对水利水电工程新一轮的快速发展，水利水电工程质量管理人员应具备扎实的质量管理理论和更高的质量管理能力。根据我国水利水电工程行业的需求，编者结合水利水电工程实践经验及多年从事水利水电工程质量管理培训工作的积累，参阅水利水电工程、房屋建筑工程等行业相关文献，编写完成此书。

本书由三峡大学水利与环境学院周宜红教授、郭琦教授主审。书中内容共分七章。第一章由李俊美、晋良海、朱忠荣编写，第二章由王从锋、晋良海编写，第三章由郑霞忠、李俊美编写，第四章由朱忠荣、蔡启龙编写，第五章由晋良海、李俊美编写，第六、第七章由蔡启龙、谭华（中国葛洲坝集团公司质安部主任）、王从锋、朱忠荣编写。

本书在编写过程中，得到了三峡大学、中国电力建设集团有限公司、中国能源建设集团有限公司领导及水利水电行业专家的大力支持和帮助，在此表示感谢。在水利水电工程质量管理培训及全国注册监理工程师水利水电工程专业培训过程中，部分培训学员提出了一些宝贵意见，在此一并表示感谢。

书中参考和引用了所列参考文献的某些内容，谨向这些文献的编著者致以诚挚的谢意。由于编者水平有限，书中难免有不足之处，恳请读者批评指正。

编者

2011年9月

前言

目　录

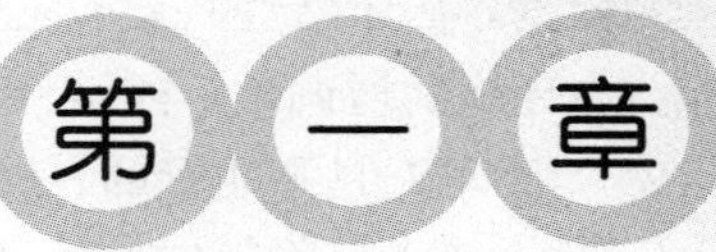

第一章 建设工程质量控制概述

第一节　质量管理基本概念

质量是企业的生命，是企业发展的灵魂和竞争核心。“百年大计，质量第一”是人们对建设工程项目质量重要性的高度概括。质量水平的高低是一个国家经济、科技、教育和管理水平的综合反映，已成为影响国民经济和对外贸易发展的重要因素之一。目前，我国产品质量、工程质量、服务质量总体水平还不能满足人民生活水平日益提高和社会不断发展的需要，与经济发达国家相比仍有较大差距。近年来，国家采取了一系列措施，以提高产品质量、工程质量、服务质量。

建设项目质量是决定建设项目成败的关键，也是施工单位三大控制目标（成本、质量、进度）的重点之一。建设项目的成本控制和进度控制必须以一定的质量水平为前提，以确保建设项目能全面满足各项要求。为此，我国于1997年11月1日颁布了《中华人民共和国建筑法》（1998年3月1日起施行），2000年1月30日又颁布了《建设工程质量管理条例》（2000年1月30日起施行）。

水利是现代农业建设不可或缺的首要条件，是经济社会发展不可替代的基础支撑，是生态环境改善不可分割的保障系统。水电是技术成熟的可再生能源，是实现可持续发展的基石。根据规划，2011～2020年，我国的水利工程投资年均较2010年翻番，2020年我国的水电装机容量须达到3.8亿kW（截至2010年8月26日，我国水电装机容量为2亿kW）。水利水电工程的质量对国民经济起着重要作用。在水利水电工程建设过程中，必须进一步加强工程质量控制，如水库、大坝、水电站、堤防、输水管渠等发生质量问题，将对国家和人民造成不可估量的损失。1997年，水利部颁布了《水利工程质量管理规定》。2000年，原国家电力公司颁布了《水电建设工程质量管理办法（试行）》。

一、质量和建设工程质量

（一）质量

1. 质量的定义

ISO 9000：2000族标准中质量的定义是：一组固有特性满足要求的程度。

（1）上述质量不仅指产品质量，也可以是某项活动或过程的质量，也可以是质量管理体系的质量。

（2）“特性”是指可区分的特征。特性可以是固有的或赋予的，也可以是定量的或定性的。“固有的”就是指在某事或某物中本来就有的，尤其是那种永久的特性。这里的质量特性就是指固有的特性，而不是赋予的特性（如某一产品的价格）。作为评价、检验和考核的依据，质量特性一般包括性能、适用性、可信性（可用性、可靠性、维修性）、安全性、与环境的协调性、经济性和美学性。

(3)“要求”是指明示的、通常隐含的或必须履行的需求或期望。

1）明示的：是指规定的要求，如在合同、规范、标准等文件中阐明的或顾客明确提出的要求。

2）通常隐含的：是指组织、顾客和其他相关方的惯例和一般做法，所考虑的需求或期望是不言而喻的。一般情况下，顾客或相关文件（如标准）中不会对这类要求作出明确的规定，供方应根据自身产品的用途和特性加以识别。

3）必须履行的：是指法律、法规要求的或有强制性标准要求的。组织在产品实现过程中必须执行这类标准。

要求是随环境变化的，在合同环境和法规环境下，要求是规定的；而在其他环境（非合同环境）下，要求则应加以识别和确定，也就是要通过调查了解和分析判断来确定。要求可由不同的相关方提出，不同的相关方对同一产品的要求可能是不同的。也就是说，对质量的要求，除考虑要满足顾客的需要外，还要考虑其他相关方即组织自身利益、提供原材料和零部件的供方的利益和社会的利益等。

质量的差、好或者是优秀，是由产品固有特性满足要求的程度来反映的。

(4) 质量具有时效性和相对性。

1）质量的时效性：由于组织的顾客和其他相关方对组织的产品、过程和体系的需求和期望是不断变化的，因此组织应定期评定质量要求、修订规范标准，不断开发新产品、改进老产品，以满足已变化的质量需求。

2）质量的相对性：组织的顾客和其他相关方可能对同一产品的功能提出不同要求，需求不同，质量要求也不同。在不同时期和不同地区，要求也不一样。只有满足要求的产品，才是好的产品。

2. 现代关于质量的认识

现代关于质量的认识包括对社会性、经济性和系统性三方面的认识。

(1) 质量的社会性。质量的好坏不仅从直接的用户，而是从整个社会的角度来评价，关系到生产安全、环境污染、生态平衡等问题时更是如此。

(2) 质量的经济性。质量不仅从某些技术指标来考虑，还从制造成本、价格、使用价值和消耗等几个方面来综合评价。在确定质量水平或目标时，不能脱离社会的条件和需要，不能单纯追求技术上的先进性，还应考虑使用上的经济合理性，使质量和价格达到合理的平衡。

(3) 质量的系统性。质量是一个受到设计、制造、使用等因素影响的复杂系统。例如，汽车是一个复杂的机械系统，同时又是涉及道路、司机、乘客、货物、交通制度等特点的使用系统。产品的质量应达到多维评价的目标。全面质量控制的创始人阿曼德·费根堡姆认为，质量系统是指具有确定质量标准的产品和为交付使用所必需的管理上和技术上的步骤的网络。

（二）建设工程质量

建设项目质量通常有狭义和广义之分。从狭义上讲，建设项目质量通常指工程产品质量，而从广义上讲，则应包括工程产品质量和工作质量两个方面。

1. 工程产品质量

建设工程的质量特性主要表现在以下几个方面：

（1）性能。性能即功能，是指工程满足使用目的的各种性能，包括力学性能（如强度、弹性、硬度等）、理化性能（尺寸、规格、耐酸碱、耐腐蚀）、结构性能（大坝强度、稳定性）和使用性能（大坝要能防洪、发电等）。

（2）时间性。工程产品的时间性是指工程产品在规定的使用条件下，能正常发挥规定功能的工作总时间，即服役年限，如水库大坝能正常发挥挡水、防洪等功能的工作年限。一般来说，由于筑坝材料（如混凝土）的老化、水库的淤积和其他自然力的作用，水库大坝能正常发挥规定功能的工作时间是有一定限制的。机械设备（如水轮机等）也可能由于达到疲劳状态或机械磨损、腐蚀等原因而限制其寿命。

（3）可靠性。可靠性是指工程在规定的时间内和规定的条件下，完成规定的功能能力的大小和程度。符合设计质量要求的工程，不仅要求在竣工验收时要达到规定的标准，而且在一定的时间内要保持应有的正常功能。

（4）经济性。工程产品的经济性表现为工程产品的造价或投资、生产能力或效益及其生产使用过程中的能耗、材料消耗和维修费用的高低等。对水利工程而言，就应首先从精心的规划工作开始，在详细研究各种资料的基础上，作出合理的、切合实际的可行性研究报告，并据此提出设计任务书，然后采用新技术、新材料、新工艺，做到优化设计，并精心组织施工，节省投资，以创造优质工程。在工程投入运行后，应加强工程管理，提高生产能力，降低运行、维修费用，提高经济效益。所谓工程产品的经济性，应体现在工程建设的全过程中。

（5）安全性。工程产品的安全性是指工程产品在使用和维修过程中的安全程度，如水库大坝在规范规定的荷载条件下应能满足强度和稳定的要求，并有足够的安全系数。在工程施工和运行过程中，应能保证人身和财产免遭危害，大坝应有足够的抗地震能力、防火等级，以及机械设备安装运转后的操作安全保障能力等。

（6）适应性与环境的协调性。工程的适应性表现为工程产品适应外界环境变化的能力。例如，在我国南方建造大坝时应考虑到水头变化较大，而在北方则要考虑温差较大。除此之外，工程还要与其周围生态环境协调，以适应可持续发展的要求。

2. 工作质量

工作质量是指参与工程项目建设的各方，为了保证工程项目质量所做的组织管理工作和生产全过程各项工作的水平和完善程度。工作质量包括社会工作质量，如社会调查、市场预测、质量回访和保修服务等；生产过程工作质量，如政治工作质量、管理工作成量、技术工作质量、后勤工作质量等。工程项目质量是多单位、各环节工作质量的综合反映，而工程产品质量又取决于施工操作和管理活动各方面的工作质量。因此，保证工作质量是确保工程项目质量的基础。

二、质量控制和工程质量控制

（一）质量控制

ISO 9000：2000 族标准中质量控制的定义是：质量管理的一部分，致力于满足质量要求。

质量控制的目标就是确保产品的质量能满足顾客、法律法规等方面所提出的质量要求。质量控制的范围涉及产品质量形成全过程中的各个环节。任何一个环节的工作没做好，都会使产品质量受到损害，从而不能满足质量的要求。因此，质量控制是通过采取一系列的作业技术和活动对各个过程实施控制的。

质量控制可从以下几个方面进行理解：

（1）质量控制的对象是过程，结果是能使被控制对象达到规定的质量要求。

（2）作业技术是指专业技术和管理技术结合在一起，作为控制手段和方法。

（3）质量控制应贯穿于质量形成的全过程（即质量环的所有环节）。

（4）质量控制的目的在于以预防为主，通过采取预防措施来排除质量环各个阶段产生问题的原因，以获得期望的经济效益。

（5）质量控制的具体实施主要是根据影响产品质量的各环节、各因素制定相应的计划和程序，对发现的问题和不合格情况进行及时处理，并采取有效的纠正措施。

质量控制的工作内容包括作业技术和活动。这些活动包括：

（1）确定控制对象，如一道工序、设计过程、制造过程等。

（2）规定控制标准，即详细说明控制对象应达到的质量要求。

（3）制定具体的控制方法，如工艺规程。

（4）明确所采用的检验方法，包括检验手段。

（5）实际进行检验。

（6）说明实际与标准之间存在差异的原因。

（7）为解决差异而采取的行动。

质量控制具有动态性，因为质量要求随着时间的进展而在不断变化。为了满足不断更新的质量要求，应对质量控制进行持续改进。

（二）工程质量控制

工程质量控制是致力于满足工程质量要求，也就是为了保证工程质量满足工程合同规范标准所采取的一系列措施、方法和手段。工程质量要求主要包括工程合同、设计文件、技术标准规范的质量标准。

按控制主体的不同，工程质量控制主要包括以下四个方面。

1. 政府的工程质量控制

政府的工程质量控制主要以抽查为主，运用法律和行政手段，通过有关单位资质复核，技术规程、规范和质量标准的执行情况检查，工程质量的不定期检查，工程质量评定和验收等重要环节实现其目的。

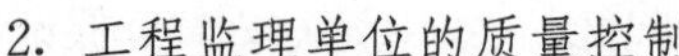

2. 工程监理单位的质量控制

工程建设监理的质量控制，是指监理单位受发包人委托，按照合同规定的质量标准对工程项目质量进行的控制。

监理单位的质量控制体系主要依据国家的有关法律及技术规范、合同文件、设计图纸，对承包单位在设计施工全过程中进行检查认证，及时发现其中的问题，分析原因，采取正确的措施加以纠正，防患于未然。

监理单位对质量的检查认证有一套完整的、严密的组织机构、工作程序和方法，构成了建设项目的质量控制体系，成为我国工程建设管理体系中不可缺少的另一层次的组成部分，并对强化质量管理发挥了越来越重要的作用。

但是，监理单位的质量控制并不能代表承包人内部的质量保证体系，它只能通过执行承包合同，运用质量认证权和否决权，对承包人进行检查和管理，并促使承包人建立和健全质量保证体系，从而保证工程质量。

3. 勘测设计单位的质量控制

勘测设计单位的质量控制是以法律、法规以及设计合同为依据，对勘测设计的整个过程进行控制，包括工程进度、费用、方案以及设计成果的控制，以满足合同的要求。

4. 施工单位的质量控制

施工单位的质量控制是以工程承包合同、设计图纸和技术规范为依据，对施工准备、施工阶段、工程设备和材料、工程验收阶段以及保修期全过程的工程质量进行控制，以达到合同的要求。

三、质量保证和质量保证体系

（一）质量保证

ISO 9000：2000 族标准中质量保证的定义是：质量管理的一部分，致力于提供质量要求会得到满足的信任。

质量保证的内涵不是单纯地为了保证质量。保证质量是质量控制的任务，而质量保证是以保证质量为基础，进一步引申到提供信任这一基本目的，信任是通过提供证据来达到的。质量控制和质量保证的某些活动是互相关联的，只有质量要求全面反映用户的要求，质量保证才能提供足够的信任。

证实具有质量保证能力的方法通常有：供方合格声明、提供形成文件的基本证据、提供其他顾客的认定证据、顾客亲自审核、由第三方进行审核、提供经国家认可的认证机构出具的认证证据。

根据目的的不同，可将质量保证分为外部质量保证和内部质量保证。外部质量保证是指在合同或其他情况下，向顾客或其他方提供足够的证据，表明产品、过程或体系满足质量要求，取得顾客和其他方的信任，使其对质量放心。内部质量保证是指在一个组织内部向管理者提供证据，以表明产品、过程或体系满足质量要求，取得管理者的信任，让管理者对质量放心。内部质量保证是组织领导的一种管理手段，外部质量保证才是其目的。

在工程建设中，质量保证的途径包括以下三种：

（1）以检验为手段的质量保证。以检验为手段的质量保证，实质上是对工程质量效果是否合格作出评价，并不能通过它对工程质量加以控制。因此，它不能从根本上保证工程质量，只是质量保证工作的内容之一。

(2) 以工序管理为手段的质量保证。以工序管理为手段的质量保证，是通过对工序能力进行研究，充分管理设计、施工工序，使之处于严格的控制之中，以此来保证最终的质量效果。但这种手段仅对设计、施工工序进行控制，并没有对规划和使用等阶段实行有关的质量控制。

(3) 以开发新技术、新工艺、新材料、新工程产品为手段的质量保证。以开发新技术、新工艺、新材料、新工程产品为手段的质量保证，是对工程从规划、设计、施工到使用的全过程实行的全面质量保证。这种质量保证弥补了前两种质量保证手段的不足，可以从根本上确保工程质量。这是目前最高级别的质量保证手段。

(二) 设计、施工单位的质量保证体系

质量保证体系是以保证和提高工程质量为目标，运用系统的概念和方法，把企业各部门、各环节的质量管理职能和活动合理组织起来，形成一个明确任务、职责、权限，而又互相协调、互相促进的管理网络和有机整体，使质量管理制度化、标准化，从而建造出用户满意的工程，形成一个有机的质量保证体系。

在工程项目实施过程中，质量保证是指企业对用户在工程质量方面作出担保和保证(承诺)。在承包人组织内部，质量保证是一种管理手段。在合同环境中，质量保证还被承包人用以向发包人提供信任。无论如何，质量保证都是承包人的行为。

设计/施工承包人的质量保证体系，是我国工程管理体系中最基础的部分，对于确保工程质量是至关重要的。只有使质量保证体系正常实施和运行，才能使建设单位、设计施工承包人在风险、成本及利润三个方面达到最佳状态。

1. 质量保证体系的主要内容

(1) 有明确的质量方针、质量目标和质量计划。

(2) 建立严格的质量责任制。

(3) 设立专职质量管理机构和质量管理人员。

(4) 实行质量管理业务标准化和管理流程程序化。

2. 质量保证体系的组成

质量保证体系一般由下列子体系组成：

(1) 思想保证子体系。要求参与项目实施和管理的全体人员树立“质量第一，用户第一”及“下道工序是用户，服务对象是用户”的观点，并掌握全面质量管理的基本思想、基本观点和基本方法。这是建立质量保证体系的前提和基础。

(2) 组织保证子体系。组织保证子体系是指工程建设中质量管理的组织系统与工程产品形成过程中有关的组织机构体系。工程质量是各项管理的综合反映，也是管理水平的具体体现。必须建立健全各级组织，分工负责，做到以预防为主，预防与检查相结合，形成一个有明确任务、职责、权限、互相协调和互相促进的有机整体。

(3) 工作保证子体系。工作保证子体系是指参与工程建设规划、设计、施工和管理的各部门、各环节、各个质量形成过程的工作质量保证子体系的综合。以工程产品形成的过程划分，主要包括勘测设计过程质量保证子体系、施工过程质量保证子体系、辅助生产过程质量保证子体系和使用过程质量保证子体系等。

建设项目的质量保证体系的组成如图 1－1 所示。

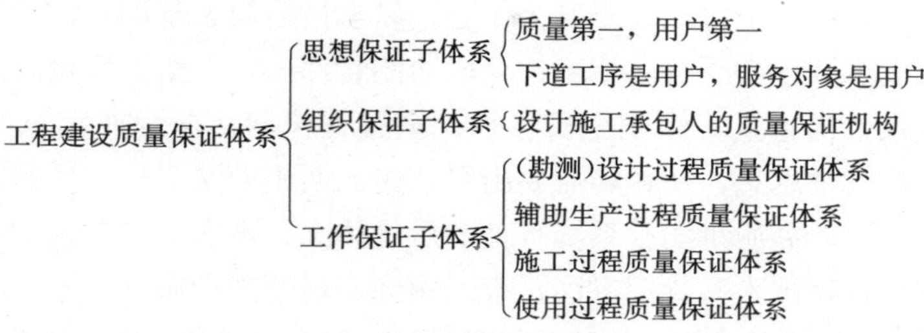

图 1－1 建设项目质量保证体系的组成

在图 1－1 中，设计和施工两个过程的质量保证子体系是工作保证子体系的重要组成部分，因为设计和施工这两个过程直接影响到工程质量的形成，而这两个过程中施工现场的质量保证子体系又是其核心和基础，是构成工作保证子体系的一个重要子体系。它一般由工序管理和质量检验两方面组成。

四、质量管理

ISO 9000：2000 族标准中质量管理的定义是：在质量方面指挥和控制组织的协调活动。在质量方面的指挥和控制活动，通常包括制定质量方针和质量目标，以及质量策划、质量保证和质量改进。

由定义可知，质量管理是一个组织全部管理职能的一个组成部分，其职能是质量方针、质量目标和质量职责的制定与实施。质量管理是有计划、有系统的活动，为实施质量管理需要建立质量体系，而质量体系又要通过质量策划、质量控制、质量保证和质量改进等活动发挥其职能。可以说，这四项活动是质量管理工作的四大支柱。

质量体系是指为实施质量管理所需的组织机构、程序过程和资源。在这三个组成部分中，任一组成部分的缺失或不完善都会影响质量管理活动的顺利实施和质量管理目标的实现。质量管理的目标是组织总目标的重要内容，质量目标和责任应按级分解落实，各级管理者对目标的实现负有责任。

质量管理是各级管理者的职责，但必须由最高管理者领导，质量管理需要全员参与并承担相应的义务和责任。因此，一个组织要搞好质量管理，应加强最高管理者的领导作用，落实各级管理者职责，并加强教育、激励全体职工积极参与。

五、全面质量管理

（一）全面质量管理的发展与兴起

全面质量管理（Total Quality Management，TQM）最早起源于美国，20 世纪 60 年代在日本推行时又有了新的发展，并引起了世界各国的瞩目。全面质量管理的基本核心是提高人的素质，增强质量意识，调动人的积极性，人人做好本职工作，通过抓好工作质量来保证和提高产品质量或服务质量。全面质量管理是企业管理现代化、科学化的一项重要内容。全面质量管理类似于日本式的全面质量控制（TQC）。首先，质量的涵义是全面的，不仅包括产品服务质量，而且包括工作质量，用工作质量保证产品或服务质量；其次，TQC是全过程的质量管理，不仅要管理生产制造过程，而且要管理采购、设计直至储存、销售、售后服务的全过程。

全面质量管理是指一个组织以质量为中心，以全员参与为基础，目的在于通过顾客满意和本组织所有成员及社会受益而达到长期成功的管理途径。全面质量管理是一种现代的质量管理，它重视人的因素，强调全员参加、全过程控制、全企业实施的质理管理。首先，它是一种现代管理思想，从顾客需要出发，树立明确而又可行的质量目标；其次，它要求形成一个有利于产品质量实施系统管理的质量体系；再次，它要求把一切能够促进提高产品质量的现代管理技术和管理方法，都运用到质量管理中来。

我们应形成一种这样的意识，好的质量是设计、制造出来的，不是检验出来的；质量管理的实施要求全员参与，并且要以数据为客观依据，要视顾客为上帝，以顾客需求为核心。

（二）全面质量管理的基本方法

全面质量管理的特点集中表现在“全面质量管理、全过程质量管理、全员质量管理”三个方面。美国质量管理专家戴明（W. E. Deming）把全面质量管理的基本方法概括为四个阶段、八个步骤，简称PDCA循环，又称“戴明环”。

（1）计划阶段：又称P（Plan）阶段，主要是在调查问题的基础上制定计划。计划的内容包括确立目标、活动等，以及制定完成任务的具体方法。这个阶段包括八个步骤中的前四个步骤，即查找问题，进行排列，分析问题产生的原因，制定对策和措施。

（2）实施阶段：又称D（Do）阶段，就是按照制定的计划和措施去实施，即执行计划。这个阶段是八个步骤中的第五个步骤，即执行措施。

（3）检查阶段：又称C（Check）阶段，就是检查生产（如设计或施工）是否按计划执行，其效果如何。这个阶段是八个步骤中的第六个步骤，即检查采取措施后的效果。

（4）处理阶段：又称A（Action）阶段，就是总结经验和清理遗留问题。这个阶段包括八个步骤中的最后两个步骤：建立巩固措施，即把检查结果中成功的做法和经验加以标准化、制度化，并使之巩固下来；提出尚未解决的问题，转入到下一个循环。

在PDCA循环中，处理阶段是一个循环的关键。PDCA的循环过程是一个不断解决问题和不断提高质量的过程，如图1-2所示。同时，在各级质量管理中都有一个PDCA循环，形成一个大环套小环、一环扣一环、互相制约、互为补充的有机整体，如图1-3所示。在PDCA循环中，一般来说，上一级的循环是下一级循环的依据，下一级的循环是上一级循环的落实和具体化。

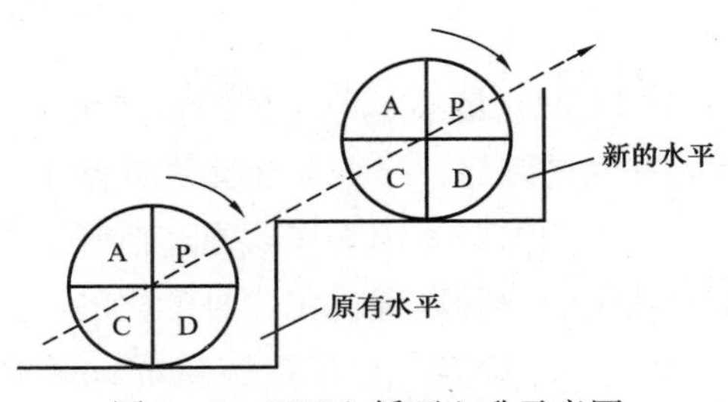

图1-2　PDCA循环上升示意图

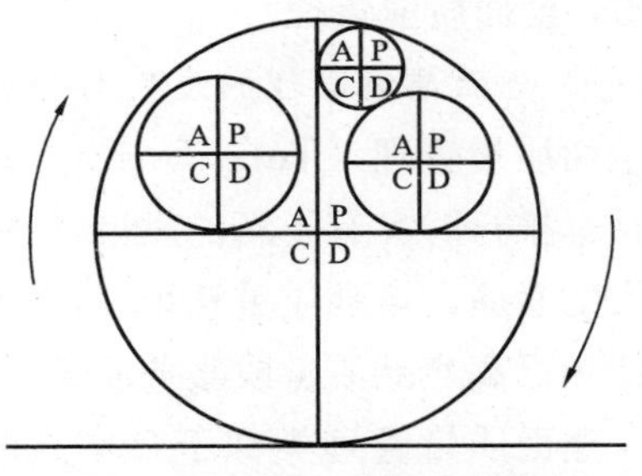

图1-3　PDCA循环示意图

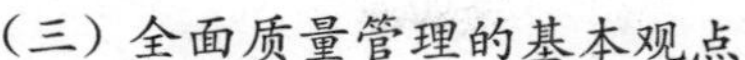

（三）全面质量管理的基本观点

(1) 质量第一的观点。“质量第一”是推行全面质量管理的思想基础。工程质量的好坏，不仅关系到国民经济的发展及人民生命财产的安全，而且直接关系到企事业单位的信誉、经济效益、生存和发展。因此，在工程项目的建设全过程中，所有人员都必须牢固树立“质量第一”的观点。

(2) 用户至上的观点。“用户至上”是全面质量管理的精髓。工程项目用户至上的观点包括两个方面的含义：一是直接或间接使用工程的单位或个人；二是在企事业内部，生产（设计、施工）过程中下一道工序为上一道工序的用户。

(3) 预防为主的观点。工程质量的好坏是设计、制造出来的，而不是检验出来的。检验只能确定工程质量是否符合标准要求，但不能从根本上决定工程质量的高低。全面质量管理必须强调从事检验把关变为工序控制，从管质量结果变为管质量因素，防检结合，预防为主，防患于未然。

(4) 用数据说话的观点。工程技术数据是实行科学管理的依据，没有数据或数据不准确，质量都无法进行评价。全面质量管理就是以数理统计方法为基本手段，依靠实际数据资料作出正确判断，进而采取正确措施，进行质量管理。

(5) 全面管理的观点。全面质量管理突出一个“全”字，要求实行全员、全过程、全企业的管理，因为工程质量的好坏涉及施工企业的每个部门、每个环节和每个职工。各项管理既相互联系，又相互作用，只有共同努力、齐心管理，才能全面保证工程项目的质量。

(6) 一切按 PDCA 循环进行的观点。坚持按照计划、实施、检查、处理的循环过程办事，是进一步提高工程质量的基础。经过一次循环后，对事物内在的客观规律就有进一步的认识，从而制定出新的质量计划与措施，使全面质量管理工作及工程质量不断提高。

（四）全面质量管理与 ISO 9000 的对比

1. ISO 9000 与 TQM 的相同点

首先，两者的管理理论和统计理论基础一致。两者均认为产品质量形成于产品全过程，都要求质量体系贯穿于质量形成的全过程中；在实现方法上，两者都使用了 PDCA 质量环运行模式。其次，两者都要求对质量实施系统化的管理，都强调“一把手”对质量的管理。再次，两者的最终目的一致，都是为了提高产品质量，满足顾客的需要，都强调任何一个过程都是可以不断改进和不断完善的。

2. ISO 9000 与 TQM 的不同点

首先，期间目标不一致。TQM 质量计划管理活动的目标是改变现状。其作业只限于一次，目标实现后，管理活动也就结束了；下一次计划管理活动虽然是在上一次计划管理活动的结果的基础上进行的，但绝不是重复与上次相同的作业。而 ISO 9000 质量管理活动的目标是维持标准现状。其目标值为定值，管理活动是重复相同的方法和作业，使实际工作结果与标准值的偏差量尽量减小。其次，工作中心不同。TQM 是以人为中心，ISO 9000 是以标准为中心。再次，两者执行标准及检查方式不同。实施

TQM企业所制定的标准是企业结合其自身特点制定的自我约束的管理体制，其检查方主要是企业内部人员，检查方法是考核和评价（方针目标讲评、QC小组成果发布等）。ISO 9000系列标准是国际公认的质量管理体系标准，它是供世界各国共同遵守的准则。贯彻该标准强调的是由公正的第三方对质量体系进行认证，并接受认证机构的监督和检查。

TQM是一个企业“达到长期成功的管理途径”，但成功地推行TQM必须达到一定的条件。对大多数企业来说，直接引入TQM具有一定的难度。而ISO 9000则是质量管理的基本要求，它只要求企业稳定组织结构，确定质量体系的要素和模式就可以贯彻实施。贯彻ISO 9000系列标准和推行TQM之间不存在截然不同的界限，只有把两者结合起来，才是现代企业质量管理深化发展的方向。

企业开展TQM，必须从基础工作抓起，认真结合企业的实际情况和需要，贯彻实施ISO 9000族标准。应该说，“认证”是企业实施标准的自然结果，而先行请人“捉刀”，认证后再逐步实施，是本末倒置的表现。并且，企业在贯彻ISO 9000标准、取得质量认证证书后，一定不要忽视，甚至丢弃TQM。

（五）全面质量管理与统计技术

统计技术是ISO 9000中的4.20要素，包含五大统计技术，即显著性检验（假设检验）、实验设计（试验设计）、方差分析与回归分析、控制图、统计抽样。这仅是统计技术中的中等统计技术方法，它在质量管理中的应用只有60多年历史，经历了统计质量控制和全面质量管理两个阶段。统计质量控制起源于美国。1924年，美国贝尔电话公司的休哈特博士运用数理统计方法提出了世界上第一张质量控制图，其主要思想是在生产过程中预防不合格品的产生，变事后检验为事前预防，从而保证了产品质量，降低了生产成本，大大提高了生产率。1929年，该公司的道奇与罗米格又提出了改变传统的全数检验的做法，目的在于解决当产品不能或不需要全数检查时，如何采用抽样检查的方法来保证产品的质量，并使检验费减少。全面质量管理的主要理论认为，企业要能够生产满足用户要求的产品，单纯依靠数理统计方法对生产工序进行控制是很不够的，提出质量控制应该从产品设计开始，直到产品到达用户手中，使用户满意为止，它包括市场调查、设计、研制、制造、检验、包装、销售、服务等各个环节，都要加强质量管理。因此，统计技术是全面质量管理的核心，是实现全面质量管理与控制的有效工具。

【案例1-1】 全面质量管理应用案例——纽约市公园与娱乐管理局实施全面质量管理技术。

纽约市公园与娱乐管理局的主要任务是负责城市公共活动场所（包括公园、沙滩、操场、娱乐设施、广场等）的清洁和安全工作，并增进居民在健康和休闲方面的兴趣。

为了解决预算削减问题，并能维持庞大、复杂的公园系统，该局的策略包括：与预算和管理办公室展开强硬的幕后斗争，以恢复一些已削减的预算；发展公司伙伴关系，以取得更多的资源等。除了这些策略，该局还采纳了全面质量管理技术，以求“花更少的钱，干更多的事”。

在任何环境下产生真正的组织变化都是困难的，工人们会对一系列的管理时尚产生怀疑。因此，该局的策略是将全面质量管理逐步介绍到组织中，即顾问团训练高层管理者，让他们接受全面质量管理的核心理念，将全面质量管理观念逐步灌输给组织成员。这种训练提供了全面质量管理的概念、选择质量改进项目和目标团队的方法，以及管理质量团队和建立全面质量管理组织的策略。虽然存在问题，但这些举措使全面质量管理在实施的最初阶段取得了极大的成功。

在全面质量管理技术执行五年后，情况出现了变化。

该局是政府任命的，以前的管理者落选了，新一任管理者就任后，TQM 执行计划即被搁浅。新上任的管理者将其前任确立的全面质量管理技术看作是他能够忽略的其前任的优势。大部分成员没有完全理解或赞成 TQM 哲学，认为只是前任遗留下来的东西。但是，新任管理者同样面临削减的预算和庞大的服务系统的问题，但却没有沿用前任采取的工具，而采用的是私有化、绩效管理等手段。

案例分析

纽约市公园与娱乐管理局（The New York Department of Parks and Recreation）的主要任务是负责城市公共活动场所（包括公园、沙滩、操场、娱乐设施、广场等）的清洁和安全工作，并增进居民在健康和娱乐方面的兴趣。该部门面临着如何以较少的资源提高服务绩效的问题。在前期，该部门将全面质量管理（TQM）确定为一项重要举措实施，并取得了一定成效。但到后期，因为领导人变更而放弃了该工具，改用了其他工具。我们也用上述的理论框架作简要的分析：

第一，公园与娱乐管理局的目标是在面临预算削减的情况下，继续维持庞大复杂的服务系统。该局面临的问题是减少的预算和增加的顾客需求。市民将娱乐资源看作是重要的基础设施，因此，公众对该局的重要性是认同的。但是，在采用何种方式实现其使命，以及该城市应投入多少资源去实施其计划方面却很难达成共识，为设施维护和运作投入的预算从 1994 年到 1995 年削减了 4.8%。因此，该局的目标是以最小的成本达成目标。

第二，公园与娱乐管理局在前期采用的最重要的一项政策工具是全面质量管理。全面质量管理有以下三个核心理念：

(1) 工作过程中的配备必须为特定目标设计。

(2) 分析职员的工作程序，以进行路线化的组织运作并减少过程变动。

(3) 加强与顾客的联系，从而了解顾客的需求并且明确他们对服务质量的界定。

实践证明，全面质量管理是一种有效的工具。有关分析显示，该局实施全面质量管理所获得的财政和运作收益中，启动费用为 22.3 万美元，平均每个项目为 2.3 万美元，共节省 71.15 万美元，平均每个项目一年节省 7.1 万美元。此数据不包括间接和长期收益，只是每个项目每年直接节省的费用。

第三，公园与娱乐管理局在运用全面质量管理技术时考虑到组织路线的影响。在任何环境下产生真正的组织变化都是困难的，工人们会对一系列的管理时尚产生怀疑。因此，该局的策略是将全面质量管理逐步介绍到组织中，即顾问团训练高层管理者，让他们接受全面质量管理的核心理念，将全面质量管理观念逐步灌输给组织成员。这种训练提供了全面质量管理的理念和建立全面质量管理组织的策略。虽然存在一些问题，但这些举措使全面质量管理在实施的最初阶段取得了极大的成功。

第四，公园与娱乐管理局在后期因环境改变而放弃了全面质量管理工具。全面质量管理强调主要领导者的作用，这在政府部门是一个挑战。委任的管理者经常会落选，继任者都想证明他们的工作较之前任要有所改进，这常常会使新的管理者抛弃其前任管理者的管理方法。全面质量管理技术执行五年后，情况出现了变化，以前的管理者落选了。新一任管理者就任后，只把全面质量管理看作是前任遗留下来的东西，其大部分成员也没有完全理解或赞成 TQM 哲学。尽管同样面临着削减的预算和庞大的服务系统的问题，但该局却没有沿用前期采取的工具，而采用了私有化、绩效管理等手段。

在该案例中，尽管全面质量管理这一工具与该局以“较少的成本维持庞大的服务系统”的目标是匹配的，而且该局在运用全面质量管理这一新工具时也考虑到组织路线的影响，并采取了一定策略以减少推行该工具的阻力，从而使该工具在经过一段时间尝试后被证明是达成目标的有效工具，但最终却因为管理者的变更而被抛弃。可见，决策者选择政策工具并不完全是理性的，该案例的意义在于展现了政策工具选择面临的政治压力。

第二节　工程质量的形成过程及特点

一、工程形成各阶段对质量的影响

要实现对工程项目质量的控制，就必须严格执行工程建设程序，对工程建设过程中各个阶段的质量进行严格的控制。工程项目具有建设周期长等特点，工程质量不是旦夕之间形成的。工程建设各阶段衔接紧密，互相制约和影响，所以工程建设的每一个阶段均会对工程质量的形成产生十分重要的影响。

（一）项目可行性研究对工程项目质量的影响

项目可行性研究是运用技术经济学原理，在对有关的技术、经济、社会、环境等所有方面进行调查研究的基础上，对各种可能的拟建方案和建成投产后的经济效益、社会效益和环境效益等进行技术经济分析、预测和论证，确定项目建设的可行性，并在可行的情况下提出最佳建设方案作为决策、设计的依据。在此阶段，需要确定工程项目的质量要求，并与投资目标相协调。因此，项目的可行性研究直接影响项目的决策质量和设计质量。这就要求项目可行性研究对以下内容进行论证：①综述；②项目建设的必要性；③建设目标与任务；④建议方案；⑤方案论证；⑥可行性分析；⑦ 建设与运行管理；⑧投资估算及资金筹措；⑨效益分析与评价；⑩结论与建议。

（二）工程设计阶段对工程项目质量的影响

工程项目设计阶段，是根据已确定的质量目标和水平，通过工程设计使其具体化。设计在技术上是否可行、工艺是否先进、经济上是否合理、设备是否配套、结构是否安全可靠等，都将决定水利水电工程项目建成后的使用价值和功能。因此，设计阶段是影响工程项目质量的决定性环节。国务院2000年颁布的《建设工程质量管理条例》确立了施工图纸设计文件的审批制度，目的是为了强化设计质量的监督管理。

（三）施工阶段对工程项目质量的影响

工程项目施工阶段，是根据设计文件和图纸的要求，通过施工形成工程实体。施工阶段直接影响工程的最终质量。因此，施工阶段是工程质量控制的关键环节。

（四）工程竣工验收阶段对工程项目质量的影响

工程项目竣工验收阶段，就是对项目施工阶段的质量进行试车运转、检查评定，考核质量目标是否符合设计阶段的质量要求。这一阶段是工程建设向生产转移的必要环节，影响工程能否最终形成生产能力，体现了工程质量水平的最终结果。因此，工程竣工验收阶段是工程质量控制的最后一个重要环节。

综上所述，工程项目质量的形成是一个系统的过程，即工程质量是可行性研究、工程设计、工程施工和竣工验收各阶段质量的综合反映。只有有效地控制各阶段的质量，才能确保工程项目质量目标的最终实现。

二、工程项目质量的特点

工程项目建设涉及面广，是一个极其复杂的综合过程，特别是大型工程，具有建设周期长、影响因素多、施工复杂等特点。因此，工程项目的质量不同于一般工业产品的质量，主要表现在以下几个方面。

（一）形成过程的复杂性

一般的工业产品，从设计、开发、生产、安装到服务各阶段，通常由一个企业来完成，质量易于控制。而工程产品的形成则由咨询单位、设计承包人、施工承包人、材料供应商等来完成，故质量形成过程比较复杂。

（二）影响因素多

工程项目质量的影响因素多，如决策、设计、材料、机械、施工工序、操作方法、技术措施、管理制度及自然条件等，都直接或间接地影响到工程项目的质量。

（三）波动性大

因为工程建设不像工业产品生产那样有固定的生产流水线、规范化的生产工艺和完善的检测技术，以及成套的生产设备和稳定的生产环境，所以工程项目本身的复杂性、多样性和单件性，决定了其质量的波动性大。

（四）质量隐蔽性

工程项目在施工过程中，由于工序交接多、中间产品多、隐蔽工程多，若不及时检查并发现其存在的质量问题，很容易产生第二类判断错误，即将不合格的产品误认为是合格的产品。

（五）终检的局限性

工程项目建成后不可能像一般工业产品那样依靠终检来判断产品质量，或将产品拆卸、解体来检查其内在的质量，或对不合格零部件可以更换。而工程项目的终检（竣工验收）无法通过工程内在质量的检验发现隐蔽的质量缺陷。因此，工程项目的终检存在一定的局限性。这就要求工程质量控制应以预防和过程控制为主，防患于未然。

第三节 工程质量的政府监督管理

《建设工程质量管理条例》（国务院令第 279 号）明确规定：国家实行建设工程质量监督管理制度。国务院建设行政主管部门对全国的建设工程质量实施统一的监督管理。国务院铁路、交通、水利、水电等有关部门按国务院规定的职责分工，负责对全国的有关专业建设工程质量的监督管理。水利部 1997 年 12 月 21 日颁布的《水利工程质量管理规定》（水利部令第 7 号）明确规定：水利工程质量实行项目法人（建设单位）负责、监理单位控制、施工单位保证和政府监督相结合的质量管理体制。1997 年 8 月 25 日颁布的《水利工程质量监督管理规定》（水建〔1997〕339 号）明确规定：水利工程质量监督机构是水行政主管部门对水利工程进行监督管理的专职机构，对水利工程质量进行强制性的监督管理，其目的在于维护社会公共利益，保证技术性法规和标准贯彻执行，不代替项目法人（建设单位）、监理、设计、施工单位的质量管理工作。2000 年，原国家电力公司制定了《水电建设工程质量管理办法（试行）》（国电水〔2000〕83 号）。根据《水电建设工程质量管理办法（试行）》，水电工程建设必须严格遵守国家有关质量管理的法律、法规和政策，并应在有关文件、合同中予以具体体现。

一、水利工程质量监督机构的设置及其职责

（一）水利工程质量监督机构的设置

水行政主管部门主管水利工程质量监督工作。水利工程质量监督机构按总站、中心站、站三级设置。

（1）水利部设置全国水利工程质量监督总站，办事机构设在建设司。水利水电规划设计管理局设置水利工程设计质量监督分站，各流域机构设置流域水利工程质量监督分站，作为总站的派出机构。

（2）各省、自治区、直辖市水利（水电）厅（局），新疆生产建设兵团水利局设置水利工程质量监督中心站。

（3）各地（市）水利（水电）局设置水利工程质量监督站。

各级质量监督机构隶属于同级水行政主管部门，业务上接受上一级质量监督机构的指导。水利工程质量监督项目站（组）是相应质量监督机构的派出单位。

（二）水利工程质量监督机构的主要职责

全国水利工程质量监督总站负责全国水利工程的监督和管理，其主要职责包括：贯彻执行国家和水利部有关工程建设质量管理的方针、政策；制定水利工程质量监督、检测有关规定和办法，并监督实施；归口管理全国水利工程的质量监督工作，指导各分站、中心站的质量监督工作；对部直属重点工程组织实施质量监督；参加工程的阶段验收和竣工验收；监督有争议的重大工程质量事故的处理；掌握全国水利工程质量动态；组织交流全国水利工程质量监督工作经验，组织培训质量监督人员；开展全国水利工程质

量检查活动。

水利工程设计质量监督分站受总站委托承担的主要任务包括：归口管理全国水利工程的设计质量监督工作；负责设计全面质量管理工作；掌握全国水利工程的设计质量动态，定期向总站报告设计质量监督情况。

各流域水利工程质量监督分站对本流域内下列工程项目实施质量监督，对本流域内下列工程项目实施质量监督：总站委托监督的部属水利工程；中央与地方合资项目，监督方式由分站和中心站协商确定；省（自治区、直辖市）界及国际边界河流上的水利工程。

市（地）水利工程质量监督站的职责由各中心站制定。项目站（组）的职责应根据相关规定及项目实际情况制定。

二、水利工程质量监督机构的监督程序及主要工作内容

项目法人（或建设单位）应在工程开工前到相应的水利工程质量监督机构办理监督手续，并签订《水利工程质量监督书》。

水利工程建设项目质量监督方式以抽查为主。大型水利工程应建立质量监督项目站，中、小型水利工程可根据需要建立质量监督项目站（组），或进行巡回监督。监督的主要内容有：

(1) 对监理、设计、施工和有关产品制作单位的资质进行复核。

(2) 对建设、监理单位的质量检查体系和施工单位的质量保证体系，以及设计单位现场服务等实施监督检查。

(3) 对工程项目的单位工程、分部工程、单元工程的划分进行监督检查。

(4) 监督检查技术规程、规范和质量标准的执行情况。

(5) 检查施工单位和建设、监理单位对工程质量的检验和质量评定的情况。

(6) 在工程竣工验收前，对工程质量进行等级核定，编制工程质量评定报告，并向工程竣工验收委员会提出工程质量等级的建议。

工程建设、监理、设计和施工单位在工程建设阶段必须接受质量监督机构的监督。工程竣工验收前，必须经质量监督机构对工程质量进行等级核验。未经工程质量等级核验或者核验不合格的工程，不得交付使用。

三、水利工程质量检测

在监督过程中，质量检测是进行质量监督和质量检查的重要手段。根据需要，质量监督机构可委托经计量认证合格的检测单位，对水利工程有关部位以及所采用的建筑材料和工程设备进行抽样检测。水利工程质量检测单位，必须取得省级以上计量认证合格证书，并经水利工程质量监督机构授权，方可从事水利工程质量检测工作，检测人员必须持证上岗。

质量监督机构根据工作需要，可委托水利工程质量检测单位承担以下主要任务：

(1) 核查受监督工程参建单位的试验室装备、人员资质、试验方法及成果等。

(2) 根据需要对工程质量进行抽样检测，提出检测报告。

(3) 参与工程质量事故分析和研究处理方案。

(4) 质量监督机构委托的其他任务。

水利部水利工程质量监督机构认定的水利工程质量检测机构出具的数据是全国水利系统的最终检测。各省级水利工程质量监督机构认定的水利工程质量检测机构所出具的检测数据是本行政区域内水利系统的最高检测。

四、水电工程质量监督

《建设工程质量管理条例》规定，国家规定实行建设工程质量监督管理制度。国务院建设行政主管部门对全国的建设工程质量实施统一监督管理。

《水电建设工程质量管理办法（试行）》规定，水电建设工程应接受水电建设工程质量监督总站的质量监督。质量监督总站负责水电建设工程的质量监督归口管理工作，并直接负责列入国家建设计划或在国家登记备案的水电建设工程的质量监督工作。质量监督总站对工程质量的监督不代替建设、监理、设计、施工等单位质量管理工作，不参与日常质量管理。

《水电建设工程质量监督规定（试行）》规定，国家电力公司水电建设工程质量监督总站（以下简称“水电质量监督总站”）行使水电建设工程质量监督权。质量监督不代替建设、监理、设计、施工等的质量工作。水电工程项目必须接受水电建设质量监督机构的监督。未经水电建设质量监督机构监督的水电工程，不能进行蓄水验收和竣工验收，不能投入运行。

质量监督的主要职责是：

(1) 贯彻国家有关基本建设质量监督和质量管理的方针政策。

(2) 监督有关质量管理办法、规定的实施。

(3) 监督、指导质量事故的调查、处理；组织重大、特大事故调查，向有关部门提出有关事故责任的处理意见。

(4) 负责工程安全鉴定的管理工作。

(5) 参加重要水电建设工程的蓄水验收和竣工验收。

(6) 组织有关水电工程质量等级的评定工作。

(7) 负责水电质量监督中心站的考核工作和质量巡视员的考核、发证工作。

(8) 质量监督总站实行质量巡视制度。质量监督总站聘任巡视员，并组织巡视组对水电建设工程进行不定期巡视检查。质量巡视工作按《水电建设工程质量巡视实施细则》执行。

(9) 根据国家文件规定，水电建设工程质量监督费用按委托监督工程的建筑安装工作量的0.5‰～1.5‰收取，主要用于聘任质量巡视员和专职质量管理人员、质量监督工作会议费，质量监督机构办公用品，业务培训和技术咨询等工作费用。收取的质量监督费用计入工程造价。

(10) 质量监督中心站负责列入本地区建设计划或在本地区登记备案的水电建设工程的质量监督工作，可参照质量监督总站制定其工作原则，并报质量监督总站核备。

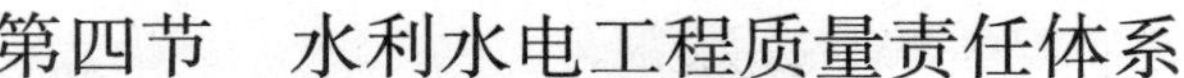

第四节 水利水电工程质量责任体系

对于水利水电工程，参与工程建设的各方应根据国家颁布的《建设工程质量管理条例》、《水利工程质量管理规定》、《水电建设工程质量管理办法（试行）》以及合同、协议和有关文件的规定承担相应的质量责任。

一、项目法人的质量责任

(1) 项目法人（建设单位）应根据国家和水利部有关规定依法设立，主动接受水利工程质量监督机构对其质量体系的监督检查。项目法人（建设单位）在工程开工前，应按规定向水利工程质量监督机构办理工程质量监督手续。在工程施工过程中，应主动接受质量监督机构对工程质量的监督检查。项目法人（建设单位）要加强工程质量管理，建立健全施工质量检查体系，根据工程特点建立质量管理机构和质量管理制度。

(2) 项目法人（建设单位）应根据工程规模和工程特点，按照水利部有关规定，通过资质审查招标选择勘测设计、施工、监理单位并实行合同管理。项目法人应当将工程发包给具有相应资质等级的单位，不得将应由一个承包单位完成的建设工程项目分解成若干部分发包给几个承包单位，也不得迫使承包方以低于成本的价格竞标，不得任意压缩合理工期。建设单位不得明示或者暗示设计单位或者施工单位违反工程建设强制性标准，降低建设工程质量。

(3) 在合同文件中，必须有工程质量条款，明确图纸、资料、工程、材料、设备等的质量标准及合同双方的质量责任。

(4) 建设单位必须向有关的勘察、设计、施工、工程监理等单位提供与建设工程有关的原始资料。原始资料必须真实、准确、齐全。

(5) 实行监理的建设工程，建设单位应当委托具有相应资质等级的工程监理单位进行监理，也可以委托具有工程监理相应资质等级，并与被监理工程的施工承包单位没有隶属关系或者其他利害关系的该工程的设计单位进行监理。

(6) 项目法人（建设单位）应组织设计和施工单位进行设计交底；施工中应对工程质量进行检查，工程完工后，应及时组织有关单位进行工程质量验收、签证。

二、勘察设计单位的质量责任

(1) 从事建设工程勘察、设计的单位应当依法取得相应等级的资质证书，并在其资质等级许可的范围内承揽工程。禁止勘察、设计单位超越其资质等级许可的范围或者以其他勘察、设计单位的名义承揽工程。禁止勘察、设计单位允许其他单位或者个人以本单位的名义承揽工程。勘察、设计单位不得转包或者违法分包所承揽的工程。

(2) 勘察、设计单位必须按照工程建设强制性标准进行勘察、设计，并对其勘察、设计的质量负责。注册建筑师、注册结构工程师等注册执业人员应当在设计文件上签字，对设计文件负责。

(3) 勘察单位提供的地质、测量、水文等勘察成果必须真实、准确。

(4) 设计文件必须符合下列基本要求：

1）设计单位应当根据勘察成果文件进行建设工程设计。设计文件应当符合国家规定的设计深度要求，注明工程的合理使用年限。

2）设计文件应当符合国家、水利行业有关工程建设法规、工程勘测设计技术规程、标准和合同的要求。

3）设计依据的基本资料应完整、准确、可靠，设计论证充分，计算成果可靠。

4）设计文件的深度应满足相应设计阶段有关规定要求，设计质量必须满足工程质量、安全需要并符合设计规范的要求。

5）设计单位在设计文件中选用的建筑材料、建筑构配件和设备，应当注明规格、型号、性能等技术指标，其质量要求必须符合国家规定的标准。除有特殊要求的建筑材料、专用设备、工艺生产线等外，设计单位不得指定生产厂、供应商。

（5）设计单位应按合同规定及时提供设计文件及施工图纸，在施工过程中随时掌握施工现场情况，优化设计，解决有关设计问题。对大、中型工程，设计单位应按合同规定，在施工现场设立设计代表机构或派驻设计代表。

（6）设计单位应按水利部有关规定在阶段验收、单位工程验收和竣工验收中，对施工质量是否满足设计要求给出评价。

三、施工单位的质量责任

（1）施工单位必须按其资质等级和业务范围承揽工程施工任务，禁止施工单位超越本单位资质等级许可的业务范围或者以其他施工单位的名义承揽工程。禁止施工单位允许其他单位或者个人以本单位的名义承揽工程。施工单位不得转包或者违法分包工程。

（2）施工单位不得将其承接的水利建设项目的主体工程进行转包。对工程的分包，分包单位必须具备相应资质等级，并对其分包工程的施工质量向总包单位负责，总承包单位与分包单位对分包工程的质量承担连带责任。总包单位对全部工程质量向项目法人（建设单位）负责。工程分包必须经过项目法人（建设单位）的认可。

（3）施工单位必须依据国家、水利行业有关工程建设法规、技术规程、技术标准的规定以及设计文件和施工合同的要求进行施工，并对其施工的工程质量负责。施工单位必须按照工程设计图纸和施工技术标准施工，不得擅自修改工程设计，不得偷工减料。施工单位在施工过程中发现设计文件和图纸有差错时，应及时提出意见和建议。

（4）施工单位必须按照工程设计要求、施工技术标准和合同约定，对建筑材料、建筑构配件、设备和商品混凝土进行检验，检验应当有书面记录和专人签字；未经检验或者检验不合格的，不得使用。对涉及结构安全的试块、试件以及有关材料，施工人员应当在建设单位或者工程监理单位监督下现场取样，并送具有相应资质等级的质量检测单位进行检测。施工单位对施工中出现质量问题的建设工程或者竣工验收不合格的建设工程，应当负责返修。

（5）施工单位要推行全面质量管理，建立健全质量保证体系，制定和完善岗位质量规范、质量责任及考核办法，落实质量责任制。施工过程中要加强质量检验工作，认真执行“三检制”，切实做好工程质量的全过程控制。施工单位应当建立健全教育培训制度，加强对职工的教育培训；未经教育培训或者考核不合格的人员，不得上岗作业。

(6) 工程发生质量事故后，施工单位必须按照有关规定向监理单位、项目法人（建设单位）及有关部门报告，并保护好现场，接受工程质量事故调查，认真进行事故处理。

(7) 竣工工程质量必须符合国家和水利行业现行的工程标准及设计文件要求，并应向项目法人（建设单位）提交完整的技术档案、试验成果及有关资料。

四、监理单位的质量责任

(1) 监理单位必须持有相应的监理单位资格等级证书，依照核定的监理范围承担相应水利水电工程的监理任务。禁止工程监理单位超越本单位资质等级许可的范围或者以其他工程监理单位的名义承担工程监理业务。禁止工程监理单位允许其他单位或者个人以本单位的名义承担工程监理业务。工程监理单位不得转让工程监理业务。工程监理单位与被监理工程的施工承包单位，以及建筑材料、建筑构配件和设备供应单位有隶属关系或者其他利害关系的，不得承担该项建设工程的监理业务。

(2) 监理单位必须严格执行国家法律、水利行业法规、技术标准，严格履行监理合同。

(3) 监理单位根据所承担的监理任务，向水利水电工程施工现场派出相应的监理机构，人员配备必须满足项目要求。监理工程师上岗必须持有监理工程师岗位证书，一般监理人员上岗要经过岗前培训。

(4) 工程监理单位应当选派具备相应资格的总监理工程师和监理工程师进驻施工现场。未经监理工程师签字，建筑材料、建筑构配件和设备不得在工程上使用或者安装，施工单位不得进行下一道工序的施工。未经总监理工程师签字，建设单位不拨付工程款，不进行竣工验收。

(5) 监理单位应根据监理合同参与招标工作，从保证工程质量全面履行工程承建合同出发，签发施工图纸，审查施工单位的施工组织设计和技术措施，指导监督合同中有关质量标准、要求的实施，参加工程质量检查、工程质量事故调查处理和工程验收工作。

五、建筑材料、设备采购的质量责任

(1) 建筑材料和工程设备的质量由采购单位承担相应责任。凡进入施工现场的建筑材料和工程设备，均应按有关规定进行检验。经检验不合格的产品，不得用于工程。

(2) 建筑材料和工程设备的采购单位具有按合同规定自主采购的权利，其他单位或个人不得干预。

(3) 建筑材料或工程设备应当符合下列要求：

1) 有产品质量检验合格证明。

2) 有中文标明的产品名称、生产厂名和厂址。

3) 产品包装和商标式样符合国家有关规定和标准要求。

4) 工程设备应有产品详细的使用说明书，电气设备还应附有线路图。

5) 实施生产许可证或实行质量认证的产品，应当具有相应的许可证或认证证书。

思考题

1. 什么叫质量、质量控制、质量保证、质量管理?
2. 全面质量管理有哪些基本观点?
3. 工程形成各阶段对质量有何影响?
4. 工程建设质量管理的三个体系是指什么?

第二章

工程质量控制的统计分析

第一节　质量控制统计分析的基本知识

数据是质量控制的基础，只有用数据说话才能作出科学的判断。应用数理统计的方法，通过数据收集、整理并加以分析，及时发现问题并采取对策与措施，是进行质量控制的有效手段。

一、数理统计的基本概念

（一）总体与样本

1. 总体

总体是所研究对象的全体，由若干个个体组成。个体是组成总体的基本元素。总体中含有个体的数目通常用 N 表示。一般把从每件产品检测得到的某一质量数据，如强度、几何尺寸、质量等质量特性值视为个体，产品的全部质量数据的集合即为总体。

2. 样本

样本是从总体中随机抽取出来，并根据对其研究结果推断总体质量特征的那部分个体。被抽中的个体称为样品，样品的数目称为样本容量，用 n 表示。

（二）数据特征值

1. 总体算术平均数 μ

$$\mu=\frac{1}{N}(X_1+X_2+\cdots+X_N)=\frac{1}{N}\sum_{i=1}^{N}X_i \tag{2-1}$$

式中　N——总体中的个体数；

X_i——总体中第 i 个个体的质量特性值。

2. 样本算术平均数 $\bar{x}$

$$\bar{x}=\frac{1}{n}(x_1+x_2+x_3+\cdots+x_n)=\frac{1}{n}\sum_{i=1}^{n}x_i \tag{2-2}$$

式中　n——样本容量；

x_i——样本中第 i 个样品的质量特性值。

3. 样本中位数

样本中位数是将样本数据按数值大小有序排列后位置居中的数值。

当样本数 n 为奇数时，数列居中的一位数即为中位数；当样本数 n 为偶数时，取居中两个数的平均值作为中位数。

4. 极差 R

极差是数据中最大值与最小值之差，是用数据变动的幅度来反映分散状况的特征值。极差计算简单、使用方便，但比较粗略，数值仅受两个极端值的影响，损失的质量信息多，不能反映中间数据的分布和波动规律，仅适用于小样本，其计算公式为

$$R = x_{\max} - x_{\min} \tag{2-3}$$

5. 标准偏差

标准偏差简称标准差或均方差，是个体数据与均值离差平方和的算术平均数的算术根。总体的标准差用 σ 表示，样本的标准差用 S 表示。标准差值小，说明分布集中程度高，离散程度低，均值对总体的代表性好；标准差的平方为方差，有鲜明的数理统计特征，能确切说明数据分布的离散程度和波动规律，是最常采用的反映数据变异程度的特征值，其计算公式为：

（1）总体的标准偏差 σ

$$\sigma = \sqrt{\frac{\sum_{i=1}^{n}(x_i - \mu)^2}{N}} \tag{2-4}$$

（2）样本的标准偏差 S

$$S = \sqrt{\frac{\sum_{i=1}^{n}(x_i - \bar{x})^2}{n-1}} \tag{2-5}$$

当样本量（$n \geqslant 50$）足够大时，样本标准偏差 S 接近于总体标准差 σ，式（2-5）中的分母（$n-1$）可简化为 n。

6. 变异系数

变异系数又称离散系数或离差系数，是用标准差除以算术平均数得到的相对数。它表示数据的相对离散波动程度。变异系数小，说明分布集中程度高，离散程度低，均值对样本的代表性好。由于消除了数据平均水平不同的影响，变异系数适用于均值有较大差异的总体之间离散程度的比较，应用更为广泛，其计算公式为

$$C_V = \frac{S}{\overline{X}} \tag{2-6}$$

二、质量数据分析

（一）质量数据的分类

按质量数据的特征分类，可分为计量值数据和计数值数据两种。

（1）计量值数据。计量值数据是指可以连续取值的数据，属于连续型变量，如长度、时间、质量、强度等。

（2）计数值数据。计数值数据是指只能计数、不能连续取值的数据，如废品的个数、合格的分项工程数、出勤的人数等。

按质量数据收集的目的分类，可以分为控制性数据和验收性数据两种。

(1) 控制性数据。控制性数据是指以工序质量作为研究对象、定期随机抽样检验所获得的质量数据，主要用来分析、预测施工（生产）过程是否处于稳定状态。

(2) 验收性数据。验收性数据是以工程产品（或原材料）的最终质量为研究对象，分析、判断其质量是否达到技术标准或用户的要求，而采用随机抽样检验而获取的质量数据。

（二）质量数据变异的原因

在生产实践中，即使设备、原材料、工艺及操作人员相同，生产出的同一种产品的质量也不尽相同，反映在质量数据上，即具有波动性，亦称为变异性。究其波动的原因，可归纳为五个方面（4M1E），即人（Man）、材料（Material）、机械（Machine）、方法（Method）及环境（Environment）。

根据造成质量波动的原因，以及对工程质量的影响程度和消除的可能性，将质量数据的波动分为两大类，即正常波动和异常波动。质量特性值的变化在质量标准允许范围内波动称为正常波动，正常波动是由偶然性因素引起的；若是超越了质量标准允许范围的波动，则称为异常波动，异常波动是由系统性因素引起的。

1. 偶然性因素

它是由偶然性、不可避免的因素造成的。影响因素的微小变化具有随机发生的特点，是不可避免、难以测量和控制的，或者是在经济上不值得消除，或者难以从技术上消除，如原材料中的微小差异、设备正常磨损或轻微振动、检验误差等。它们大量存在，但对质量的影响很小，属于允许偏差、允许位移的范畴，引起的是正常波动，一般不会因此造成废品，生产过程正常、稳定。通常把 4M1E 因素的这类微小变化归为影响质量的偶然性原因、不可避免原因或正常原因。

2. 系统性因素

当影响质量的 4M1E 因素发生了较大变化，如工人未遵守操作规程、机械设备发生故障或过度磨损、原材料质量规格有显著差异等情况发生时，没有及时排除，生产过程不正常，产品质量数据就会离散过大或与质量标准有较大偏离，表现为异常波动，从而产生次品、废品。这就是产生质量问题的系统性原因或异常原因。由于异常波动特征明显，容易识别和避免，特别是对质量的负面影响不可忽视，因此生产中应随时监控，及时识别和处理。

两种因素的对照见表 2-1。

表 2-1　　两种因素的对照

分类	变异的情况	影响程度	追查性
偶然性因素	全部、很多、一定有且无法避免	每一个都很微小、不明显	不值得、成本高、不经济
系统性因素	局部、很少、没有，可避免的	有明显的影响而且巨大	值得且可找到，否则造成大损失

（三）质量数据的分布规律

在实际质量检测中，即使在生产过程稳定、正常的情况下，同一总体（样本）的个体产品的质量特性值也互不相同。这种个体间表现形式上的差异性，反映在质量数据上即为个体数值的波动性、随机性；然而，当运用统计方法对这些大量丰富的个体质量数值进行加工、整理和分析后，我们又会发现，这些产品的质量特性值（以计量值数据为例）大多分布在数值变动范围的中部，即有向分布中心靠拢的倾向，表现为数值的集中趋势；还有一部分质量特性值在中心的两侧分布，随着逐渐远离中心，数值的个数越少，表现为数值的离散趋势。质量数据的集中趋势和离散趋势反映了总体（样本）质量变化的内在规律性。

从正态分布曲线（见图 2-1）可以看出：分布曲线关于均值 μ 是对称的；正态分布总体样本落在（$\mu-\sigma$，$\mu+\sigma$）区间的概率为 68.26%；落在（$\mu-2\sigma$，$\mu+2\sigma$）区间的概率为 95.44%，落在（$\mu-3\sigma$，$\mu+3\sigma$）区间的概率为 99.73%。也就是说，在测试产品质量特性值中，落在（$\mu-3\sigma$，$\mu+3\sigma$）区间外的概率只有 3‰。这就是质量控制中的“千分之三”原则或者“3σ 原则”。该原则是在统计管理中作任何控制时的理论根据，也是国际上公认的统计原则。

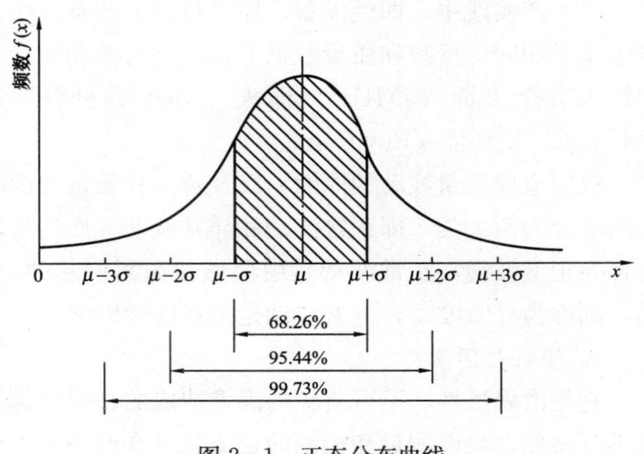

图 2-1　正态分布曲线

【案例 2-1】　SL 176—2007《水利水电工程施工质量检验与评定规程》中给出的“普通混凝土试块试验数据统计方法”如下：

（1）同一标号（或强度等级）混凝土试块 28 天龄期抗压强度的组数 $n\geqslant30$ 时，应符合表 2-2 中的要求。

表 2-2　　混凝土试块 28 天龄期抗压强度质量标准

项　目		质量标准	
		优良	合格
任何一组试块抗压强度最低不得低于设计值的比例（%）		90	85
无筋（或少筋）混凝土强度保证率（%）		85	80
配筋混凝土强度保证率（%）		95	90
混凝土抗压强度的离差系数	<20MPa	<0.18	<0.22
	≥20MPa	<0.14	<0.18

（2）同一标号（或强度等级）混凝土试块 28 天龄期抗压强度的组数 $5\leqslant n<30$ 时，混凝土试块强度应同时满足下列要求

$$R_n - 0.7S_n > R_b$$

$$R_n - 1.60S_n \geqslant 0.83R_b \quad （当 R_b \geqslant 20 时）$$

或

$$R_n - 1.60S_n \geqslant 0.80R_b \quad （当 R_b < 20 时）$$

其中
$$S_n = \sqrt{\frac{\sum_{i=1}^{n}(R_i - R_n)^2}{n-1}} \tag{2-7}$$

式中 S_n——n 组试件强度的标准差，MPa，当统计得到的 $S_n<2.0$（或 1.5）MPa 时，应取 $S_n=2.0$MPa（$R_b \geqslant 20$MPa），$S_n=1.5$MPa（$R_b<20$MPa）；

R_n——n 组试件强度的平均值，MPa；

R_i——单组试件强度，MPa；

R_b——设计 28 天龄期抗压强度值，MPa；

n——样本容量。

(3) 同一标号（或强度等级）混凝土试块 28 天龄期抗压强度的组数 $2 \leqslant n<5$ 时，混凝土试块强度应同时满足下列要求

$$\overline{R}_n \geqslant 1.15R_b$$
$$R_{min} \geqslant 0.95R_b$$

式中 $\overline{R}_n$——n 组试块强度的平均值，MPa；

R_b——设计 28 天龄期抗压强度值，MPa；

R_{min}——n 组试块中强度最小一组的值，MPa。

(4) 同一标号（或强度等级）混凝土试块 28 天龄期抗压强度的组数只有 1 组时，混凝土试块强度应满足下列要求

$$R \geqslant 1.15R_b$$

式中 R——试块强度实测值，MPa；

R_b——设计 28 天龄期抗压强度值，MPa。

第二节 常用的质量分析工具

利用质量分析方法控制工序或工程产品质量，主要是通过数据整理和分析，研究其质量误差的现状和内在的发展规律，据以推断质量现状和将要发生的问题，为质量控制提供依据和信息。所以，质量分析方法本身仅是一种工具，只能反映质量问题，提供决策依据。要真正控制质量，还需依靠针对问题所采取的措施。

用于质量分析的工具很多，常用的有直方图法、控制图法、排列图法、分层法、因果分析图法、相关图法和调查表法。

一、直方图法

直方图法又称质量分布图法或柱状图法，是表示资料变化情况的一种主要工具，由一系列高度不等的纵向条纹或线段表示数据分布的情况，一般用横轴表示数据类型，纵轴表示分布情况。通过对直方图的观察与分析，可了解生产过程是否正常，估计工序不合格品率的高低，判断工序能力是否满足，评价施工管理水平等。

（一）直方图的绘制方法

(1) 整理数据，求出其最大值和最小值。数据的数量应在 100 个以上，在数量不多的

情况下，至少也应在50个以上。通常将分成组的个数称为组数，每一组的两个端点的差称为组距。

确定组数的原则是分组的结果能正确地反映数据的分布规律。组数应根据数据多少来确定。组数过少，会掩盖数据的分布规律；组数过多，使数据过于零乱分散，也不能显示出质量分布状况。一般可由经验数值确定，数据为50～100个时，可分为6～10组；数据为100～250个时，可分为7～12组；数据在250个以上时，可分为10～20组。

(2) 将数据分成若干组，并做好记号。

(3) 计算组距的宽度。用组数去除最大值和最小值之差，求出组距的宽度。

(4) 计算各组的界限位。各组的界限位可以从第一组开始依次计算，第一组的下界为最小值减去最小测定单位的1/2，第一组的上界为其下界值加上组距。第二组的下界限位为第一组的上界限值，第二组的下界限值加上组距，就是第二组的上界限位，依此类推。

(5) 统计各组数据出现的频数，作频数分布表。

(6) 作直方图。以组距为底长，以频数为高，作各组的矩形图。

【例2-1】 某工程混凝土，经取样测得混凝土抗压强度，如表2-3所示。

表2-3　　混凝土抗压强度数据

行次	试块抗压强度（MPa）						X_{max}	X_{min}
1	29.4	21.4	24.8	21.2	26.1	21.3	29.2	21.2
2	21.1	14.5	20.5	23.1	19.8	21.2	23.1	14.5
3	20.0	15.8	19.5	21.1	10.3	18.6	21.2	10.3
4	10.4	16.0	16.6	17.6	19	19.8	19.8	10.4
5	21.1	19.2	20.4	22.1	20.6	21.2	22.1	19.2
6	20	21.2	14.1	18	13.5	10.8	21.2	10.8
7	15.7	26.5	26.1	16.4	17.1	20.2	26.5	15.7
8	16.4	14.3	14.2	15.5	21.3	18.1	21.3	14.2
9	19.4	14.2	18.6	24.1	17.2	25.1	25.1	14.2
10	22.5	25.1	17.9	16.8	17.9	19.5	25.1	16.8
X_{max}、X_{min}							29.2	10.3

(1) 找出全部数据中的最大值与最小值，并计算出极差。

(2) 确定组数和组距。

(3) 确定组界值。

(4) 编制数据频数统计表。

(5) 绘制频数分布直方图。

解：(1) 本例中 $X_{max}=29.2$，$X_{min}=10.3$，极差 $R=18.9$。

(2) 组数和组距的确定。

1) 确定组数 k。根据数据数，取组数 $k=7$。

2) 确定组距 h。组距是组与组之间的间隔，也即一个组的范围。各组距应相等，于

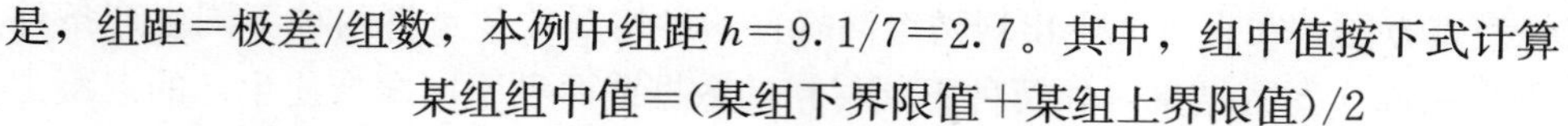

是，组距＝极差/组数，本例中组距 $h=9.1/7=2.7$。其中，组中值按下式计算

某组组中值＝(某组下界限值＋某组上界限值)/2

(3) 确定组界值：

第一组下界限值　　$X_{\min}-\frac{h}{2}=10.3-\frac{2.7}{2}=8.95$

第一组上界限值　　$X_{\min}+\frac{h}{2}=10.3+\frac{2.7}{2}=11.65$

第一组的上界限值就是第二组的下界限值，第二组的上界限值等于下界限值加组距 h，其余类推。

(4) 编制数据频数统计表，见表 2-4。

表 2-4　　**编制数据频数统计表**

组号	组区间值	组中值	频数 f	频率 (%)
1	8.95～11.65	10.3	3	5
2	11.65～14.35	13	5	8.3
3	14.35～17.05	15.7	9	15
4	17.05～19.75	18.4	14	23.3
5	19.75～22.45	21.1	19	31.7
6	22.45～25.15	23.8	6	10
7	25.15～27.85	26.5	3	5
8	27.85～30.55	29.2	1	1.7
总　计			60	100

(5) 绘制频数分布直方图。以频率为纵坐标，以组中值为横坐标，画直方图，如图 2-2 所示。

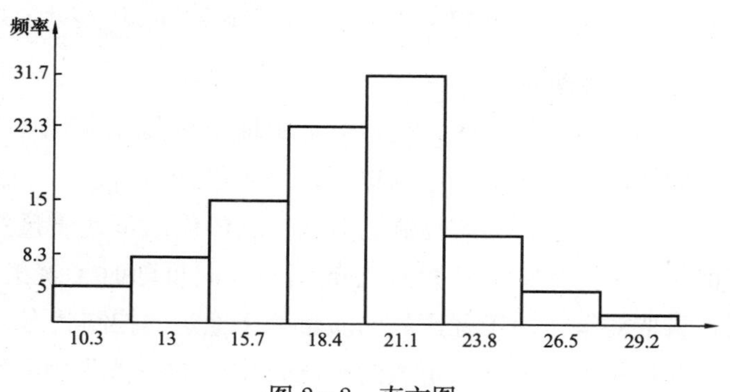

图 2-2　直方图

(二) 直方图的判断和分析

通过用直方图分布和公差比较判断工序质量，如发现异常，应及时采取措施，以防产生不合格品。

(1) 正常型直方图：如果直方图图形中部最高，左右两侧逐渐下降，并且基本对称，呈正态分布，则此直方图属正常型，表明生产过程仅受偶然性因素影响，因此生产过程处于正常状态，质量是稳定的，如图 2-3 (a) 所示。

(2) 折齿型直方图：图形呈凹凸相间的锯齿状。此时可能是绘图时数据分组不当，或者是检测方法不当，或者是数据太少以及数据有误所致，如图 2-3 (b) 所示。

(3) 孤岛型直方图：在图形的基本区域之外出现孤立的小区域。这种情况通常是由于技术不熟练的操作者，或者一段时间内原材料发生变化所致，如图 2-3 (c) 所示。

(4) 双峰型直方图：在直方图中出现两个高峰。这种情况常常是将两种不同生产条件下取得的数据在一起作图的结果，如两种不同材料的数据或两种不同配合比生产的混凝土等，如图 2-3 (d) 所示。

(5) 缓坡型直方图：图形向左或向右呈缓坡状，即平均值过于偏左或偏右。这是由于工序施工过程中的上控制界限或下控制界限控制太严所造成的，如图 2-3 (e) 所示。

(6) 绝壁型直方图：在图形的一侧出现陡壁。这种情况往往是数据收集不正常（剔除了不合格产品的数据或剔除远远高于平均值的数据），或者是在质量检测中出现人为干扰等原因造成的，如图 2-3 (f) 所示。

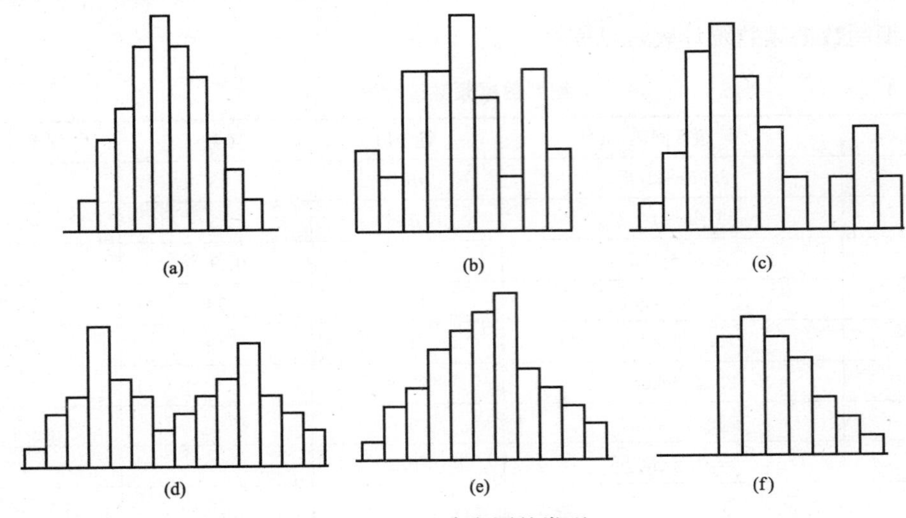

图 2-3 直方图的类型

(a) 正常型；(b) 折齿型；(c) 孤岛型；(d) 双峰型；(e) 缓坡型；(f) 绝壁型

二、控制图法

控制图又称管理图，是指以某质量特性和时间为轴，在直角坐标系中所描的点依时间为序所连成的折线，加上判定线以后所得到的图形。控制图法是研究产品质量随着时间变化，如何对其进行动态控制的方法，它的使用可使质量控制从事后检查转变为事前控制。借助于管理图提供的质量动态数据，人们可随时了解工序质量状态，发现问题，分析原因，采取对策，使工程产品的质量处于稳定的控制状态。

在控制图上有三条笔直的横线，中间的一条为中心线（Central Line，CL），在上方的一条称为控制上限（Upper Control Limit，UCL），在下方的一条称为控制下限（Lower Control Limit，LCL），如图 2-4 所示。

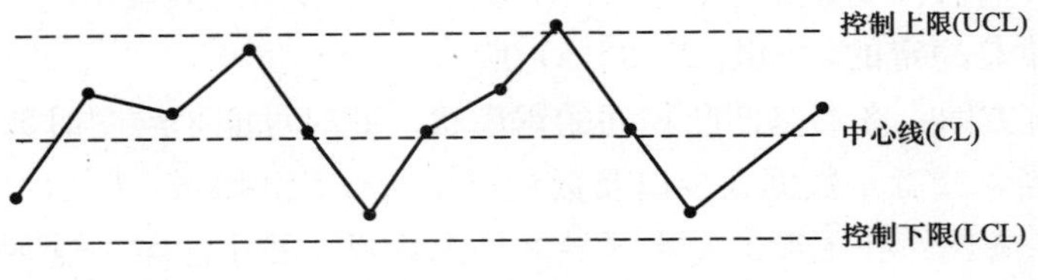

图 2-4 控制图

（一）控制图的种类

1. 按数据性质分类

控制图按数据性质分类，可分为计量值控制图和计数值控制图。

(1) 计量值控制图。所谓计量值，是指控制图的数据均属于由量具实际量测而得，如长度、质量、浓度等特性均为连续性的。常用的有：平均数与极差控制图 $\overline{X}-R$、平均数与标准差控制图 $\overline{X}-\sigma$、中位数与极差控制图 $\tilde{X}-R$、个别值与移动极差控制图 $X-R_m$、最大值与最小值极差控制图 $L-S$。

(2) 计数值控制图。所谓计数值，是指控制图的数据均属于以单位计数者而得，如不合格数、缺点数等间断性数据等。常用的有：不良率控制图、不良数控制图、缺点数控制图、单位缺点数控制图。

2. 按用途分类

控制图按用途分，可分为解析用控制图和控制用控制图。

(1) 解析用控制图。解析用控制图先有数据，后有控制界限（μ 与 σ 未知的群体）。其主要用途为决定方针、制程解析、制程能力研究、制程控制的准备。

(2) 控制用控制图。控制用控制图先有控制界限，后有数据（μ 与 σ 已知的群体）。其主要用途为控制过程的质量，如有点子超出控制界限，则立即采取措施（原因追查→消除原因→再发防止的研究）。

（二）控制图的绘制

下面以（$\overline{X}-R$）为例说明控制图的绘制步骤：

(1) 先行收集 100 个以上的数据，依测定的先后顺序排列。

(2) 以 2～5 个数据为一组（一般采用 4～5 个），分成 20～25 组。

(3) 将各组数据记入数据表栏位内。

(4) 计算各组的平均值 $\bar{x}$（取至测定值最小单位下一位数）。

(5) 计算各组的极差 R（R=最大值－最小值）。

(6) 计算总平均 $\bar{\bar{x}}$。

(7) 计算极差的平均 R。

(8) 计算控制界限：

1) $\bar{x}$ 控制图：中心线（CL）$=\bar{\bar{x}}$、控制上限（UCL）$=\bar{\bar{x}}+A_2\overline{R}$、控制下限（LCL）$=\bar{\bar{x}}-A_2\overline{R}$。

2) R 控制图：中心线（CL）$=\overline{R}$、控制上限（UCL）$=D_4\overline{R}$、控制下限（LCL）$=D_3\overline{R}$。A_2、D_3、D_4 是随 n 变化的系数，见表 2-5。

表 2-5　控制图中随 n 变化的系数取值

n	2	3	4	5	6	7	8	9	10
A_2	1.880	1.023	0.729	0.577	0.483	0.419	0.373	0.337	0.308
D_3	—	—	—	—	—	0.076	0.136	0.184	0.223
D_4	3.267	2.575	2.282	2.115	2.004	1.924	1.864	1.816	1.777

(9) 绘制中心线及控制界限，并将各点点入图中。

(10) 将各数据履历及特殊原因记入，以备查考、分析、判断。

(三) 控制图的分析与判断

控制图的判定原则是：对某一具体工程而言，小概率事件在正常情况下不应该发生。换言之，如果小概率时间在一个具体工程中发生了，则可判定出现了某种异常现象，否则就是正常的。这里所指的小概率事件是指概率小于1%的随机事件。

1. 控制状态的判断

(1) 多数点子集中在中心线附近。

(2) 少数点子落在控制界限附近。

(3) 点子的分布与跳动呈随机状态，无规则可循。

(4) 无点子超出控制界限以外。

2. 三种特殊稳定状态

(1) 连续25点以上出现在控制界限线内时。

(2) 连续35点中，出现在控制界限外点子不超出1点时。

(3) 连续100点中，出现在控制界限外点子不超出2点时。

以上三种情况也属于稳定状态。

3. 异常状态

如存在下列情况，则判定为异常：

(1) 连续3点有2点接近控制界线（所谓接近控制边界，是指在中心线与边界线间作三等分线，分为A、B、C三区，靠近外侧的1/3带状区间内，下同)，如图2-5 (a) 所示。

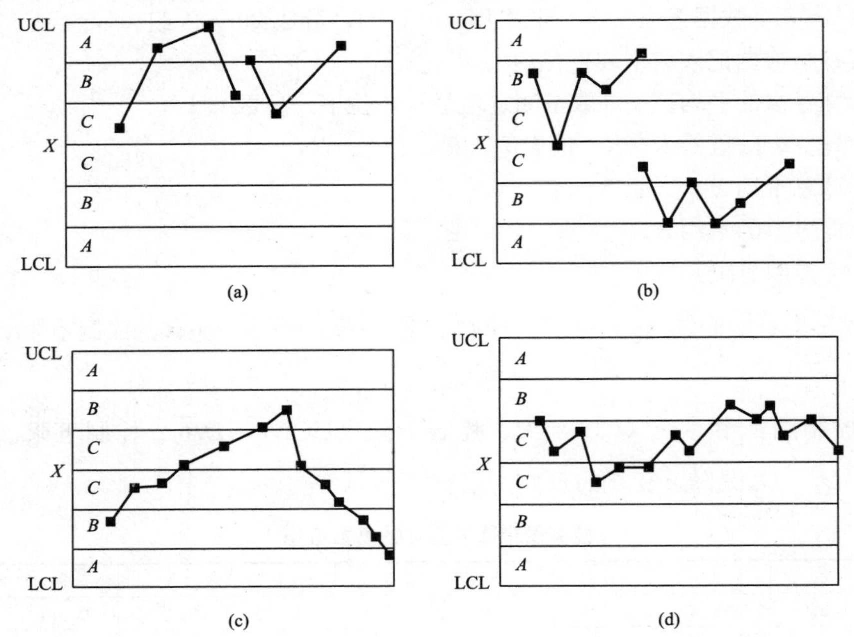

图2-5 异常控制图示意图

(2) 连续 7 点有 3 点接近控制界线（A 区）。

(3) 连续 10 点有 4 点接近控制界线（A 区）。

(4) 有一点落在 A 区之外。

(5) 连续 5 点中 4 点落在中心线同一侧的 C 区之外，如图 2-5（b）所示。

(6) 连续 7 点及其以上呈上升或下降趋势，如图 2-5（c）所示。

(7) 连续 15 点及其以上在中心线两侧（C 区）呈交替性排列，如图 2-5（d）所示。

(8) 连续 8 点在中心线两侧，但无一点在 C 区。

(9) 点的排列呈周期性。

(10) 点在中心线两侧的概率不能过分悬殊：连续 11 点中有 10 点在同侧，连续 14 点中有 12 点在同侧，连续 17 点中有 14 点在同侧，连续 20 点中有 16 点在同侧。

三、排列图法

排列图法又称巴雷特图法，也叫主次因素分析图法，是分析影响工程（产品）质量主要因素的一种有效方法，由一个横坐标、两个纵坐标、若干个矩形和一条曲线组成，如图 2-6 所示。图中左边纵坐标表示频数，即影响调查对象质量的因素至复发生或出现次数（个数、点数）；横坐标表示影响质量的各种因素，按出现的次数从多至少、从左到右排列；右边的纵坐标表示频率，即各因素的频数占总频数的百分比；矩形表示影响质量因素的项目或特性，其高度表示该因素频数的高低；曲线表示各因素依次的累计频率，也称巴雷特曲线。实际应用中，通常按累计频率划分为 0～80%、80%～90%、90%～100% 三部分，与其对应的影响因素分别为 A、B、C 三类。A 类为主要因素，B 类为次要因素，C 类为一般因素。

排列图的绘制步骤如下：

(1) 收集数据。

(2) 把分类好的数据进行汇总，由多到少进行排序，并计算累计百分比。

(3) 绘制横轴与纵轴刻度。

(4) 绘制柱状图。

(5) 绘制累计曲线。

(6) 记入必要事项。

(7) 分析排列图。

【例 2-2】 某水电工程的混凝土质量检查数据见表 2-6，绘制排列图并分析。

表 2-6　　某水电工程的混凝土质量检查数据

序号	不合格项目	不合格构件（件）	不合格率（%）	累计不合格率（%）
1	强度不足	60	56.6	56.6
2	麻面	25	23.7	80.3
3	漏筋	10	9.4	89.7
4	养护不良	8	7.5	97.2
5	其他因素	3	2.8	100
合计		106	100.0	

(1) 建立坐标。右边的频率坐标从 0 到 100%划分刻度；左边的频数坐标从 0 到总频数划分刻度，总频数必须与频率坐标上的 100%成水平线；横坐标按因素的项目划分刻度，按照频数的大小依次排列。

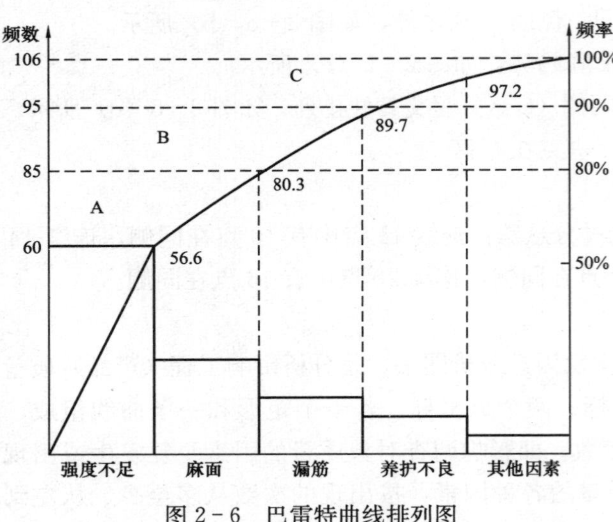

图 2-6　巴雷特曲线排列图

(2) 画直方图。根据各因素的频数，依照频数坐标画出直方图(矩形)。

(3) 画巴雷特曲线。根据各因素的累计频率，按照频率坐标上的刻度描点，连接各点即为巴雷特曲线（或称巴氏曲线），如图 2-6 所示。

通过巴雷特曲线可以直观地看出：强度不足和麻面为 A 类因素，即主要因素，要加以控制；漏筋为 B 类因素，即次要因素；养护不良和其他因素为一般因素。

四、分层法

数据分层法就是将性质相同的，在同一条件下收集的数据归纳在一起，以便进行比较分析。因为在实际生产中，影响质量变动的因素很多，如果不把这些因素区别开来，难以得出变化的规律。数据分层可根据实际情况按多种方式进行。例如，按不同时间、不同班次进行分层，按使用设备的种类进行分层，按原材料的进料时间、原材料成分进行分层，按检查手段、使用条件进行分层，按不同缺陷项目进行分层等。数据分层法经常与上述的统计分析表结合使用。

五、因果分析图法

因果分析图法是利用因果分析图来系统整理分析某个质量问题（结果）与其产生原因之间关系的有效工具。因果分析图也称特性要因图，又因其形状常被称为树枝图或鱼刺图。因果分析图由质量特性（即指某个质量问题）、要因（产生质量问题的主要原因）、枝干（指一系列箭线表示不同层次的原因）、主干（指较粗的直接指向质量问题的水平箭线）等组成。混凝土强度不足的因果分析图如图 2-7 所示，具体分析步骤如下：

(1) 明确质量问题——结果。该例分析的质量问题是“混凝土强度不足”，作图时首先由左至右画出一条水平主干线，箭头指向一个矩形框，框内注明研究的问题，即结果。

(2) 分析确定影响质量特性的大枝。一般来说，影响质量因素有五大方面，即人、机械、材料、方法、环境等。

(3) 进一步画出中、小细枝，将每种大原因进一步分解为中原因、小原因，直至分解的原因可以采取具体措施加以解决为止。

(4) 检查图中的所列原因是否齐全，可以对初步分析结果广泛征求意见补充及修改。

(5) 选择出影响大的关键因素，以便重点采取措施。

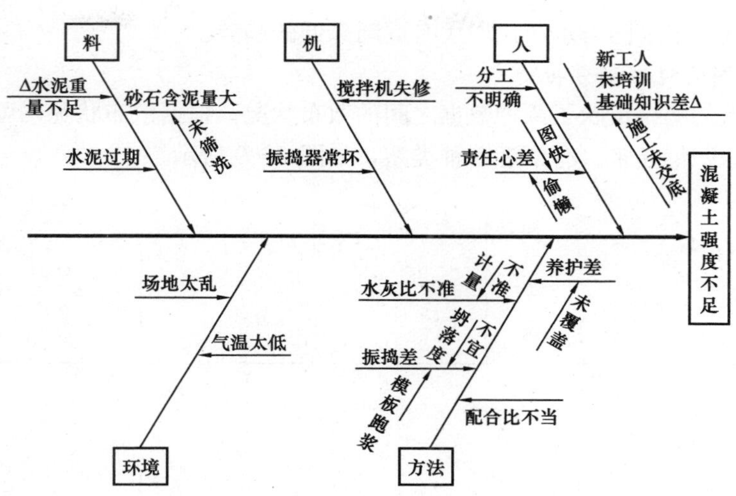

图 2-7 混凝土强度不足的因果分析图

六、相关图法

（一）相关图法的概念

相关图又称散布图。在质量控制中，相关图是用来显示两种质量数据之间关系的一种图形。质量数据之间的关系多属相关关系。一般有三种类型：一是质量特性和影响因素之间的关系，二是质量特性和质量特性之间的关系，三是影响因素和影响因素之间的关系。

通常可以用 Y 和 X 分别表示质量特性值和影响因素，通过绘制散布图，计算相关系数等，分析研究两个变量之间是否存在相关关系，以及这种关系的密切程度如何，进而对相关程度密切的两个变量，通过对其中一个变量的观察控制，去估计控制另一个变量的数值，以达到保证产品质量的目的。这种统计分析方法，称为相关图法。

（二）相关图的绘制方法

1. 收集数据

要成对地收集两种质量数据，数据不得过少。本例收集数据见表 2-7。

表 2-7　　相关图数据

序号		1	2	3	4	5	6	7	8
X	水灰比（W/C）	0.4	0.45	0.5	0.55	0.6	0.65	0.7	0.75
Y	强度（MPa）	36.3	35.3	28.2	24.0	23.0	20.6	18.4	15.0

2. 绘制相关图

在直角坐标系中，一般 X 轴用来代表原因的量或较易控制的量，此例中表示水灰比；Y 轴用来代表结果的量或不易控制的量，此例中表示强度；然后将数据中相应的坐标位置上描点，便得到相关图，如图 2-8 所示。

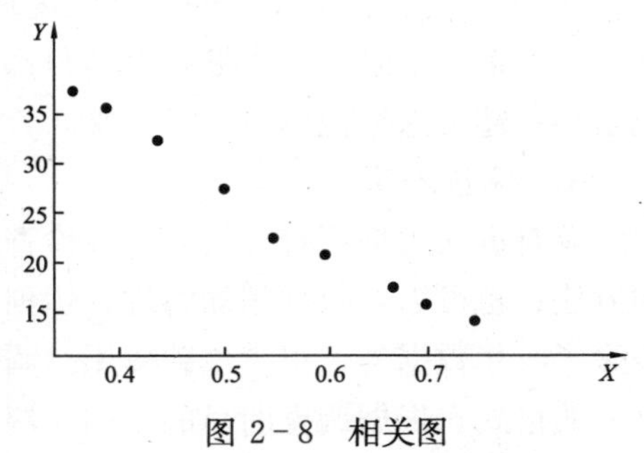

图 2-8 相关图

从图 2-8 可以看出，此例水灰比对强度影响是属于负相关。初步结果是，在其他条件不变的情况下，混凝土强度随着水灰比增大有逐渐降低的趋势。

（三）相关图的观察和分析

相关图中点的集合反映了两种数据之间的散布状况，根据散布状况，可以分析两个变量之间的关系。归纳起来，有以下六种类型，如图 2-9 所示。

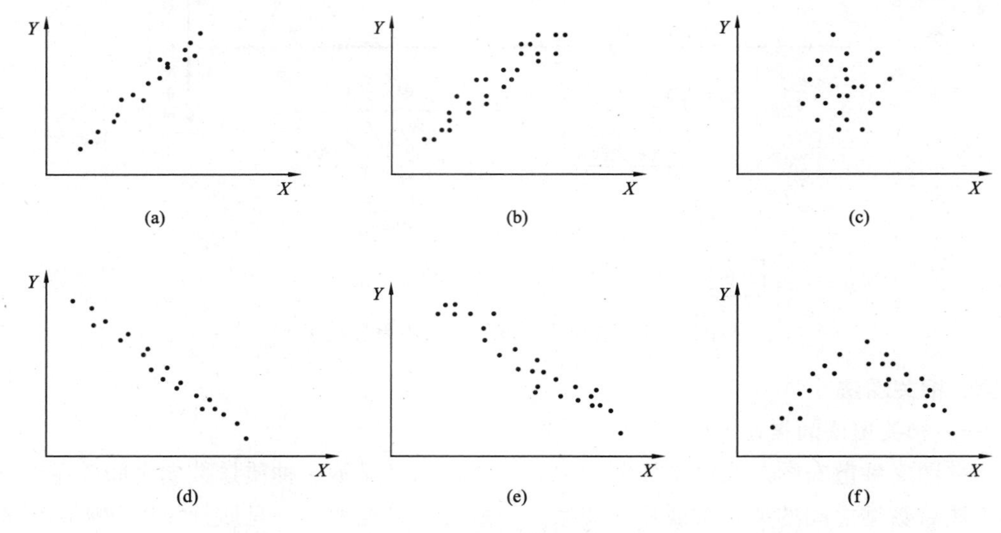

图 2-9　相关图的几种常见类型

（1）正相关［见图 2-9（a）］。散布点基本形成由左至右向上变化的一条直线带，即随 X 增加，Y 值也相应增加，说明 X 与 Y 有较强的制约关系。此时，可通过对 X 控制而有效控制 Y 的变化。

（2）弱正相关［见图 2-9（b）］。散布点形成向上较分散的直线带。随 X 值的增加，Y 值也有增加趋势，但 X、Y 的关系不像正相关那么明确。说明 Y 除受 X 影响外，还受其他更重要的因素影响，需要进一步利用因果分析图法分析其他的影响因素。

（3）不相关［见图 2-9（c）］。散布点形成一团或平行于 X 轴的直线带。说明 X 变化不会引起 Y 的变化或其变化无规律，分析质量原因时可排除 X 因素。

（4）负相关［见图 2-9（d）］。散布点形成由左向右、向下的一条直线带，说明 X 对 Y 的影响与正相关恰恰相反。

（5）弱负相关［见图 2-9（e）］。散布点形成由左至右向下分布的较分散的直线带。说明 X 与 Y 的相关关系较弱，且变化趋势相反，应考虑寻找影响 Y 的其他更重要的因素。

（6）非线性相关［见图 2-9（f）］。散布点呈一曲线带，即在一定范围内 X 增加，Y 也增加；超过这个范围后，X 增加，Y 则有下降趋势。或改变变动的斜率呈曲线形态。

七、调查表法

调查表法也称调查分析表法或检查表法，是利用图表或表格进行数据收集和统计的一种方法；也可以对数据稍加整理，达到粗略统计，进而发现质量问题的效果。所以，调查表除了收集数据外，很少单独使用。调查表没有固定的格式，可根据实际情况和需要拟订合适的格式。根据调查的目的不同，调查表有以下几种形式：

(1) 分项工程质量调查表。

(2) 不合格内容调查表。

(3) 不良原因调查表。

(4) 工序分布调查表。

(5) 不良项目调查表。

表 2-8 为混凝土外观检查不良项目调查表，可供其他统计方法使用。同时，从表 2-8 中也可粗略统计出，不良项目出现比较集中的是胀模、漏浆、埋件偏差，它们都与模板本身的刚度、严密性、支撑系统的牢固性有关，质量问题集中在支模的班组。这样就可针对模板班组采取措施。

表 2-8　　混凝土外观检查不良项目调查表

施工工段	蜂窝麻面	胀模	露筋	漏浆	上表面不平	埋件偏差	其他
1	一	正丅	一	下	一	丅	
2		正一	一	下		丅	
3		正		下		一	
合计	1	18	2	9	1	5	

思考题

1. 简述工程质量控制统计分析方法的工作程序。
2. 常用的质量分析工具有哪些？
3. 直方图、控制图的绘制方法分别是什么？
4. 直方图、控制图均可用来进行工序质量分析，两者各有什么特点？
5. 如何利用排列图确定影响质量的主次因素？

第三章

ISO 9000 质量管理体系

第一节 质量管理体系概述

ISO是国际标准化组织的简称，ISO是希腊文“平等”的意思。该组织的英文全称是International Organization for Standardization。

ISO是世界上最大的国际标准化组织之一，成立于1947年2月23日，其前身是1928年成立的“国际标准化协会国际联合会”（简称ISA）。

ISO的宗旨是，在世界上促进标准化及其相关活动的发展，以便于商品和服务的国际交换，在智力、科学、技术和经济领域开展合作。

ISO 9000标准是质量管理领域的一场新的革命，该标准自1987年第一版开始发布到2000年，全世界有30多万家企业或单位通过了ISO 9000的认证。ISO 9000质量认证证书已在全世界范围内得到认同，并已成为走向国际市场的通行证。ISO 9000标准把质量管理和理论与方法推到了一个新的高度，其根本思想是：任何企业、单位或组织，其根本任务是要满足顾客的需要和期望，生产产品和提供服务的过程尽管不同，但控制的原理与方法是一致的。ISO 9000标准给出了企业应该遵循的基本准则和建立质量体系的原则框架，ISO 9000标准不仅要控制生产和服务的实际过程，而且要求对包括顾客要求的识别、设计、采购、制造、检验和试验交付以及后续的过程，即对产品寿命周期和全过程进行控制；ISO 9000标准要求企业对其生产部门、岗位和每项工作都应确定活动的职责和顺序，规范其工作方法和程序，即进行标准化与规范化的管理。

研究ISO 9000：2000标准不难发现，ISO 9001：2000标准提出了一种全新的质量管理理念——顾客满意质量观，给企业搭起了一个进行质量管理的平台——质量管理体系，为企业提供了一套进行质量管理的方法——过程方法，给出了一把测量质量管理体系是否有效运行的尺子——审核依据，指出了一条不断创新和发展的思路——持续改进。

近年来，质量管理体系认证已成为世界各国对企业和产品进行质量评价、监督的通行做法和国际惯例。中外企业认证的事实表明，贯彻ISO 9000系列标准已成为发展经济、贸易，参与国际市场竞争的重要措施，通过认证的企业在与国外合作，开拓、占领国际市场等方面均取得了显著成效。

目前，虽然很多企业已经建立和运行质量管理、环境管理、职业健康安全管理体系多

年，但体系运行水平不高，领导和员工对这些体系的作用也产生了动摇和怀疑，体系运行形式化，其中一个重要的原因是对几个重要的管理原理理解不深刻，对体系管理的推进工作不深入，在此，推荐大家认真学习、理解并领会以下几个重要概念。

一、质量管理体系的基本概念

（一）八项管理原则

八项管理原则是新标准的理论基础，又是组织领导者进行质量管理的基本原则。正因为八项质量管理原则是新版 ISO 9000 标准的灵魂，所以对其含义的理解和掌握至关重要。

早在 1995 年，ISO/TC 176 在策划 2000 版 ISO 9000 族标准时，就准备针对组织管理者编制一套有关质量管理的文件，其中最重要的就是质量管理原则。为此，还成立了一个专门的工作小组（WG 15），该小组专门负责征集世界上著名质量管理专家的意见，在汇集这些意见的基础上，编写了 ISO/CD1 9004—8《质量管理原则及其应用》。此文件在 1996 年 TC 176 的特拉维夫年会上受到普遍的欢迎。WG 15 为了确保此文件的权威和广泛一致性，又在 1997 年的哥本哈根年会上对八项质量管理原则进行投票确认，获全体通过。所以，八项质量管理原则在 2008 版 ISO 9000 族标准草案发表前就已得到全球质量管理方面专家的认同，成为 2008 版新标准的理论基础。

原则一：组织依存于顾客

组织依存于顾客。因此，组织应理解顾客当前的和未来的需求，满足顾客要求并争取超越顾客期望。顾客是每一个组织存在的基础，顾客的要求是第一位的，组织应调查和研究顾客的需求和期望，并把它转化为质量要求，采取有效措施使其实观。该指导思想不仅领导要明确，还要在全体职工中贯彻。

原则二：领导作用

领导者必须将本组织的宗旨、方向和内部环境统一起来，并创造使员工能够充分参与实现组织目标的环境。领导的作用，即最高管理者具有决策和领导一个组织的关键作用。为了营造一个良好的环境，最高管理者应建立质量方针和质量目标，确保关注顾客要求，确保建立和实施一个有效的质量管理体系，确保提供相应的资源，并随时将组织运行的结果与目标进行比较，根据情况决定实现质量方针、目标的措施，决定持续改进的措施。同时，在领导作风上还要做到透明、务实和以身作则。

原则三：全员参与

各级人员是组织之本，只有他们充分参与，充分发挥智慧和才干，才能为组织带来最大的收益。全体职工是每个组织的基础。组织的质量管理不仅需要最高管理者的正确领导，还有赖于全员的参与。所以，要对职工进行质量意识、职业道德、以顾客为中心的意识和敬业精神的教育，还要激发他们的积极性和责任感。

原则四：过程方法

将相关的资源和活动作为过程进行管理，可以更高效地得到期望的结果。过程方法的原则不仅适用于某些简单的过程，也适用于由许多过程构成的过程网络。在应用于质量管理体系时，2008 版 ISO 9000 族标准建立了一个过程模式。此模式把管理职责，资源管理，产品实现，测量、分析和改进作为体系的四大主要过程，描述其相互关系，并以顾客要求为输入，提供给顾客的产品为输出，通过信息反馈来测定的顾客满意度，评价质量管理体系的业绩。

原则五：管理的系统方法

管理的系统方法将相关互联的过程作为系统加以识别、理解和管理，有助于组织提前实现目标。

针对设定的目标，识别、理解并管理一个由相互关连的过程所组成的体系，有助于提高组织的有效性和效率。这种建立和实施质量管理体系的方法，既可用于新建体系，也可用于现有体系的改进。此方法的实施可在三个方面受益：一是提供对过程能力及产品可靠性的信任；二是为持续改进打好基础；三是使顾客满意，最终使组织获得成功。

原则六：持续改进

持续改进是组织的一个永恒的目标。在质量管理体系中，改进是指产品质量、过程及体系有效性和效率的提高。持续改进包括了解现状；建立目标；寻找、评价和实施解决办法；测量、验证和分析结果，把更改纳入文件等活动。

原则七：基于事实的决策方法

有效的决策是建立在数据和信息分析的基础上的；对数据和信息的逻辑分析或直觉判断是有效决策的基础。以事实为依据作决策，可防止决策失误。在对信息和资料作科学分析时，统计技术是最重要的工具之一。统计技术可用来测量、分析和说明产品和过程的变异性，为持续改进的决策提供依据。

原则八：互利的供方关系

组织与供方是相互依存的，互利关系可增强人文创造价值的能力。供方提供的产品将对组织向顾客提供满意的产品产生重要影响，因此，处理好与供方的关系，影响到组织能否持续、稳定地提供顾客满意的产品。对供方不能只讲控制，不讲合作互利，特别是对关键供方，更要建立互利关系，这对组织和供方都有利。

（二）质量管理体系模式

质量管理体系模式如图 3-1 所示。

从图 3-1 可以看出：该模式将顾客要求作为产品实现过程（也称为直接过程）的输入，通过产品实现过程，将输出（产品）提交给顾客，以取得顾客满意。圆圈中的四个大过程（即四大板块，取代了 1994 版标准的 20 个要素）——“管理职责”、“资源管理”、“产品实现”和“测量、分析和改进”分别代表 ISO 9001：2008 标准中的第 5～8 章，每个大过程中包括的小过程分别在本章中加以说明。圆圈中的四个箭头分别代表四个大过程（除“产品实现”之外，其他三个大过程也称为间接过程或支持过程）的内在逻辑顺序。四个大过程通过四个箭头形成闭环，表明质量管理体系是不断循环上升的。图中左边一个双箭头虚线表明管理应以顾客为中心，右边一个双箭头虚线表明对顾客满意的监控是通过“测量、分析和改进”这个大过程来完成的，不仅是信息反馈，还要改进，以使顾客满意。图中的大箭头表明，正是四个过程不断循环的这个大过程，使得质量管理体系得到持续改进。

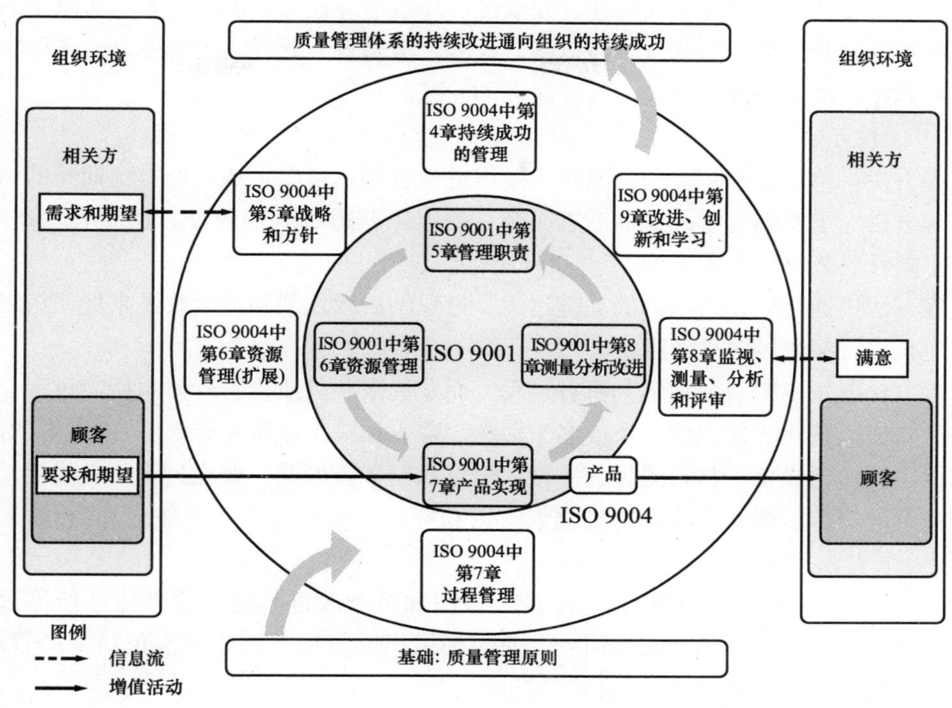

图 3-1 质量管理体系模式

（三）广义质量

20 世纪末，世界著名的管理学家朱兰博士说过：将要过去的 20 世纪是生产率的世纪，将要到来的 21 世纪是质量的世纪。过去的一个世纪是生产率的世纪，大家关心的是生产效率、产值、产量。将要到来的 21 世纪是质量的世纪，组织关心的不仅仅是效率、产量、产值，而应更加关心的是质量。这里所说的“质量”是指大质量的概念。

通常，可以从范畴、过程和结果、组织、系统、特性五个方面来理解与诠释大质量的概念。

(1) 范畴。大质量概念不仅是指产品质量，还应包含服务质量、经营质量、工作质量。

(2) 过程和结果。质量不仅仅是一个过程，还要考虑它的结果。过程和结果必须有机地结合和关联，从系统的角度进行统一的考虑。

(3) 从组织角度来看，企业是一个组织。质量要渗透到组织里面去。按照 ISO 质量体系的要求，大部分企业的质量体系建设还没有完全渗透到企业组织里面去。通常所说的大质量，在一个企业、一个组织里面，质量和质量管理要渗透到组织的所有部门。

(4) 系统。大质量的概念是从系统的概念出发，要求得最优的系统，要求得可靠的结果。质量是一个系统，不仅要考虑性能、维修性、环境的适应性等，还要考虑到它是否节能、是否环保、是否非常安全。

(5) 特性。不仅包含产品的固有特性，而且包括人们所赋予的特性。产品的固有特性包括性能、可靠性、维修性、保障性、安全性、环境适应性等。但是，人们所赋予的特性首先是经济性和时间性，只有及时地提供，顾客才会满意。此外，还有安全、环保、节能等方面的问题，都属于固有特性中需要研究的问题。

（四）过程方法

过程方法：将活动和相关的资源作为过程进行管理，可以更高效地得到期望的结果。

过程方法力求实现持续改进的动态循环，使组织获得可观的收益，典型表现在产品、业绩、有效性、效率和成本方面。

过程方法还通过识别组织内的关键过程、过程的后续发展和持续改进来促使组织以顾客为关注焦点，提高顾客满意度。

过程方法鼓励组织清楚理解其所有过程，而非局限于其质量管理体系所需过程。一个过程包含将输入转化为输出的一个或多个活动。输入和输出通常是有形和/或无形的产品。输入和输出可包括设备、材料元件、能量、信息和财务资源等。要在过程中实施活动，就应分配适宜的资源。测量系统可用来收集信息和资料，以便分析过程绩效和/或输入及输出特点。

ISO 9001：2008 要求组织识别、实施、管理和持续改进其质量管理体系所需过程的有效性，并管理这些过程的相互作用，以便实现组织的目标。这些过程包括最高管理者、产品实现和相关支持过程以及监视和测量过程。

图 3-2 所示系统体现了一个 QMS（Quality Management System，质量管理体系）的过程方法的实施。

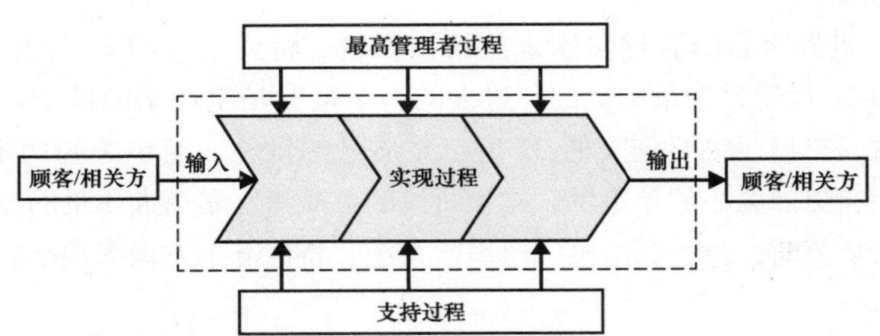

最高管理者过程包括策划、资源配置、管理评审等。
实现过程包括与顾客有关的过程、设计和开发、产品实现等。
支持过程包括培训、维护等。

图 3-2 QMS 的过程方法的实施

1. PDCA 循环和过程方法

PDCA（策划—做—检查—行动）是可在组织过程中应用的动态循环。它与产品实现及其他质量管理体系过程的策划、实施、控制和持续改进紧密相关。

可通过在组织内各层次应用 PDCA 概念来保持和持续改进过程能力。对高层战略过程，如质量管理体系策划或管理评审及作为产品实现过程的简单运行活动，都同样应用 PDCA。具体步骤如下：

（1）P——策划：根据顾客的要求和组织的方针，为提供结果建立必要的目标和过程。

(2) D——做：实施过程。

(3) C——检查：根据方针、目标和产品要求，对过程和产品进行监视和测量，并报告结果。

(4) A——行动：采取措施，以持续改进过程业绩。

图 3-3 所示系统体现了 PDCA 与 ISO 9001：2008 条款 4.1 中“总要求”的联系。

2. 相互作用过程的管理

有时，组织活动的相互依存性可能很复杂，不同过程及分过程间的联系呈网络状。这些过程的输入和输出与外部和内部顾客均有关。图 3-4 即为相互作用的过程的网状联系范例。“管理的系统方法”考虑了组织策划过程的协调和兼容性，以及过程接口的清楚界定。

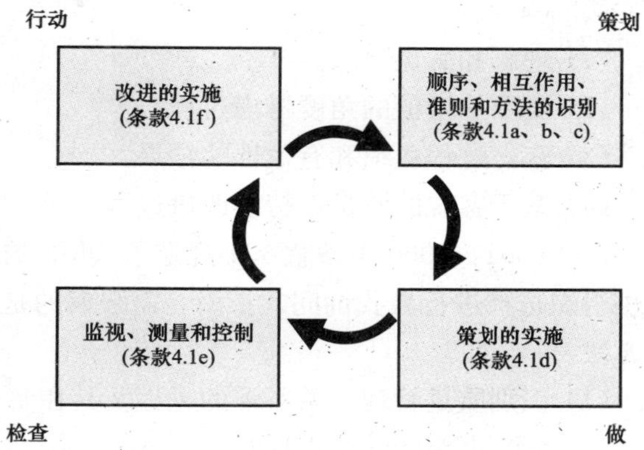

图 3-3 PDCA 循环在 ISO 9001：2008 条款 4.1 中的应用

ISO 9001：2008 对组织过程的控制规定了一些要求。这些要求适用于各种类型和规模的组织，通过限定质量管理所需的过程，予以有机联系，合并入一个体系即可满足要求。

图 3-4 中加入 PDCA 循环后，以系统的方式说明了管理和控制既适用于单个过程，也适用于整个网络。

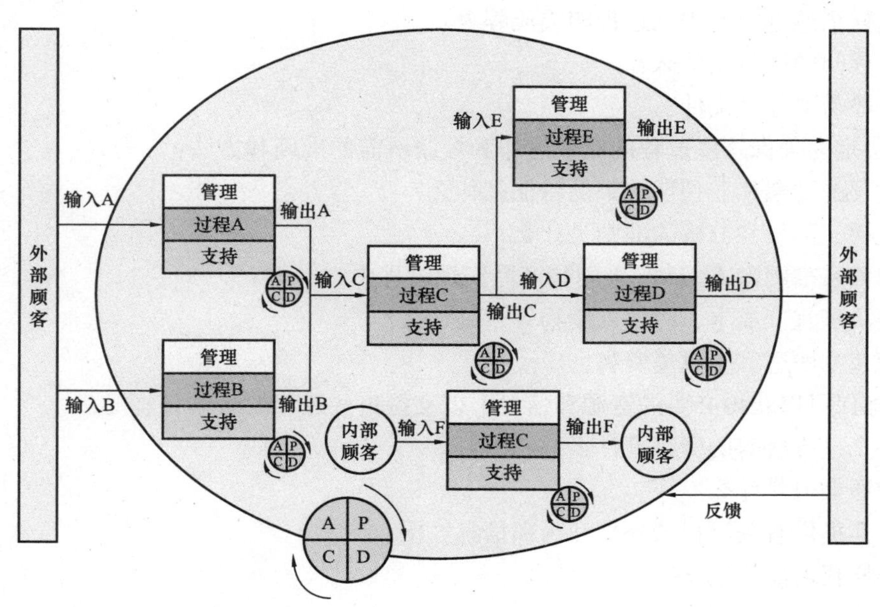

图 3-4 相互作用的过程的网状联系范例

过程网络模式反映了在规定输入要求时，顾客起着重要的作用。顾客对过程输出满意与否的反馈，是 QMS 持续改进过程的关键输入。

3. 按 ISO 9001：2000 要求实施过程方法

ISO 9001：2000 引言中条款 0.2 写到：在质量管理体系中应用过程方法时，强调以下方面的重要性：

(1) 理解和满足要求。

(2) 需要从增值的角度考虑过程。

(3) 获得过程业绩和有效性的结果。

(4) 基于客观的测量，持续改进过程。

ISO 9001：2000 中条款 4.1 规定了 QMS 的总体要求。要涉及这些要求，下面是一些可供组织选择进行自我询问的指南。需强调的是，这些只是例子，不应当作满足要求的唯一方法。

(1) 识别质量管理体系所需的过程及其在整个组织内的应用：

1) QMS 需要些什么过程?

2) 这些过程有无外包?

3) 每个过程的输入和输出分别是什么?

4) 过程的顾客是谁?

5) 这些顾客的要求是什么?

6) 过程的"所有者"是谁?

(2) 确定这些过程的顺序和相互作用：

1) 过程的总体流程是什么?

2) 怎样描述这一流程（过程图或流程表）?

3) 过程间的接口是什么?

4) 一般需要什么文件?

(3) 确定为确保这些过程的有效运作和控制所需的准则和方法：

1) 过程的预期和非预期结果的特征是什么?

2) 监视、测量和分析的准则是什么?

3) 如何将准则融入 QMS 策划和产品实现过程中?

4) 经济事宜（成本、时间、废物等）是什么?

5) 什么方法适宜于收集资料?

(4) 确保可以获得必要的资源和信息，以支持这些过程的运作和监视：

1) 每个过程所需的资源是什么?

2) 沟通渠道是什么?

3) 怎样提供有关过程的外部和内部信息?

4) 怎样获得反馈信息?

5) 需要收集什么资料?

6) 需要保存什么记录?

(5) 测量、监视和分析这些过程：

1) 怎样监视过程业绩（过程能力、顾客满意）?

2) 必要的测量是什么?

3) 怎样才能分析收集到的信息（统计技术）?

4) 分析结果告诉我们什么?

(6) 实施必要的措施，以实现对这些过程所策划的结果和对这些过程的持续改进：

1) 怎样才能改进过程?

2) 需要什么纠正/预防措施?

3) 纠正/预防措施得到实施了吗?

4) 措施有效吗?

4. 过程的文件化

过程存在于组织内，组织应以最适宜的方式识别和管理这些过程。每个组织应依据其顾客和适用法律或法规要求、其活动性质及总体业务战略来确定需要形成文件的过程。

确定应该文件化的过程时，组织可能愿意考虑一些因素，如：

(1) 对质量的影响。

(2) 顾客不满意的风险。

(3) 法律要求。

(4) 经济风险。

(5) 有效性和效率。

如发现需要将过程文件化，可以采用许多不同的方式，如图表、书面指导书、检查表、流程表、可视媒体或电子形式。

二、质量管理体系认证的起源与发展

19 世纪初期，随着工业化大生产、商品的大流通，伴随而来的是如何评价商品（产品）的质量，第一方（生产方和商家）和第二方（用方、使用方）的评价往往带有片面性，而与第一方、第二方无利益关系的第三方（中介方）评价就客观得多。建立在第三方基础上的活动（评价并给证书）就是认证。

英国是世界上产品质量认证的发源地。1975 年，英国标准协会（BSI）公布 BS5750 质量保证国家标准后，1976 年 BSI 就举办了第三方进行的组织质量体系评定、注册业务，受到各方欢迎。于是，BSI 于 1979 年向国际标准化组织 ISO 建议，希望 ISO 制定有关质量保证技术和实施的国际标准。ISO 采纳了 BSI 的建议，于 1979 年批准成立了质量管理和质量保证技术协会（ISO/TC 176），具有负责制定有关质量管理和质量保证的国际标准，并于 1987 年正式颁布了 ISO 9000 质量管理和质量保证国际标准。

到目前为止，ISO 9000 标准已经经历了四个版本，即 1987 版、1994 版、2000 版和 2008 版。

质量体系国际互认的三个条件：一是依据相同的标准，二是遵循相同的认证程序，三是审核员的水平大致相同。按照以上三个条件，经过同行评审，1998 年 1 月 22 日，17 个（现有 25 个）国家在我国广州首次签署了质量管理体系认证国际多边承认协议（IAF/

MLA），为“一张证书，通告全球”奠定了基础。

三、企业实施 ISO 9000 标准的作用

随着全球经济一体化的加快，ISO 9001 质量体系认证的重要性越来越被更多的组织所认识，贯彻 ISO 9001 标准并获得第三方质量体系认证已经成为当今的社会潮流。企业实施 ISO 9000 标准的作用体现在以下几个方面。

1. ISO 9001 标准特别强调最高管理者在质量管理体系中的作用

ISO 9000 标准指出，最高管理者通过其领导作用及各种措施可以创造一个员工充分参与的环境。质量管理体系能够在这种环境中有效运行，并明确最高管理者在质量管理中应具有和必须实施的职责和权利是：明确质量方针和质量目标，并促进其实现；关注顾客要求，并满足顾客和其他相关方的要求；任命负责体系的建立和运行的管理者代表，确保获得必要的资源；组织管理评审，决定改进管理体系的措施。ISO 9001 标准把组织领导的职责和作用具体化、文件化，这将有助于组织克服短期行为，增强质量意识。

2. 有助于提高组织的信誉和经济效益

ISO 9001 标准指出，作为供方的每个组织都有五种基本受益者，即其顾客、员工、所有者、分供方和社会。只有能满足顾客的期望和需要才能赢得市场，才能获得利益，进而使其他受益者的期望和需求得到满足。在社会主义市场经济体制下，组织必须向市场提供高质量的产品或服务才能求得发展。按照 ISO 9001 标准建立完善的质量体系，有助于组织树立满足顾客利益需要的宗旨，提高组织的质量信誉，增强组织的市场竞争力。

3. 有助于提高组织整体管理水平

ISO 9001 标准是建立在“所有工作都是通过过程来完成的”这样一种认识基础上，它要求组织对每一个过程都要按 PDCA 循环做好四个方面的工作，即策划过程、实施过程、验证过程、改进过程。这样，产品形成的全过程始终处于受控状态，变粗放型管理为有序的过程控制。这不但减少了不合格产品的产生，也最大限度地降低了无效劳动给组织带来的损失，从而提高了组织的管理水平和经济效益。

4. 有利于组织参加市场的竞争

ISO 9001 标准主要是为了促进市场贸易而发布的，是买卖双方对质量的一种认可，是贸易活动中双方建立相互信任的关系基石。符合 ISO 9001 标准已经成为在市场贸易上需方对卖方的一种最低限度的要求。随着我国加入 WTO 和世界经济一体化的发展，我国组织要成功地参与市场的竞争，必须依靠先进的技术手段和科学的组织管理，严格按照国际惯例和国际标准组织生产，不断提高产品质量，以满足用户的要求。而执行 ISO 9001 标准正是实现上述要求的捷径。

5. 有利于营造组织适宜的文化氛围和法制管理氛围

组织的质量文化氛围是组织全体员工适应激烈的市场竞争和提高组织内部质量管理水平所具有的与质量有关的价值观和信念，是组织的灵魂。组织的质量文化包括：质量管理以顾客为中心；质量管理是全过程的管理，是全员参加的活动；质量管理以人为本。贯彻 ISO 9001 标准恰好为营造组织适宜的文化氛围提供了良好的内部环境，可促进转变观念，形成有效的运作机制。此外，ISO 9001 标准程序化的管理思想也有利于营造组织制度化管理的氛围，组织制定质量体系文件一旦经过相应的管理者批准发布，对外起到法律承诺的作用，对内起到规范质量活动的作用。这种工作程序有助于组织消除人治管理，营造对内科学管理、对外诚实信用的规范化氛围。不仅如此，由于文化和制度氛围的创立，使领导者可以从烦琐的日常事务性工作中解脱出来，考虑组织重大问题。

调查结果显示，通过 ISO 9001 标准认证以后，53.2%的组织认为顾客满意程度得到了提高，投诉减少；54.7%的组织定货量增加；87.3%的组织市场竞争能力得到大幅度提高。

关于通过 ISO 9001 标准认证能否提高管理水平，降低质量成本，增强组织效益，81.4%的组织领导感到由于各项工作职责明确、运转有序，工作效率得到大幅度提高；57.7% 的组织在技术、装备、人员等方面的薄弱环节得到了明显的改进；61.4% 的组织内外部质量、损失下降；81.8% 的组织质量成本趋于合理，感到竞争力得到了提高。

从上述调查结果不难看出，组织进行 ISO 9001 质量体系认证后经济效益得到了提高，市场竞争力得到了增强，内部管理得到了改善。

四、我国现行其他相关管理体系

（一）环境管理体系

1. 相关背景知识

ISO 14000 环境管理系列标准，是国际标准化组织（ISO）发布的序列号为 14000 的一系列用于规范各类组织的环境管理的标准。

为制定 ISO 14000 环境管理系列标准，国际标准化组织于 1993 年 6 月设立了第 207 技术委员会（TC 207）。TC 207 用三年的时间完成了环境管理体系和环境审核标准制定工作，其他标准因内部分歧较大，作为正式国际标准出台尚需时日。我国于 1995 年 10 月成立了全国环境管理标准化委员会，迅速对 5 个标准进行了等同转换，因而环境管理体系及环境审核也就构成了当今 ISO 14000 的主要内涵。这 5 个标准是：

（1）GB/T 24001—ISO 14001《环境管理体系—规范及使用指南》。

（2）GB/T 24004—ISO 14004《环境管理体系—原理、体系和支撑技术通用指南》。

（3）GB/T 24010—ISO 14010《环境审核指南—通用原则》。

（4）GB/T 24011—ISO 14011《环境管理审核—审核程序—环境管理体系审核》。

（5）GB/T 24012—ISO 14012《环境管理审核指南—环境管理审核员资格要求》。

注：ISO 14000《生命周期评估—原则和框架》已于 1997 年 6 月 15 日正式发布。

2. ISO 14001 标准的主要内容

ISO 14001 为各类组织提供了一个标准化的环境管理模式，即环境管理体系（EMS）。标准对环境管理体系的定义是：环境管理体系是全面管理体系的组成部分，包括制定、实施、实现、评审和维护环境方针所需的组织结构、策划活动、职责、操作惯例、程序、过程和资源。

近年来，随着经济的发展，生产规模和效率的提高，生产活动对环境产生的污染和环境影响日益严重，各国政府对环保工作的重视程度与日俱增，人类的环保意识也不断加强。随之，各国政府逐步推进了加强环境保护的措施和要求。取得环境管理体系认证的要求在市场贸易中的地位越来越重要。

ISO 14001 所规定的环境管理体系共有 17 个方面的要求，根据各条款功能的类似性，可归纳为 5 个方面的内容，即环境方针、规划（策划）、实施与运行、检查与纠正措施、管理评审等。这 5 个方面逻辑上连贯一致，步骤上相辅相承，共同保证体系的有效建立和实施，并持续改进，呈螺旋上升的趋势。

首先，实施环境管理体系必须得到最高管理者的承诺，形成环境管理的指导原则和实施的宗旨（即环境方针），要找出企业环境管理的重点，形成企业环境目标和指标；其次，贯彻企业的环境方针目标，确定实施方法、操作规程，确保重大的环境因素处于受控状态；再次，为保证体系的适用和有效，设立监督、检测和纠正机制；最后，通过审核与评审，促进体系的进一步完善和改进提高，完成一次管理体系的循环上升和持续改进。

（二）职业健康安全管理体系

20 世纪 80 年代末开始，一些发达国家率先开展了研究及实施职业安全健康管理体系的活动。国际标准化组织（ISO）及国际劳工组织（ILO）研究和讨论职业安全健康管理体系标准化问题，许多国家也相应建立了自己的工作小组来开展这方面的研究，并在本国或所在地区发展这一标准。为了适应全球日益增加的职业安全健康管理体系认证需求，1999 年，英国标准协会（BSI）、挪威船级社（DNV）等 13 个组织提出了职业安全卫生评价系列（OHSAS）标准，即 OHSAS 18001 和 OHSAS 18002，成为国际上普遍采用的职业安全与卫生管理体系认证标准。

1999 年 10 月，国家经济贸易委员会颁布了《职业安全卫生管理体系试行标准》(Occupational Safety and Health Management System，OSHMS)。为迎接加入世界贸易组织后国内企业面临的国际劳工标准和国际经济一体化的挑战，规范各类中介机构的行为，国家经济贸易委员会在原有工作的基础上，于 2001 年 12 月发布了《职业安全健康管理体系指导意见》和《职业安全健康管理体系审核规范》。

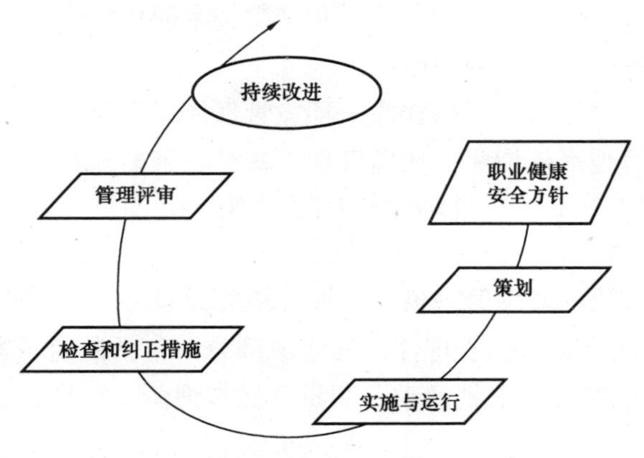

图 3－5　职业健康安全管理体系模式示意图

职业安全健康管理体系审核规范秉承了 ISO 14001 标准成功的思维及管理（PDCA）模式（见图 3－5），且由于职业安全健康管理体系与环境管理体系的密切联系和共通之处，其标准条款及相应要求也具备许多共同的特点。

PDCA 循环圈是 OHSAS 18000 职业安全卫生管理体系的运行基础，同时也是ISO 14000、ISO 9000 管理体系的运行基础。实际上，PDCA 循环圈是所有现代管理体制的根本运行方式。

目前，职业安全健康管理体系已被广泛关注，包括组织的员工和多元化的相关方（如居民、社会团体、供方、顾客、投资方、签约者、保险公司等）。标准要求组织建立并保持职业安全与卫生管理体系，识别危险源并进行风险评价，制定相应的控制对策和程序，以达到法律法规要求并持续改进。在组织内部，体系的实施以组织全员（包括派出的职员、各协力部门的职员）活动为原则，并在一个统一的方针下开展活动。这一方针应为职业安全健康管理工作提供框架和指导作用，同时要向全体相关方公开。

（三）社会责任标准

SA 8000 即“社会责任标准”，是 Social Accoutability 8000 的英文简称，也是全球首个道德规范国际标准。SA 8000 的宗旨是确保供应商所供应的产品皆符合社会责任标准的要求。SA 8000 标准适用于世界各地任何行业的不同规模的公司，其依据与 ISO 9000 质量管理体系及 ISO 14000 环境管理体系一样，皆为一套可被第三方认证机构审核的国际标准。

SA 8000 标准的要求包括：

（1）童工。

（2）强迫性劳工。

（3）健康与安全。

（4）组织工会的自由与集体谈判的权利。

（5）歧视。

（6）惩戒性措施。

（7）工作时间。

（8）工资。

（9）管理体系。

SA 8000 认证的作用包括：

（1）减少国外客户对供应商的第二方审核，节省费用。

（2）更大限度地符合当地法规的要求。

（3）建立国际公信力。

（4）使消费者对产品建立正面情感。

（5）使合作伙伴对本企业建立长期信心。

第二节 ISO 9001 质量管理体系标准

目前，最新版质量管理体系标准为 ISO 9000：2005、ISO 9001：2008、ISO 9004：2009 和 ISO 19011：2002 共 4 个国际标准。

（1）ISO 9000：2005《质量管理体系—基础原理和术语》：介绍了质量管理体系基础知识并规定了质量管理体系术语。

（2）ISO 9001：2008《质量管理体系—要求》：规定了质量管理体系要求，用于证实组织具有提供满足顾客要求和实用法规要求的产品的能力，目的在于提升顾客的满意度。

（3）ISO 9004：2009《组织持续成功的管理——一种质量管理方式》：提供考虑质量管理体系的有效性和效率两方面的指南，目的是组织业绩改进和提升其他相关方的满意度。

(4) ISO 19011：2002《19011质量和（或）环境管理体系审核指南》：对质量和（或）环境管理体系审核提出要求，指导认证机构、二方审核和组织实施内部审核工作。

第三节　ISO 9001：2008版质量管理体系的建立与实施

一、体系的策划准备阶段

（一）概述

组织建立质量管理体系的过程也是一个PDCA循环的过程，体系建立得如何，策划是关键。

不同的组织在建立、完善质量管理体系时，可根据组织的特点和具体情况采取不同的步骤和方法。但总体来说，一般要经过下列步骤，见图3-6。

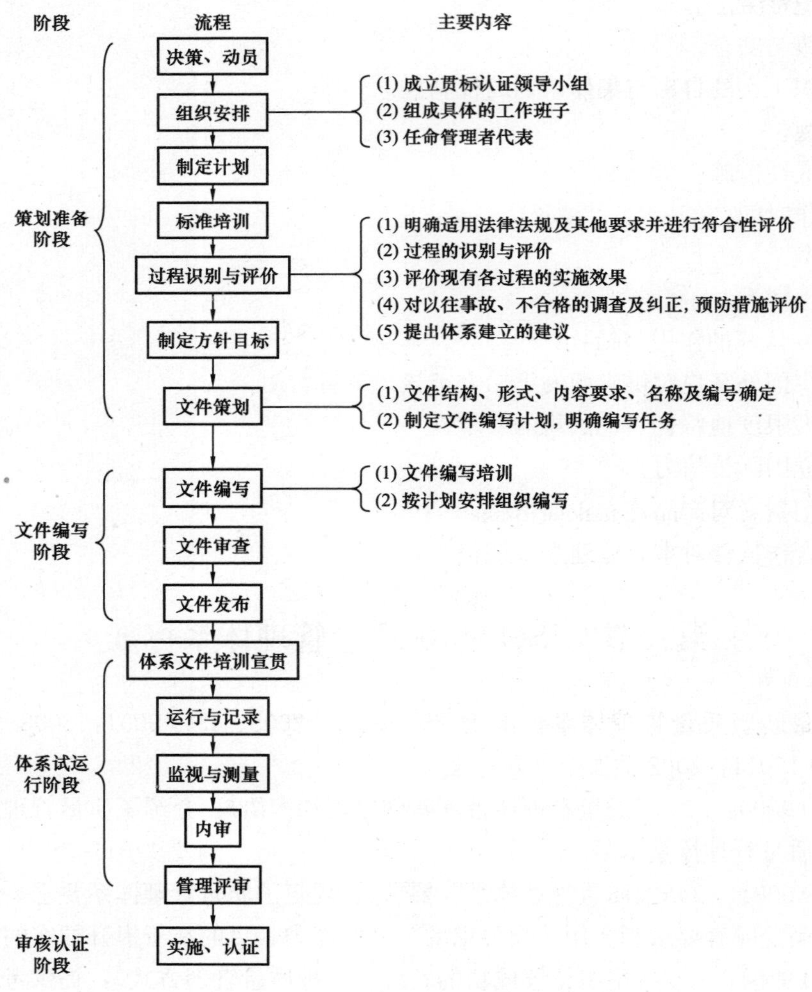

图3-6　质量管理体系策划与建立的步骤

(1) 质量管理体系的策划与准备，主要包括领导决策，宣传动员，组织安排，制定工作计划，人员培训，过程的识别与评价，制定质量方针、目标，确定组织机构，明确管理职能，体系文件策划等。

(2) 质量管理体系文件编制与宣贯。

(3) 质量管理体系试运行。

(4) 质量管理体系内部审核和管理评审。

(5) 申请认证注册。

1. 领导决策

随着市场竞争的日趋激烈和我国加入WTO后。我国的各个行业的管理观念、管理模式、管理手段等都将面临严峻的考验和挑战，国有大中型企业的管理模式、管理手段等方面的弊端愈加突出。因此，应全面提高企业的管理水平，以增强企业在市场中的竞争力，从而提高企业的经济效益和社会影响力。

企业的发展离不开好的管理模式。也就是说，好的管理模式是企业发展的核心。施工企业管理模式的好坏直接关系到企业的兴衰。

我国加入WTO后，随着我国市场经济体制的不断完善，企业管理模式在市场竞争中将会发挥越来越重要的作用。面对目前我国施工企业竞争日趋激烈的市场环境，我们顺应全球经济的发展趋势，及时调整企业管理的发展战略，遵循规范化、科学化的发展思路，在施工过程中总结经验，摸索创新出一条适合自身企业发展的管理模式。

市场竞争越来越激烈，而竞争的焦点和实质是质量。要提高质量，就必须把有限的资源合理地组织起来，汇集到提高和改进质量的目标上去；而在所有的资源中，人是最重要、最活跃、最起作用的因素。要做到这些，就需在企业内部建立一套质量管理体系，广泛开展质量管理小组活动，真正把质量管理这一行之有效的管理模式融入企业每个员工的思想中。让每个员工认识到，在企业建立质量管理体系，广泛开展质量管理活动小组是保障企业生产出优质产品的有效方法，也是进行人力资源开发的有效手段，是实现企业员工参与质量改进的有效途径，是依靠广大员工办好企业的一项重要措施，是提高企业竞争力的一个有效途径。

企业经营管理者是组织法定的质量管理第一责任人，只有企业的经营管理者意识到吸取先进质量文化的成果，建立质量管理体系，实现安全健康管理的制度创新，才能更好适应国际上出现的质量标准协调一体化的趋向，增强组织在国内外市场的竞争力和内部凝聚力。

2. 组织安排、制定工作计划

(1) 成立领导小组（或推进小组）。由于体系的建立是一个系统工程，涉及组织的各个方面。组织决定建立质量管理体系后，有必要成立一个领导小组，可由总经理/厂长任组长，主管质量、行政、生产、设备的公司/厂级领导及质量、生产、行政保卫、工会、企管等部门的领导为组员，其职责主要是审批工作计划，确定方针、目标，调整管理职能，审定体系文件，协调体系运行所需的资源等。领导小组在体系建立，正常运行后即可终结。

(2) 建立工作机构。组织原有的管理机构中，涉及质量管理体系的工作可能分布在不同的部门，在大质量概念下，可能在企业策划部或企业管理部。体系的建立过程中因涉及公司管理的综合协调和调整，故最好有一个具体的部门来组织落实领导小组的决议，牵头组织体系的建立。因而，组织可以根据实际情况指定一个部门，或者将职责落实到某一部门，充实调整必要的人员，以便开展工作。

工作机构的主要职能是：制定工作计划，组织安排相关的培训，组织开展初始状况评审，组织协调体系文件的编写，组织开展体系的试运行。

体系建立并正常运行后，工作机构可转化为某一常设的管理部门，成为体系运行的综合管理协调部门，或者将其有关工作并入正常的管理职能，临时工作机构解散。

(3) 任命管理者代表。按照标准的要求，由最高管理者任命组织内主管企业管理或生产副总经理为管理者代表，其职责按标准要求规定执行。

(4) 制定工作计划。在明确了建立体系的基本步骤后，工作机构在管理者代表的领导下制定具体工作计划，明确目标，落实责任，突出重点，控制进度。计划制定好后报领导小组审查，最高管理者批准后印发至组织的各部门。

(二) 人员培训

人员的培训包括质量意识的培训、标准培训、文件编写培训、内审员培训、体系文件的培训、岗位能力要求的培训。在文件化的体系建立前主要做好前四个方面的培训，在实施体系文件和体系运行后主要做好后两项培训。组织可根据实际情况适时的安排各种培训的时机。

质量意识的培训、体系文件的培训要分层次，采取各种不同方式进行，目的是让全体员工满足标准对质量意识的要求，掌握体系文件的规定，以便体系的有效实施。

标准的培训、文件编写培训、内审员培训主要针对中层以上领导、主要岗位人员、文件编写人员和内审员进行，可委托咨询机构进行。

适应岗位能力要求的培训建立在明确培训需求的基础之上。首先要根据岗位对公司产品质量的影响程度规定能力要求，其次要根据人员的教育、培训和经历对全体人员进行能力鉴定，不满足资格要求的要进行培训，政府有关部门有资格证书要求的要经过培训后持证上岗。

(三) 过程的识别与评价

过程的识别与评价是建立体系的基础，其主要目的是了解组织的质量及管理现状，为组织建立质量管理体系搜集信息并提供依据。

1. 过程识别与评价的内容

(1) 明确适用的法律、法规及其他要求，并评价组织的质量行为与各类法律法规的符合性。

(2) 识别和评价组织活动、产品或服务过程中的风险大小和符合内部要求的程度。

(3) 审查所有现行质量活动与制度，评价其适用性。

(4) 对以往事故、不符合进行调查以及对纠正、预防措施进行调查与评价。

(5) 提出对质量方针的建议。

2. 过程的识别与评价步骤

(1) 过程识别准备：

1) 组建初评小组。管理者代表主持初评工作，由工作机构具体组织实施。初评小组成员应具备企业管理、生产管理和质量管理方面的知识，对组织有较深的了解，并且来自组织的不同部门（涉及各现场和职能部门），要求具有一定的文化水平和经历。初评小组的人员可包括：企业管理、产品质量、经营管理人员等。

2) 确定初始评价范围，要求覆盖准备申请第三方认证的范围，应考虑最高管理者和管理权限、产品形成链、生产和生活涉及的范围、行政的相对独立性，最终确定初评范围。

3) 实施评审前，还应准备评审所需的表格（如检查表类）等用于评审所需的资料，选择恰当的初评方法，制定初评计划，包括时间安排、人员分工等。

4) 评审组分配任务，按计划分组实施初始评审工作。

(2) 现状调查。主要任务是收集组织过去和现在的有关质量及其管理现状的资料和信息等。如组织现在设置的质量管理机构、人员的职能分配与适用情况；组织的质量管理制度；组织适用的国际公约以及国内法律、法规和标准及其执行情况；组织的质量管理方针、目标及其贯彻情况；近年来组织的事故、不符合情况和原因分析及纠正措施效果评价等。现状调查的方法一般有查阅文件和记录、使用检查单和调查表、现场调查及面谈等。

(3) 形成过程流程图。根据产品链、公司管理现状和方法，按内定的格式要求形成管理过程、产品形成过程、支持性过程等几类过程的流程图。可参考本章第五节的示例。

(4) 过程评价。初评小组对确定的流程，结合本公司的管理水平和符合程度，确定重要过程。

收集组织现行的及适用的法律法规文件，编制法律法规清单并对其符合性进行评估。

(5) 结果分析与评价。对调查结果进行分析，评价现有质量管理活动的有效性、可行性，找出存在的不足，明确对重要过程的改进思路，为形成管理手册和程序文件提供依据。

(四) 制定质量方针、目标、管理方案

1. 方针的策划

(1) 制定质量方针时应收集或关注的资料和信息包括：

1) 过程识别与评价的结果。

2) 组织的宗旨，总体的经营战略及长远规划。

3) 现有关于产品质量和服务的声明和承诺。

4) 和质量有关的法律、法规、质量标准，包括质量管理体系审核规范和其他要求。

5) 组织过去和现在的质量绩效。

6) 内外相关方（包括员工、供方、承包方、其他外部人员）有关质量的观点和要求。

7) 现有的其他方针，如安全方针、环境方针等。

8) 其他同行业组织的质量方针实例。

(2) 质量方针制定的内容及要求。质量方针内容应与组织的活动、产品、服务密切关联，具有行业和组织的特点。符合标准要求的质量方针至少应包括以下内容：

1) 产品质量的稳定性。

2) 承诺持续改进。

3) 增强顾客满意。质量方针内容应为建立评价质量目标提出一个总体的框架，这些总体框架是对质量方针基本承诺的具体化。质量方针的内容不能过于原则、空洞，切忌没有行业和组织的特点，普遍适用于任何组织。还应包括鼓励员工参与质量活动的要求。

2. 目标的制定

根据过程识别与评价的结果、法律、法规符合性评价信息，建立相应的质量目标。

(1) 目标的制定一般按以下步骤进行：

1) 分析过程表现和重要过程，确定优先项。列出哪些是急需改进和提高的，哪些是可以在管理体系的发展过程中逐步处理的。

2) 制定目标，质量目标的制定和实现是评价质量是否适用和有效的体现。

(2) 组织在制定目标时应遵循以下要求：

1) 尽可能量化，并设定科学的测量参数。

2) 设定具体的时间限制。

3) 避免空洞或含糊不清。

4) 避免过于保守甚至不及现有水平。

5) 避免目标过高失去可行性。

6) 避免避重就轻违背方针承诺。

7) 目标要分解到不同职能和层次。

(五) 确定组织机构、明确管理职能

依据组织现有的管理机构设置质量管理机构，其管理职能需覆盖认证和初评的管理机构和人员。最高管理者应作为质量管理管理第一人，由最高管理者任命一名管理者代表，主持质量管理体系的建立、实施与保持工作。企管部门或质量管理部门协助管理者代表具体实施体系的建立、实施、保持，各职能部门负责本部门体系的实施、监督检查，各职能部门主管领导为本部门质量管理第一责任人，负责提供体系运行所需的技术、技能、人力、时间资源，组织最高管理者负责提供财力、人力资源。

组织管理机构的确定是分配职能和确定管理程序的基础，在分配职能和编写程序文件之前，必须先进行职能分配和必要的机构调整，确定机构时，要坚持精简效能的原则，尽量避免和减少部门职能交叉。

(六) 文件的策划

要编制一套配套齐全、适用、有效的体系文件，必须首先做好体系文件的策划。工作机构的人员在熟悉审核标准（规范）的要求，完成初始评审，并获取现有的有关质量管理体系法律法规的前提下，着手开始体系文件和策划工作。

体系文件的策划主要包括以下工作：

(1) 确定文件结构。

(2) 确定文件编写格式。

(3) 确定各层次文件的名称及编号。

(4) 制定文件编写计划。

(5) 安排好文件的汇审、审批、发布工作。

1. 文件结构、格式、名称及编号确定

(1) 文件的结构确定。文件的详略程度取决于组织的规模、活动类型、产品特点及复杂程度，人员的能力及管理水平。审核标准（规范）没有明确要求组织编制质量管理手册，组织可根据实际情况确定文件的结构，决定是否编制管理手册。

通常情况下，体系文件结构分为三个层次，即：

1) 质量管理手册（A）。

2) 程序文件（B）。

3) 其他文件（C）（作业指导书、操作规程、管理制度、工艺卡、记录等）。

(2) 文件格式的确定。为了统一文件格式与风格，组织在编写文件前应确定文件的格式，如果组织已建立了其他管理体系，那么质量管理体系文件的格式可以与其他管理体系文件的格式一致。如果是新建立管理体系的组织，可在文件编写前制定组织的《体系文件编写导则》，统一规定文件的格式及编写要求。

文件的编排格式可参照 GB/T 1.1—2000《标准化导则》的要求确定。

文件的内容要求可参照 ISO/TR 10013《质量管理体系文件指南》的要求确定。

(3) 文件的名称及编号确定。在安排文件编号前，组织应按审核标准（规范）的要素要求，结合组织的实际确定文件的名称及编号，编制程序文件及作业文件的清单。以使文件编写时引用和处理接口。文件名称应明确说明开展的活动及特点，力求简练，便于识别，可采用“×××控制程序”的形式命名。文件的编号应体现质量管理体系标准中体系要素的编号以及管理活动的层次，以便识别。

2. 制定文件编写计划及安排人员编写

在确定了文件的结构、格式、名称及编号后，组织应制定文件编写计划，将需求文件编写任务分配给具体编写人员，并将确定的格式要求、编写要求等一并印发至编写人员。某组织的文件编写计划见表 3-1。

表 3-1　　某组织的文件编写计划

序号	文件编号	文件名称	编制部门	编写人	要求完成时间	讨论审查时间
1	QM/ZJ 1—2010	目标管理程序	企业管理部	××	××月××日	××月××日
2						
3						
⋮						
24	QM/ZJ 24—2010	管理评审程序	企业管理部	××	××月××日	

制定：×××　　日期：××××-××-××　　批准：×××　　日期：××××-××-××

文件编制计划下达后，各编写人员按计划要求组织编写。安排编写人员时应考虑以下因素：

(1) 由该要素的主控部门作为文件的编制部门，分管该项工作的主管人员为编写人员。

(2) 编写人员经过了标准培训和文件编写培训，编写人员应具有一定的写作能力。

(3) 应根据确定的流程中对应的过程要求进行描述。

(4) 编写人员应熟悉该项业务。

3. 文件的审查、审批与发布

文件编写完成后，可先由编制部门组织本部门及相关管理系统的管理和作业人员进行讨论，就流程的合理性和优化、文件对标准的符合性、可操作性、适用性进行讨论。主编人员根据讨论意见进行修改后，交工作机构汇总、初审，在所有文件编制完成后，由管理者代表主持，各相关部门及文件编写人员参加，对管理手册和程序文件进行逐项审查，重点解决好管理手册与程序文件、程序文件与程序文件之间，以及程序文件与作业文件的接口问题，确保文件的协调一致性。

各编写人员根据审查意见，对文件进行再修改，管理手册经部门管理者代表审核后，报总经理批准、发布；程序文件经部门经理审核或其公司/厂级主管领导审核后报管理者代表批准发布，具体审批职责组织可在文件控制程序中作出规定。

二、体系文件编写阶段

(一) 文件的作用与特点

1. 文件的作用

(1) 能够描述组织的质量管理体系，以及各职能单位和活动的接口。

(2) 向员工传达事故预防、保护员工安全健康和持续改进的承诺，有助于员工了解其在组织内的职责，以便增强他们对工作目的及重要性的意识。

(3) 使员工和管理者之间建立起相互的理解和信任关系。

(4) 提供清晰、高效的运作框架。

(5) 提供新员工培训及在职员工定期再培训的基础。

(6) 为实现具体要求作出规定。

(7) 提供具体要求已被满足的客观证据。

(8) 通过文件化的要求使操作具有一致性。

(9) 向相关方证明组织的能力，并通过文件化的要求使相关方的活动满足组织的质量要求。

(10) 为质量管理体系审核提供依据。

(11) 为评价质量管理体系的有效性及持续适宜性提供基础。

(12) 为持续改进提供基础。

2. 文件的特点

(1) 系统性。应对质量管理体系中采用的所有 17 个要素、要求和规定，系统而有条理地制定出程序。对于缺乏程序指导可能导致偏离质量方针和目标的运行与活动，也应编

制运行控制程序。

（2）层次性。不同的体系文件在体系运行中所处的地位和所起的作用不一样，因此，可以通过一定的结构形式来体现其层次性。

（3）协调性。文件与文件之间要注意协调性，注意管理手册、程序文件、作业指导书之间的关联，同时还要注意与现行的管理办法和标准进行协调，避免出现“两张皮”的现象。

（4）适用性。在体系文件的编制中，应考虑用人单位本身的、实际的和所具备的条件，在方式、方法、步骤要求上和职责上考虑实施的可行性和可操作性。

（5）见证性。体系文件作为客观证据向管理者、相关方、第三方审核机构证实本组织质量管理体系的运行情况，说明本单位的危害因素已被识别、评价并得到控制；有关活动的程序已被确定并得到批准和实施；有关活动处于全面的监督检查之中；质量的绩效得到证实；持续改进的方针能够得到贯彻。

（6）唯一性。对一个组织，其质量管理体系文件是唯一的，不能允许针对同一事项的相互矛盾的不同文件同时使用。

（二）文件的编写原则

（1）要结合组织活动、产品或服务的特点。质量管理体系是适用于各种地理、文化和社会条件的，也适用于不同类型和规模的组织的管理体系，它为体系的建立提供了规范，只对组织实施体系提出了基本要求，并未提出技术要求；而作为实施体系的组织具有多样性和复杂性，因此在编制体系文件时，应密切结合组织活动和服务中的危害特点，充分反映组织的安全健康状况及管理现状。

（2）要努力做到管理体系文件的一体化。组织建立的质量管理体系是组织全面管理体系的一个组成部分，他利用体系文件来规范企业的安全生产行为，改善企业的安全生产绩效。GB/T 19001 质量管理体系与安全、环境管理体系标准遵循共同的管理体系原则，组织可将以上标准进行融合，编制包括三个标准要求的管理体系。不必撇开组织现行的管理体系而单独确定，使组织的管理体系文件有机结合，从而逐步形成体系文件一体化管理。

（3）文件的描述与确定的流程相对应。管理文件的编制是管理经验的积累和提炼的过程，是与确定的管理流程中的过程相对应，思路清晰，描述适当、准确。

（4）手册、程序文件、作业指导书的层次。这三者是从属关系，同时又相互关联、支撑。在策划时的重点在于合理明确层次。尤其是程序文件与作业指导书的关系。

手册是公司所有管理要求的综合全面的表述，需交待清楚管理的系统关系，明确各过程之间的顺序和相互作用（如成本对机械设备投入的作用），明确和索引出程序文件。

程序文件是对相对独立的一个系统（可能包含多个有关系的过程）的表述，是对手册的对应过程的支撑和具体化。同时对涉及的作业指导书的明确索引。

作业指导书是对一个相对孤立的、具体的过程或活动的说明，是对程序文件对应过程的支撑。

（三）质量手册的编写

1. 管理手册的作用

（1）对质量管理体系核心要素及其相互关系的描述，反映了用人单位整个质量管理体系的总体框架。

（2）对用人单位的质量方针、重大危害因素以及目标、管理方案的描述，展示用人单位在质量管理上总的原则、总的目标和管理上的重点。

（3）明确了用人单位各个不同部门与不同岗位之间的职责和权利，为体系的运行提供必须的组织保证。

（4）提供查询相关文件的途径。

2. 管理手册的内容和条件

（1）手册通常包含以下内容：

1）方针、目标。

2）质量管理、运行、审核或评审工作的岗位职责、权限和相互关系。

3）关于程序文件的说明和查询途径。

4）关于手册的评审、修改和控制规定。

手册可以多使用表格和流程的方式，做到简单明了、易于理解。

（2）管理手册应满足的条件：

1）文字通俗易懂、便于使用者理解，将过程的要求表达清楚即可。若有些内容在程序文件和作业指导书中明确，须将引用和索引关系明确，不必重复描述。

2）管理手册在深度和广度上可以有所不同，这主要根据用人单位的规模、性质、技术要求、人员素质来确定。对于中、小型用人单位，可以把管理手册与程序文件合成一套，但大多数用人单位仍把手册、程序文件分开。

（3）管理手册参考格式：

1）封面：版本号、编制日期、修订日期、批准日期及批准人。

2）目录：手册发布令、管理者代表任命书、质量方针；各过程之间的顺序和相互作用的表述，并提供查询相关文件的途径。

3）附录：涉及的表格等。

3. 质量管理手册的编写程序

质量管理手册的编写程序如图 3－7 所示。

（四）程序文件的编写

（1）程序文件的作用和功能：

1）针对手册中所确定的各流程，对相对独立的系统和所涉及的过程进行要求描述。规定各过程的具体实施的内容、职责、方法和步骤。

2）程序文件是对手册的支持，是为各级部门、岗位和操作人员对各过程管理和运行明确要求，提供有效的指导。

（2）编写程序文件必要性的参考原则：

1）手册中所明确的各个系统及要求。

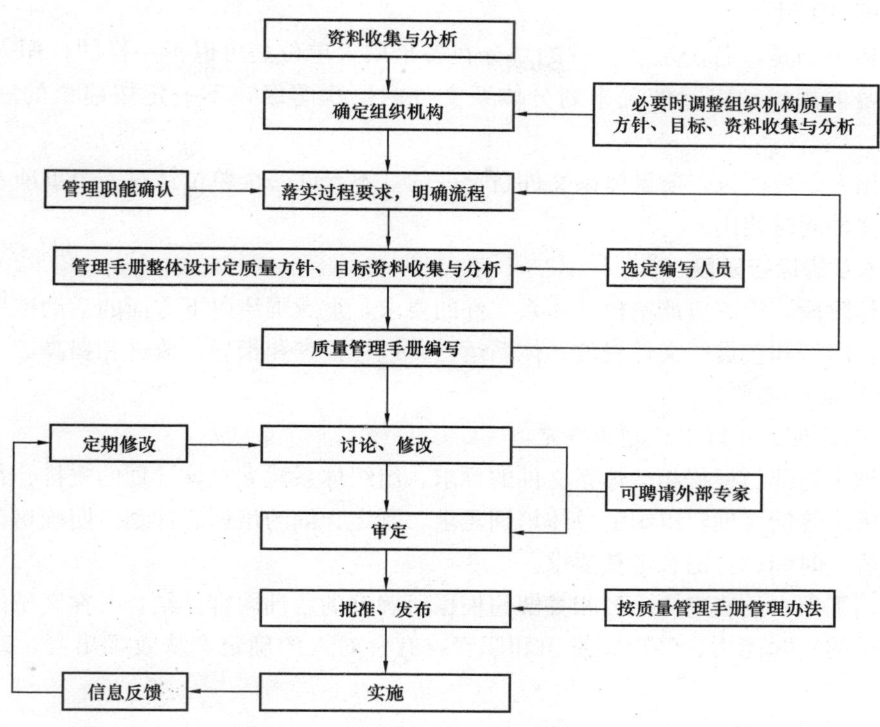

图 3-7 质量管理手册的编写程序

2）以往过程执行的效果。

3）过程的复杂程度。

4）员工的理解能力和对过程的认识。

5）过程目标和结果的实现程度。

程序文件的个数不是必需的。

(3) 程序文件的编制步骤，见图 3-8。

（五）第三层次文件的编写

作业文件的内容和个数可依据程序文件中明确的具体的过程进行确定，侧重于单一的过程的管理要求和执行要求。一般包括：

(1) 作业文件。如工艺规程、岗位操作法、操作规程、分析规程等。

(2) 记录。记录是特殊类型的文件，也是质量管理体系文件中最基础的部分，包括设计、检验、试验、调研、审核、复审的记录和图表。所有这些都是证明各个阶段质量是否达到要求和检查质量体系有效性的证据，

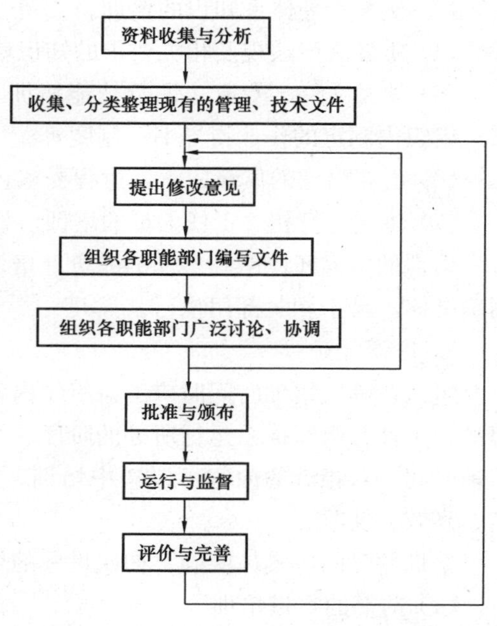

图 3-8 程序文件的编制步骤

记录具有可追溯性。

需要指出的是，各个层次文件的划分在各个用人单位是可以不一样的，用人单位可以根据自身的规模和实际情况来划分体系文件的层次等级，不一定按建议的三个层次编写。

对于用人单位而言，质量体系文件是唯一的，不允许一个单位针对一个事项有相互矛盾的不同文件同时使用。

三、体系的运行阶段

在运行阶段，组织应严格执行体系文件的要求，重点围绕以下方面的活动推进体系的运行工作：培训和宣贯、文件发放、体系运行、过程检查和指导、改进和提高等。

（一）培训和宣贯

1．培训的策划和培训计划的确定

由培训主管部门根据相关体系文件的要求、组织体系建立总体计划的安排、各相关部门的培训需求等情况确定组织的总体培训需求，制定详细的培训总计划。明确培训的组织部门、内容、时间、方法和考核要求。

其中培训需求的确定应由各相关部门根据所确定的培训内容，结合所在区域内组织的各岗位人员的实际能力、经历、意识和职责，有针对性的确定，从效果出发，避免一哄而上。

2．培训内容的确定

培训的内容主要考虑以下方面：

(1) 质量意识的全员培训。包括我国的质量问题及质量管理现状等。

(2) 质量方针的全员培训。

(3) 质量管理体系知识的培训。

(4) 质量法律法规及相关要求的知识培训。

(5) 体系文件、专业知识及技能培训。组织生产活动过程中避免质量影响的作业要求，组织内制定的作业指导书、制度等。

(6) 所在岗位的质量职责，过程要求，涉及的目标，信息传递方式等。

(7) 体系运行相关责任人员的培训。如管理者代表，内审员的培训等。

培训的内容还应明确参加的人员（培训的对象）、培训教师、培训教材等内容，要求明确具体，易于相关部门执行。

3．培训时间

组织在确定培训时间时应考虑组织内各相关单位的所在区域、生产活动任务、培训内容的相关性、组织体系运行所处的阶段、劳务人员、员工上岗前的培训等因素，合理安排培训时间，对相近的内容可以集中培训，专业性较强的内容可以分班进行，以使培训精简、高效、及时。

培训的时间应具体明确。初次贯标的组织一般进行三种类型的培训：

(1) 前期的宣贯培训。

(2) 中期的管理体系文件和关键岗位的相关专业知识培训。

(3) 内审前的内审员培训。

4. 培训方法

培训方法的确定以灵活、实用为原则，应注重实效。常见的方法有以下几种：

(1) 专家讨论会、讲座。

(2) 电视、录像教学（如典型事故、不符合教育）。

(3) 专业技术知识培训，由专业人员和管理者进行在职培训、现场教学。

(4) 组织内部业务或信息刊物。

(5) 招贴画和小册子。

(6) 体系运行质量信息的交流。

(7) 新员工上岗前培训和考核。

(8) 去相关组织学习考察等。

5. 培训的实施

由培训计划所确定的责任部门、相关部门和人员根据所定的培训计划实施。如有局部变化，应按体系文件的相关要求进行修订。实施的过程应严格认真，力求达到预期的培训效果。培训实施过程中也应注意按相关体系文件要求保存培训记录。

6. 培训效果的确定

根据已确定的培训需求、培训内容的重要性、培训的方式等因素确定考核的方式。方式应具体明确，有利于实施并能反映培训效果。常见的考核方式如下：

(1) 笔试。

(2) 现场操作考核。

(3) 面试、口答。

(4) 生产过程中的绩效监视测量。

(二) 文件发放

应按相关体系文件的要求，将体系文件及适用文件（尤其是运行中用的表格）及时发放至使用人员。供相关人员学习使用，并进行以下工作。

(1) 在体系运行初期时应对原有的文件进行整理识别。

(2) 对在内容上有所抵触的文件，应及时作废妥善处理。

(3) 对所有现行有效的文件应进行整理编号，适当标识，方便查询索引。

(4) 充足印发适用的体系文件，尤其是表格。及时发放至适用部门、人员，使组织内的人员能得到并使用最新的文件表格。

(5) 对适用的规范、规程等行业要求要及时购买补充完善，使适用的区域能够及时得到。

(三) 体系运行

在体系运行初期各相关人员往往对相关要求理解不够深入，组织的管理部门可结合培训工作到所在区域或现场采取专项指导、到设立的样板区域进行学习参观、召开现场办公会、系统集中会等方式推进运行工作。

（四）过程检查和指导

实施监测的主要作用为证实组织的相关质量活动符合国家规定、标准等要求，真实地反映体系运行的安全健康绩效等方面的情况，向组织的领导层提供对体系的下阶段运行决策的依据。

1. 监测、监控的对象

(1) 体系文件的适用性。

(2) 各运行控制要求执行的符合性。

(3) 目标的完成情况。

(4) 职责的实施落实情况。

(5) 管理过程要求的执行情况。

(6) 产品形成过程要求的执行情况。

(7) 法律、法规及其他要求的符合性。

2. 监测、监控的方法

主要可采用以下方法：

(1) 所在区域组织的自我监控、测量。

(2) 管理部门制定监控计划，对计划内区域的重点监控。

(3) 由外部相关部门实施监控、测量。

(4) 结合原有系统管理的例行检查。

(5) 内审、管理评审监督机制的运用。

3. 监控后的改进

若出现不符合体系文件、法律法规及相关要求的情况出现时，组织内相关部门应根据出现不符合的性质采取相应的纠正或纠正措施。

（五）改进和提高

在组织运行初期可能会出现大量的不符合文件或相关要求的情况，这是正常现象，组织应正确面对，而不应通过造假资料、涂改等方式去掩盖出现的问题。

有一些组织在体系运行时认为发生了严重的质量事故或影响才是不符合，所以自认为没有不符合的情况。但深入审核后却发现并不是如此，出现这样的问题是由于对不符合的理解存在偏差。借鉴 GB/T 19000—2000 中不符合的定义为“未满足要求”（明示的，通常隐含的或必须履行的需求或期望），对此可以理解为如果出现未满足文件（体系文件）的规定，法律法规及其他要求，相关方的要求或期望等情况，不论其严重程度均属于不符合。明确这个问题后有助于组织正确理解不符合。

组织可通过以下方法收集不符合的信息：

(1) 组织的自我监督体系发现不符合，如质检员发现的不符合。

(2) 相关外部组织提出和发现的不符合，如行业检查中提出的问题、监理提出的问题等。

组织可通过体系的自我完善功能去及时有效的予以纠正或认真分析原因，制定措施去消除这些已出现的不符合。对文件规定接口存在的问题，可在系统间进行协调，更改相应的要求。对具体操作过程中存在的普遍问题可考虑补充制定详细作业文件的方式解决等，确保体系长期有效运行和持续改进。

四、内部审核

1. 内审的目的、作用

内部审核是组织对其自身的质量管理体系所进行的审核，是对体系是否正常运行以及是否达到了规定的目标等所作的系统的、独立的检查和评价，是质量管理体系的一种自我保证和监督机制。

2. 内审工作应注意的问题

(1) 要考虑在一个阶段或年度内覆盖体系涉及的所有部门和人员。在一个年度或一个运行期内可以实施多次内审，每次内审可根据情况对局部或全部（部门或区域）审核，但在一个年度或一个运行期内应确保对体系覆盖的所有部门或区域都进行审核。

(2) 审核的频率和范围要与拟审核的部门和区域的状况和重要性相适应。对体系运行及其效果和重大危害因素涉及的、直接影响方针目标完成情况、与质量绩效有重要影响的部门或区域应加强审核的频率和力度，确保体系运行效果。

(3) 要结合以往审核的结果。对体系运行效果较差或不符合项较多的部门或区域应加强审核，以促进其提高。

(4) 要明确策划出审核的方式、方法和频率，形成审核计划，并发放至相关部门。

五、管理评审

管理评审是由组织的最高管理者对质量体系进行的系统评价，以确定质量体系是否适合于法规和内外部条件的变化等。它是一种对质量管理体系的全面审查，是三重监督机制中很重要的一种监督机制。召开的时机以内部体系的变化和外部要求改变的情况为决定因素。

1. 管理评审的步骤

管理评审步骤一般如下：

(1) 管理评审的策划，制定评审计划。

(2) 管理评审的信息收集。

(3) 管理评审的实施，召开管理评审会议。

(4) 管理评审的信息输出。

(5) 报告留存。

(6) 评审后要求。

2. 管理评审应注意的问题

组织在进行管理评审时应注意以下问题：

(1) 信息输入的充分性和有效性。

(2) 管理评审过程应充分严谨。

(3) 管理评审的结论应清楚明了，表述准确。

(4) 对管理评审所引发的措施应认真进行整改。

六、外部审核

认证审核是用以判定受审核方是否可以通过认证。由审核方对其进行客观评价，以确定满足审核标准的程度所进行的系统的、独立的并形成文件的过程。组织申请质量管理体系认证应填写正式申请书，并由申请组织授权的代表签字。

（1）申请书及其附件的内容：

1）申请认证的范围。

2）申请组织同意遵守认证要求，提供审核所需的必要信息。

（2）现场审核前，申请方至少应提供下列信息：

1）申请组织情况介绍，如组织的性质、名称、地址、法律地位以及有关人员和技术资源。

2）组织安全情况简介，包括近两年中的事故发生情况。

3）对拟认证体系所适用的标准或其他引用文件的说明。

4）质量管理体系手册、程序文件及所需相关文件。

（3）申请受理的条件。认证机构收到申请材料后，对申请材料进行审查，判断企业是否符合申请认证的条件。对未通过审查的企业，认证机构通知企业进行补充、纠正或重新申请。申请受理的一般要求是：

1）申请方具有法人资格，持有关登记注册证明，具备二级或委托方法人资格也可。

2）申请方应按质量管理体系审核规范建立了文件化的质量管理体系。

3）申请方的质量管理体系已按文件的要求有效运行，并已作过一次完整的内审及管理评审。

4）申请方的质量管理体系充分有效运行，并至少达 3 个月的以上。

（4）审核程序。质量管理体系认证审核流程如图 3－9 所示。

（5）监督审核的实施。监督审核是审核过程中的一个阶段，是受审核方通过认证审核后，认证机构根据审核指南的要求对受审核方进行的定期定期审核过程。监督审核流程如图 3－10 所示。

（6）监督后的处置。通过对证书持有者的质量体系的监督审核，如果证实其体系继续符合规定要求时，则保持其认证资格。如果证实其体系不符合规定要求时，则视其不符合的严重程度，由体系认证机构决定暂停使用认证证书和标志或撤销认证资格，收回其体系认证证书。

（7）换发证书。在证书有效期内，如果遇到质量体系标准变更，或者体系认证的范围变更，或者证书的持有者变更时，证书持有者可以申请换发证书，认证机构决定作必要的补充审核。

（8）注销证书。在证书有效期内，由于体系认证规则或体系标准变更或其他原因，证书的持有者不愿保持其认证资格的，体系认证机构应收回其认证证书，并注销认证资格。

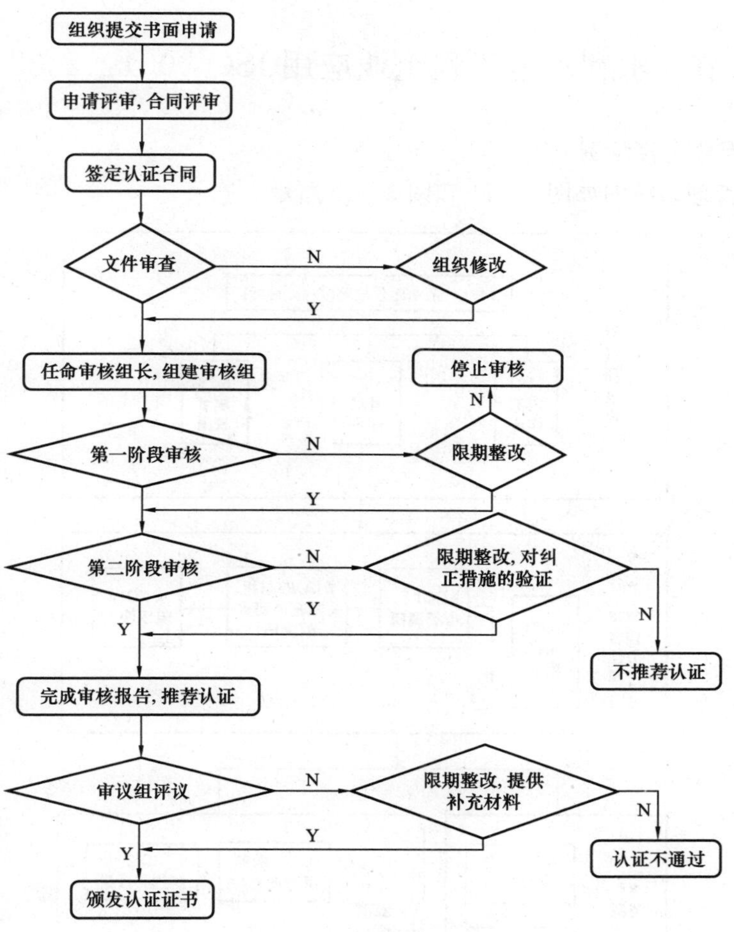

图 3－9 质量管理体系认证审核流程

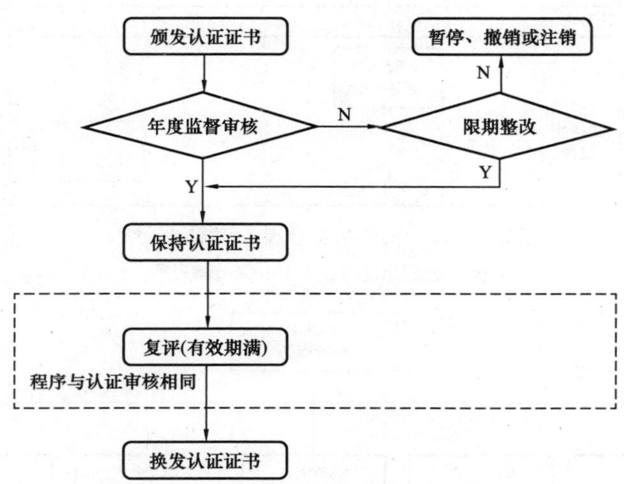

图 3－10 质量管理体系监督审核流程

第四节　水利水电工程企业应用ISO 9001：2008示例

一、手册部分内容示例

××企业管理系统图如图3－11和图3－12所示。

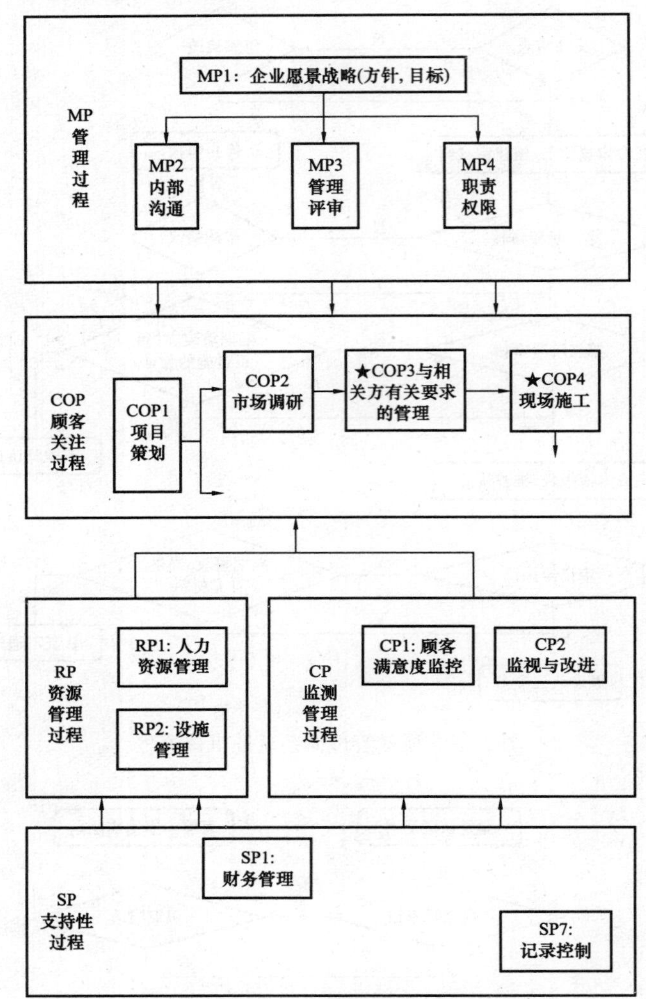

图3－11　××企业管理系统图（一级）

★　表示此过程还有下一级分解过程。

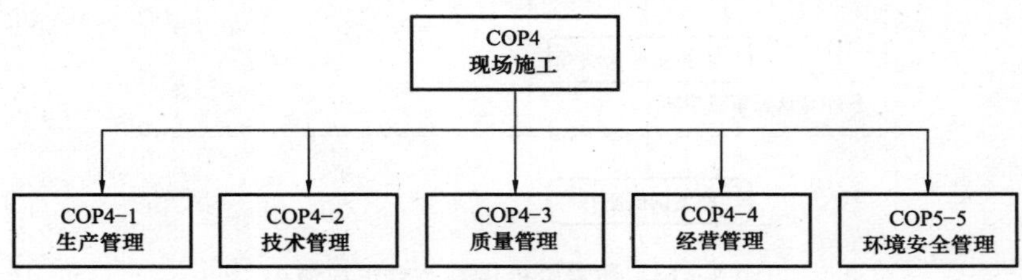

图3－12　××企业管理系统图（二级）

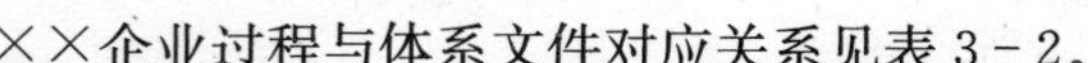

××企业过程与体系文件对应关系见表 3－2。

表 3－2　　××企业过程与体系文件对应关系

<table>
<tr><th colspan="3">公司体系主要过程</th><th>管理要求或形成的程序文件</th><th>主控部门</th></tr>
<tr><td rowspan="4">MP 管理过程</td><td colspan="2">MP1 企业愿景战略（方针、目标）</td><td>见过程管理汇编中 MP1 管理目标的建立与管理</td><td>管理层</td></tr>
<tr><td colspan="2">MP2 内部沟通</td><td>见过程管理汇编中 MP2 内部沟通</td><td>管理层</td></tr>
<tr><td colspan="2">MP3 管理评审</td><td>见《管理评审控制程序》</td><td>管理层</td></tr>
<tr><td colspan="2">MP4 职责权限</td><td>见《管理手册》中 3.2.1 组织机构、3.2.2 职责与权限和公司管理体系组织机构图</td><td>办公室</td></tr>
<tr><td rowspan="10">COP 顾客关注过程</td><td colspan="2">COP1 项目策划</td><td>见过程管理汇编中 COP1 项目策划和《经营管理控制程序》</td><td>经营发展部</td></tr>
<tr><td colspan="2">COP2 市场调研</td><td>见《经营管理控制程序》</td><td>管理层</td></tr>
<tr><td rowspan="2">COP3 与相关方要求的确定</td><td>COP3－1 法律法规要求确定</td><td>见过程管理汇编中 COP3－1 法律法规的收集与评价和《法律法规控制程序》</td><td rowspan="2">管理层
经营发展部
办公室</td></tr>
<tr><td>COP3－2 顾客要求的识别评价</td><td>见过程管理汇编中 COP3－2 顾客要求的识别与评价</td></tr>
<tr><td colspan="2">COP4 合同管理</td><td>见过程管理汇编中 COP4 合同管理和《经营管理控制程序》</td><td>经营发展部
项目部</td></tr>
<tr><td rowspan="5">COP5 现场施工</td><td>COP5－1 进度控制</td><td>见《进度管理控制程序》</td><td rowspan="4">经营发展部
项目部</td></tr>
<tr><td></td><td></td></tr>
<tr><td></td><td></td></tr>
<tr><td></td><td></td></tr>
<tr><td></td><td></td><td></td></tr>
</table>

二、程序文件部分示例

文件控制管理流程如图 3－13 所示。

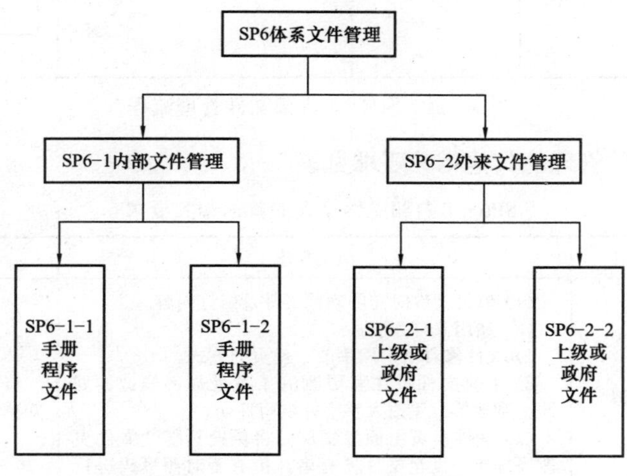

图 3－13　文件控制管理流程

SP6－1 内部文件管理流程如图 3－14 所示。

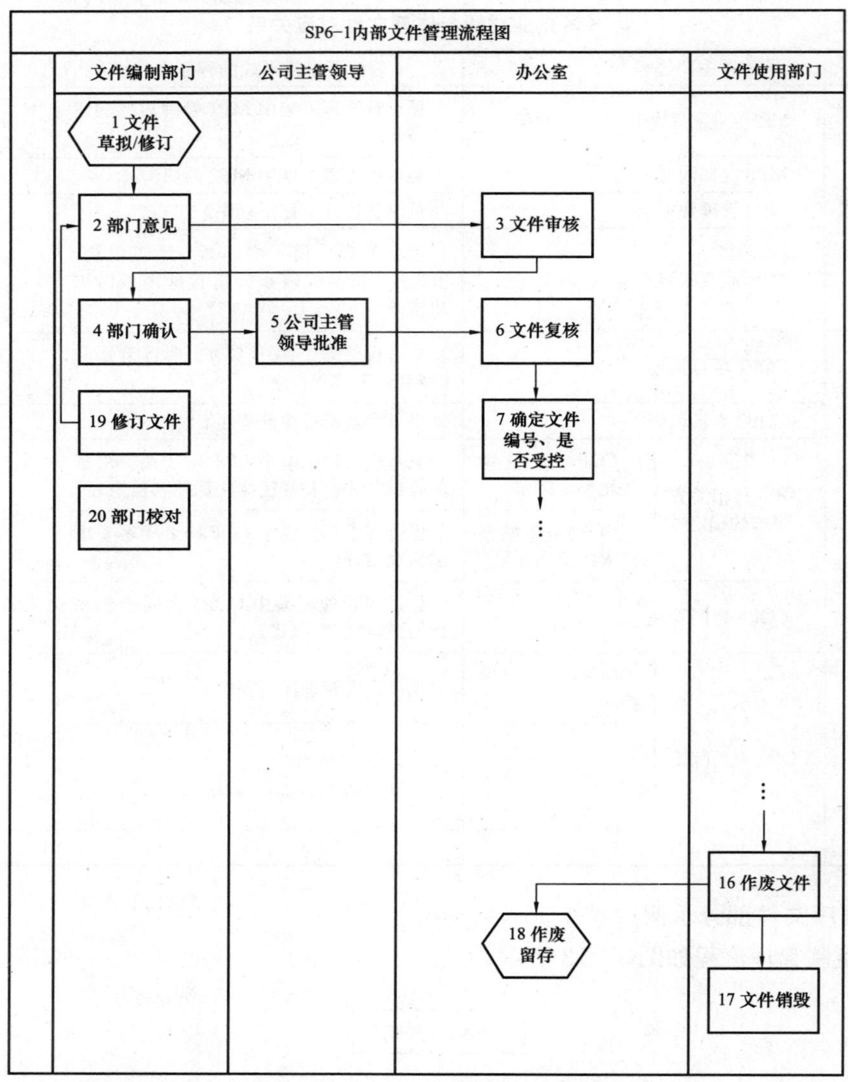

图 3－14　SP6－1 内部文件管理流程

SP6－1 内部文件管理的其他相关要求见表 3－3。

表 3－3　　SP6－1 内部文件管理的其他相关要求

活动序号	活动类型	活动要求	填写的记录
1	文件草拟/修订	（1）修订文件时需明确原文件及修订内容。 （2）通用修订方法： 1）文件修订可采用手改、换页的方式。 2）手改文件只在需更改的条款处局部修改、划改、刮改等。手改人签字并填写日期。 （3）文件换页由原发文部门将更换页随“文件更改通知单”发至文件持有者，持有者对照页码进行更换，换下旧页随时销毁，防止误用	修订时填写“文件更改通知单”BSP6－1

续表

活动序号	活动类型	活动要求	填写的记录
2	部门意见	由文件编制部门确定需会签部门范围。需会签部门将意见填写至文件会签表中	各部门将意见填写至文件会签表中
4	部门确认	需会签部门将意见填写至文件会签表中	各部门将意见填写至文件会签表中
……			
9	文件发放	由办公室根据文件性质决定发放执行部门。通用性文件由办公室发放。专业文件由专业部门发放。由发放部门按文件发放清单进行发放，并由领取人在表中签字确认	由领取人在“文件发放清单”中签字确认
13	收文登记	由文件接收人填写收文登记表	由文件接收人填写收文登记表
16	作废文件	每年各部门应根据本部门产生的文件的使用废止情况形成作废文件清单。 由办公室统一汇总下发要求	部门填写作废文件清单。办公室汇总下发年度作废文件清单

三、推行ISO 9000质量管理体系标准的误区

随着社会经济的发展和人们质量意识的提高，我国许多企业对推行ISO 9000系列标准表现出前所未有的积极性。但是，许多组织对它的认识往往浮于表面，从而导致偏差，以至于出现“两张皮”现象。那么，在认识上有哪些误区呢？

1．ISO 9000标准执行的只是文件

许多组织认为，推行ISO 9000系列标准不过是写一堆文件，然后再尽可能地按照文件去做。事实上，ISO 9000系列标准方针中最重要的一条是组织应作出遵守法律法规及其他要求的承诺，而这种承诺的起点是组织领导者的重视和承诺。标准中明确规定，组织的最高管理者在组织所制定的质量方针中应包含对持续改进质量管理水平、遵守有关法律法规及其他相关要求的承诺，并制定切实可行的质量目标、指标和质量管理方案，配备相应的各种资源；组织下一层的管理人员则应根据最高管理者制定的质量目标和指标在其职责范围内进行目标分解，同时制定出要达到此目标的质量管理实施方案，并就实施效果对最高管理者负责。这种质量目标和实施方案的分解可以延续到组织的基层员工，直至涵盖每一个与质量管理相关的人。

同时，ISO 9000系列标准在质量评审要素中又规定，组织的最高管理者应定期对质量管理体系进行评审，以确保该体系的持续适用性、充分性和有效性。这种质量目标和实施自上而下、效果评审自下而上、层层分解、环环相扣的机制保证了组织质量管理体系的有效实施。

2．推行ISO 9000标准只是某个或某几个部门的事

质量管理体系的建立，引进了系统和过程的概念，即把质量管理问题作为一个大的系统。以系统分析的理论和方法来确定质量问题，从分析可能造成质量影响的质量因素人

手，往往把造成质量影响的质量因素分为两大类，一类质量因素是和组织自身的管理有关，这可通过建立质量管理体系，加强内部审核、管理评审和质量行为评价来解决；另一类就是针对产品的上游供应商和下游客户，研究产品从原材料到最终产品的整个过程对质量造成的影响，从管理上及技术上采取措施，消除或减少负面影响的质量因素。为了有效地控制产品形成周期中某些不利的质量因素，必须对产品生产的全过程进行控制，采用适当的技术、适当的工艺、适当的设备及全员参与才能确保组织的质量行为得到改善。

3. 推行 ISO 9000 标准可一蹴而就

我国许多企业对待质量管理就像是在做项目。做一个项目的确是有头有尾，经过一段时间就结束了，但质量管理则不然。ISO 9000 系列标准立足组织将定期评审与评价其质量管理体系，以寻求持续地对它进行改进的可能性并予以实施。质量管理体系为持续改进的实现提供了一个结构化的过程。组织按 PDCA 运行模式，周而复始地进行由规划、实施与运行、检查与纠正措施、管理评审诸环节构成的动态循环过程。每经过一个循环过程，就需要制定新的质量目标、指标和新的实施方案，调整相关要素的功能，使原有的质量管理体系不断完善，达到一个新的运行状态。

4. 出现质量问题可事后补救

很多企业往往是出现质量异常后，再去找原因，以求改进。长此以往，整个企业就像火灾现场，这边火刚灭，那边又着起来了。事实上，ISO 9000 系列标准为各类组织提供的是完整的管理体系，正是为了预防质量问题的出现。质量管理体系强调的是加强企业生产现场的质量因素管理，建立严格的操作控制程序，保证企业质量目标的实现。这种预防措施更彻底，更有效，更能对产品发挥影响力，从而带动相关产品和行业的改进和提高。

5. 推行 ISO 9000 体系要彻底改变组织现行的管理系统

按标准所建立的质量管理体系是改善组织的质量管理的一种先进的、有效的管理手段。其先进性体现在，把组织在活动、产品和服务中对质量的影响当作一个系统工程问题，来研究确定影响质量所包含的要素。为了消除质量影响，对每个要素规定了具体要求，并建立和保持一套以文件支持的程序。程序文件对组织内部管理来说也是法规性文件，必须严格执行。

质量管理体系与组织原有体系虽然内涵不尽相同，但建立和实施管理体系的思路相似，均强调预防为主、过程控制并利用程序文件加强管理。从这个意义上讲，质量管理体系仅是组织原有全面管理体系的一部分，是对组织全面管理的补充，运用标准要求来规范组织原有的质量管理工作。因此，建立质量管理体系的过程就是按照标准的要求来调整机构、明确职责、制定目标、加强控制，使质量管理体系与组织的全面管理体系融为一个有机的整体。

思考题

1. 什么是八项管理原则？
2. 广义质量应从哪几个方面来理解？怎么理解？
3. 为什么要贯彻 ISO 9000 标准？

第四章

水利水电工程施工质量控制

第一节　概　　述

质量是建设工程的生命，也是永恒的主题。工程施工是使工程设计意图最终实现并形成工程实体的阶段，也是最终形成工程产品质量和工程项目使用价值的重要阶段。水利水电工程施工单位的质量控制任务主要在施工阶段。施工单位为施工阶段质量的自控主体。施工单位应建立并实施工程项目质量管理制度，对工程项目施工质量管理策划、施工设计、施工准备、施工质量和服务予以控制。

一、施工质量控制的目标

施工质量控制的总体目标是贯彻执行建设工程质量法规和强制性标准，正确配置施工生产要素和采用科学管理的方法，实现工程项目预期的使用功能和质量标准。这正是建设工程参与各方的共同责任。

建设单位的质量控制目标是通过施工全过程的全面质量监督管理、协调和决策，保证竣工项目达到投资决策所确定的质量标准。

设计单位在施工阶段的质量控制目标，是通过对施工质量的验收签证、设计变更控制及纠正施工中所发现的设计问题，采纳变更计划的合理化建议等，保证竣工项目的各项施工结果与设计文件（包括变更文件）所规定的标准相一致。

施工单位的质量控制目标是通过施工全过程的全面质量自控，保证交付满足施工合同及设计文件所规定的质量标准（含工程质量创优要求）的建设工程产品。

监理单位在施工阶段的质量控制目标是，通过审核施工质量文件、报告报表及现场旁站检查、平行检测、施工指令和结算支付控制等手段的应用，监控施工承包单位的质量活动行为，协调施工关系，正确履行工程质量的监督责任，以保证工程质量达到施工合同和设计文件所规定的质量标准。

二、施工质量控制的系统过程

施工阶段的质量控制，是一个经由对投入的资源和条件的质量控制（事前控制），进而对生产过程及各环节质量进行控制（事中控制），直到对所完成的工程产出品的质量检验与控制（事后控制）为止的全过程的系统控制过程。这个过程可以根据在施工阶段工程实体质量形成的时间阶段不同来划分，也可以根据施工阶段工程实体形成过程中物质形态的转化来划分。

（一）根据时间阶段进行划分

根据施工阶段工程实体质量形成过程的时间阶段，质量控制划分为事前控制、事中控制、事后控制三个阶段。在这三个阶段中，工作的重点是工程质量的事前控制和事中控制。

1. 事前控制

即施工前的准备阶段进行的质量控制。它是指在各工程对象、各项准备工作及影响质量的各因素和有关方面进行的质量控制。

2. 事中控制

即施工过程中进行的所有与施工过程有关各方面的质量控制，中间产品（工序产品或分部、分项工程产品）的质量控制。

3. 事后控制

即对通过施工过程所完成的具有独立功能和使用价值的最终产品（单位工程或整个工程项目）及其有关方面（如质量文档）的质量进行控制。

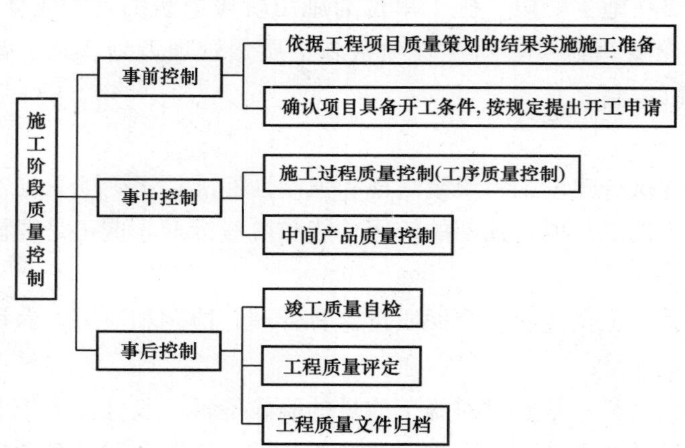

图 4-1 工程实体质量形成过程的时间阶段划分

上述三个阶段的质量监控系统过程及其所涉及的主要方面如图 4-1 所示。

（二）按物质形态转化划分

由于工程对象的施工是一项物质生产活动，所以施工阶段的质量控制的系统过程也一个系统控制过程，按工程实体形成的物质转化形态进行划分，可以分以下三个阶段。具体见图 4-2。

（1）对投入的物质资源质量的控制。施工单位资源的投入对质量控制效果至关重要，资源投入的多少、投入的质量对工程质量有着直接影响。施工单位不能为了节约成本，盲目减少资源投入。

（2）施工及安装生产过程的质量控制。即在使投入的物质资源转化为工程产品的过程中，对影响产品质量的各因素、各环节及中间产品的质量进行控制。

（3）对完成的工程产出品质量的控制与验收。

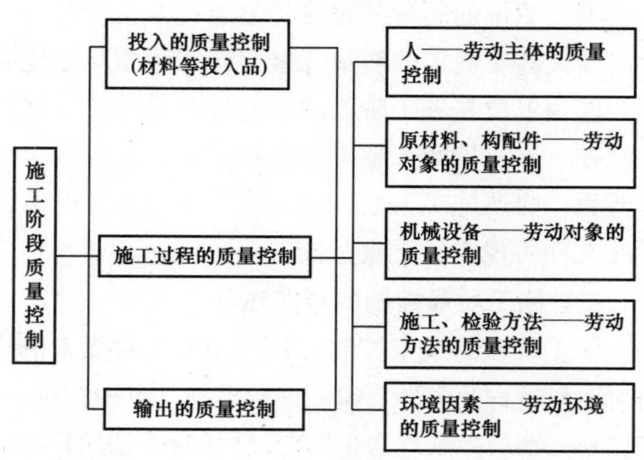

图 4-2 工程实体形成过程中物质形态转化的三阶段

三、影响施工阶段质量的因素

工程施工是一种物质生产活动，工程影响因素多，概括起来可归结为以下五个方面，分别是劳动主体——人（Man）、劳动对象——材料（Material）、劳动手段——机械（Machine）、劳动方法——方法（Method）及施工环境——环境（Environment）。

在工程质量形成的系统过程中，前两阶段对于最终产品质量的形成具有决定性的作用，而所投入的物质资源的质量控制对最终产品质量又具有举足轻重的影响。所以，质量控制的系统过程中，施工单位无论是对投入物质资源的控制，还是对施工及安装生产过程的控制，都应当对影响工程实体质量的五个重要因素进行全面的控制。

四、实体形成过程各阶段的质量控制的内容

（一）事前控制

事前质量控制内容是指正式开工前所进行的质量控制工作。作为施工单位在事前控制时要求预先进行周密的质量计划。具体在施工阶段，制定质量计划或编制施工组织设计或施工项目管理实施规划（目前通常三种方式并用），制定的质量计划或编制施工组织设计或施工项目管理实施规划必须切实可行，能有效实现预期质量目标，将其作为行动方案进行施工部署。

目前，很多施工单位往往把项目经理责任制曲解成“以包代管”的模式，或直接外包给个人（包括技术管理），忽略了技术质量管理的系统控制，失去企业整体技术或管理经验对项目施工计划的指导和支撑作用，这将造成质量预控的先天性缺陷。

事前控制，其内涵包括两层意思：一是强调质量目标的计划预控，二是按质量计划进行质量活动前的准备工作状态的控制。

（二）事中控制

事中控制首先是对质量活动的行为约束，即对质量产生过程各项技术作业活动操作在相关制度的管理下的自我行为约束的同时，充分发挥其技术能力，去完成预定质量目标的作业任务；其次是对质量活动过程和结果，来自他人的监督控制，包括来自企业内部管理者的检查检验和来自企业外部的工程监理和政府质量监督部门等的监控。

事中控制虽然包括自控和监控两大环节，但其关键还是增强质量意思，发挥操作者自我约束自我控制，即坚持质量标准是根本的，监控或他人控制是必要的补充，没有前者或用后者取代前者都是不正确的，施工单位不应将质量控制的主要任务转嫁与监理或其他监督部门。因此在施工单位组织的质量活动中，通过监督机制和激励机制相结合的管理方法，来发挥操作者更好的自我控制能力，以达到质量控制的效果，是非常必要的。施工单位只有通过建立和实施质量体系来达到事中控制的目的。

（三）事后控制

事后控制包括对质量活动结果的评价认定和对质量偏差的纠正。从理论上分析，如果计划预控过程所制定的行动方案考虑的越是周密，事中约束监控的能力越强越严格，实现质量预期目标的可能性就越大，理想的状况就是希望做到各项作业活动“一次成功”、“一次交验合格率100%”，但客观上相当部分的工程不可能达到，因为在过程中不可避免地会存在一些计划时难以预料的影响因素，包括系统因素和偶然因素。因此当出现质量实际值与目标值之间超出允许偏差时，必须分析原因采取措施纠正偏差，保持质量受控状态。

事前控制、事中控制及事后控制，不是孤立和截然分开的，它们之间构成有机的系统过程，实质上也就是PDCA（Plan→Do→Check→Action）循环具体化，并在每一次滚动循环中不断提高，达到质量管理或质量控制的持续改进。

第二节　水利水电工程质量控制的依据、方法和程序

一、水利水电工程质量控制的依据

施工阶段水利水电工程施工单位进行质量控制的依据，主要有以下几类。

（一）国家颁布的有关质量方面的法律、法规

为了保证水利水电工程质量，监督规范水利水电工程建设，国家及水利水电工程管理部门颁布的法律、法规主要有：《中华人民共和国建筑法》、《建设工程质量管理条例》、《水利工程质量管理规定》、《水电工程质量管理规定》等。水利水电工程施工单位必须确保施工过程中的质量行为、质量控制手段等符合相应的法律、法规。

（二）工程建设标准强制性条文

《工程建设标准强制性条文》（以下简称《强制性条文》）是《建设工程质量管理条例》（国务院令第279号）的一个配套文件，是工程建设强制性标准实施监督的依据。《强制性条文》是根据建设部〔2000〕31号文的要求，由建设部会同各有关主管部门组织各方面专家共同编制，经各有关主管部门分别审查，由建设部审定发布。《强制性条文》发布后，被摘录的现行工程建设标准继续有效，两者配套使用。所摘录的条、款、项等序号，均与原标准相同。目前水利水电工程方面的强制性条文主要有：2006年版《工程建设强制性条文》（电力工程部分）、2004年版《工程建设强制性条文》（水利工程部分）。

2006年版《工程建设强制性条文》（电力工程部分）、2004年版《工程建设强制性条文》（水利工程部分）是水利水电工程建设现行国家和行业标准中直接涉及人民生命财产安全、人身健康、环境保护和公众利益的条文，同时考虑了提高经济和社会效益等方面的要求。在执行《强制性条文》的过程中，应系统掌握现行水利水电工程建设标准，全面理解强制性条文的准确内涵，以保证《强制性条文》的贯彻执行。

列入上述《强制性条文》的所有条文，水利水电工程施工单位都必须严格执行，无论合同中是否约定引用，即使摘录源标准为推荐标准，一旦列入《强制性条文》，水利水电工程施工单位必须严格遵守。2006年版《工程建设强制性标准条文》（电力工程部分）大量摘录自推荐性标准，如DL/T 5144—2001《水工混凝土施工规范》、DL/T 5112—2000《水工碾压混凝土施工规范》、DL/T 5129—2001《碾压式土石坝施工规范》。

（三）工程承包合同中引用的国家和行业（或部颁）的现行施工操作技术规范、施工工艺规程及验收规范、评定规程

国家和行业（或部颁）的现行施工技术规范和操作规程，是建立、维护正常的生产秩

序和工作秩序的准则，也是为有关人员制定的统一行动准则，它是工程施工经验的总结，与质量形成密切相关，必须严格遵守，如 SL 223—2008《水利水电建设工程验收规程》、DL/T 5144—2001《水工混凝土施工规范》。值得注意的是“合同中引用”的概念，目前我国水利水电工程行业标准较多，一般分水利行业、电力行业，因此同一类工程使用那部规范、规程，必须依据合同约定。尤其“DL/T”类规范，一旦在合同中约定为执行标准，则施工单位必须严格遵守。在实践中，存在水利规范（SL）与电力规范（DL/T）不一致的情况，如 SL 174—1996《水利水电工程混凝土防渗墙施工技术规范》与 DL/T 5199—2004《水电水利工程混凝土防渗墙施工技术规范》中关于膨胀土泥浆存在多处不一致的地方。当出现该类情况时，水利水电工程施工单位应首选合同中引用的规范；如合同中两类规范同时引用或均没有引用，则施工单位应及时与项目建设单位、监理及设计单位沟通，书面提出该问题，以得到确定的答复。

（四）工程承包合同中引用的有关原材料、半成品、构配件方面的质量依据

这类质量依据包括：

(1) 有关产品技术标准。例如：水泥、水泥制品、钢材、石材、石灰、砂、防水材料、建筑五金及其他材料的产品标准。

(2) 有关检验、取样方法的技术标准。例如：GB 1345—2005《水泥细度检验方法》、GB/T 176—2008《水泥化学分析方法》、GB/T 17671—1999《水泥胶砂强度检验方法》、JGJ 52—2006《普通混凝土用砂、石质量及检验方法标准》、JGJ 628—2006《普通混凝土用砂、石质量标准及检验方法标准》、GB/T 14684—2001《建筑用砂》、GB/T 14685—2001《建筑用卵石、碎石》、DL/T 5150—2001《水工混凝土试验规程》、SL 352—2006《水工混凝土试验规程》等。

(3) 有关材料验收、包装、标志的技术标准。例如：GB/T 2101—2008《型钢验收、包装、标注质量证明书的一般规定》、GB 2102—2008《钢管验收、包装、标志及质量证明书的一般规定》、GB/T 221—2008《钢铁产品牌号表示方法》等。

（五）制造厂提供的设备安装说明书和有关技术标准

制造厂提供的设备安装说明书和有关技术标准，是水利水电工程施工安装企业进行设备安装必须遵循的重要的技术文件。

（六）已批准的设计文件、施工图纸及相应的设计变更与修改文件

“按图施工”是水利水电工程施工阶段质量控制的一项重要原则，水利水电工程施工单位应严格按已批准的设计文件进行质量控制。水利水电工程施工单位在施工前还应参加建设单位组织的设计交底工作，以达到了解设计意图和质量要求，发现图纸差错和减少质量隐患的目的。水利水电工程施工单位应认真对待图纸会审，在图纸会审前，应组织项目部技术人员认真阅读设计文件，在图纸会审会上，将设计文件中的问题、图纸前后不一致的地方及需要设计方解答的疑问向设计方提出，便于后期施工顺利进行。

（七）工程承包合同中有关质量的合同条款

施工承包合同写有建设单位和水利水电工程施工单位有关质量控制的权利和义务的条款，各方都必须履行合同中的承诺，施工单位必须严格履行质量控制条款，否则可能造成

违约而遭到建设单位索赔。因此，施工单位要熟悉这些条款，按合同文件质量要求施工，避免发生纠纷，对于大中型水利水电工程项目，项目部应组建专门的合同管理部门，以确保合同履行。如某水利水电工程大坝混凝土浇筑施工质量评定时达到了 DL/T 5113.1—2005 中规定的合格标准，但合同约定质量标准为优良标准，因此该施工单位仍然可能面临建设单位按合同约定提出的索赔。

（八）已批准的施工组织设计、施工技术措施及施工方案

水利水电工程施工单位应组织编制切实可行、能够满足质量要求，同时又尽可能经济的施工组织设计、施工技术措施及施工方案，施工组织设计、施工技术措施及施工方案应由项目部内部进行严格审核后报监理、建设单位审批。经过批准的施工组织设计是施工单位进行施工准备和指导现场施工的规划性、指导性文件，它详细规定了施工单位进行工程施工的现场布置、人员组织配备和施工机具配置，每项工程的技术要求，施工工序和工艺、施工方法及技术保证措施，质量检查方法和技术标准等。一旦获得批准，项目部必须将其作为质量控制的依据。如在施工过程中，水利水电工程施工单位项目部根据施工过程中出现的水文、地质等异常情况，对施工组织设计进行了适当修改，应重新报监理、建设单位审批。

二、施工单位质量控制和验收方法

水利水电工程施工单位应建立并实施施工质量检查制度。施工单位应规定各管理层次对施工质量检查与验收活动进行监督管理的职责和权限。检查和验收活动应由具备相应资格的人员实施。施工单位应按规定做好对分包工程的质量检查和验收工作。施工单位应配备和管理施工质量检查所需的各类检测设备。施工阶段现场所用材料、半成品、工序过程或过程产品质量检查的主要方法有以下几种。

（一）目测法

目测法就是凭借感官进行检查，也可称为观感检验。例如：混凝土振捣方法是否符合要求，振捣过程中混凝土浆是否还在冒气泡，是否存在漏振现象；混凝土浇筑后，混凝土是否存在蜂窝麻面、孔洞、漏筋及夹渣等缺陷；混凝土拌和是否存在超径、逊径问题。

（二）实测法

实测法就是利用量测工具或计量仪表，通过实际量测结果与规定的质量标准或规范的要求相对照，从而判断质量是否符合要求。例如：混凝土拌和过程中，骨料含水量定时检测；出机口混凝土坍落度测定；摊铺沥青拌和料的温度测定。

（三）试验法

试验法是指通过进行现场试验或试验室试验等理化试验手段取得数据，分析判断质量情况。包括：①理化试验，如混凝土抗压强度试验，钢筋各种力学指标（抗拉强度、抗压强度、抗弯强度、抗折强度等）的测定，各种物理性能方面（密度、凝结时间、安定性等）的测定；②无损测试或检验，如超声波探伤、γ 射线探伤等。

（四）施工记录、技术文件

现场施工员应认真、完整记录每日施工现场的人员、设备、材料、天气及施工环境等情况。施工项目部质量检测员经常检查现场记录、技术文件，如混凝土拌和配料单检查。

三、施工阶段质量控制程序

施工单位应加强质量控制程序管理，对单位工程、分部工程、单元工程均应制定质量控制程序。

（一）单位工程质量控制程序

水利水电工程施工单位项目部在单位工程开工前，应组织技术人员认真阅读图纸，编制施工组织设计、技术措施等；同时，完成人员、设备、材料等进场工作，在各项准备工作完成后向监理递交开工申请，经监理签发开工通知后开工，如图 4－3 所示。

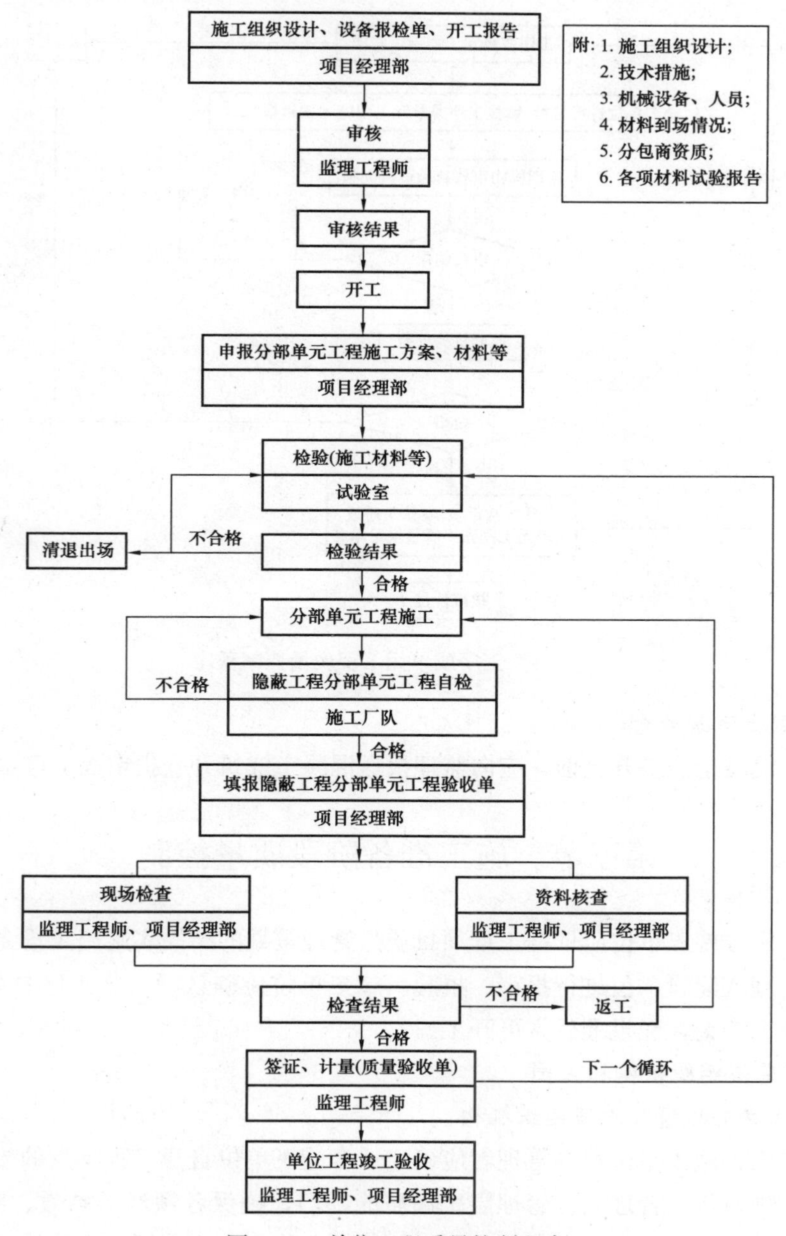

图 4－3 单位工程质量控制程序

（二）分部工程质量控制程序

施工单位项目部应每一分部工程向监理递交一份开工申请，开工申请附施工措施计划，监理检查该分部工程的开工条件，确认并签发分部工程开工通知后，项目部方可组织施工。

（三）工序或单元工程质量控制程序

第一个单元工程在分部工程开工申请获批准后项目部自行组织开工，后续单元工程凭监理机构签发的上一单元工程施工质量合格证明方可开工，如图 4－4 所示。

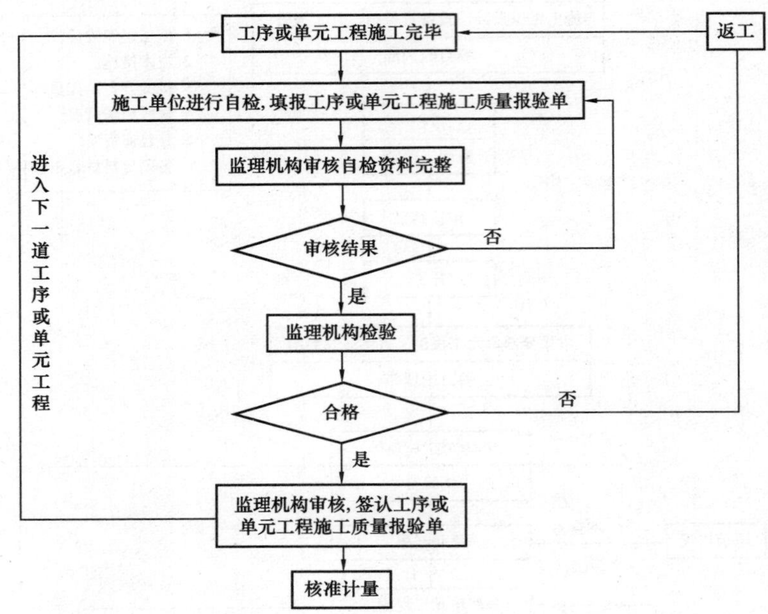

图 4－4　工序或单元工程质量控制程序

（四）混凝土浇筑开仓

项目部在混凝土浇筑开仓前，应向监理报送混凝土浇筑开仓报审表，经签认后开盘。

第三节　施工准备阶段质量控制

水利水电工程施工单位应依据工程项目质量管理策划的结果实施施工准备。施工单位应按规定向监理或建设单位进行报审、报验。施工单位应确认项目施工已具备开工条件，按规定提出开工申请，经批准后方可开工。

一、施工单位组织机构和人员

（一）建立健全的项目管理组织机构

水利水电工程施工单位最高管理者应确定适合施工单位自身工程特点的质量管理体系组织机构——项目部，合理划分管理层次和职能部门，确保各项活动高效、有序地运行。施工单位项目部的设置均应与质量管理制度相一致。施工单位应根据质量管理的需要，明确管理层次，设置相应的部门和岗位。施工单位应在各管理层次中明确质量管理的组织协调部门和岗位，并规定其职责和权限。项目部应配备相应质量管理人员，规定相应的职责和权限并形成文件。图 4-5 所示为项目经理部质量管理组织机构框图。

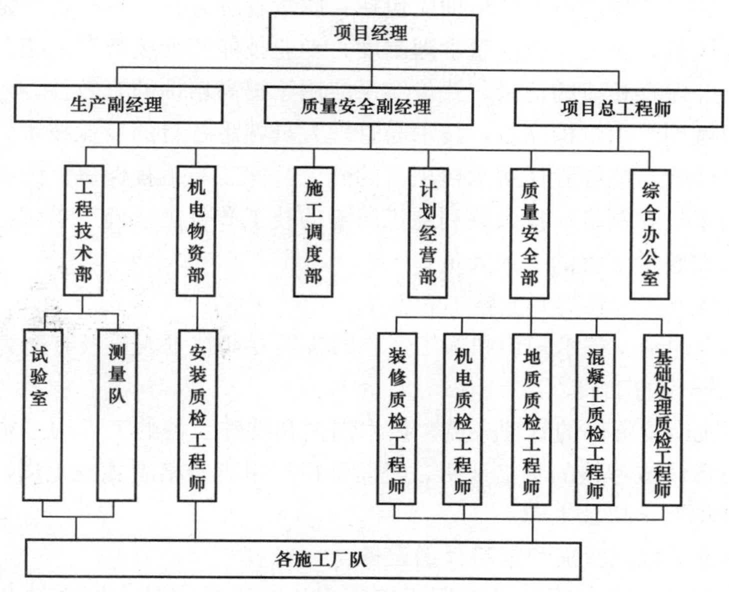

图 4-5 项目经理部质量管理组织机构框图

施工单位最高管理者在质量管理方面的职责和权限应包括：组织制定质量方针和目标，如中国葛洲坝集团公司的质量方针为“诚信守约，追求卓越”，中国水利水电第二工程局有限公司的质量方针为“以人才为根本，以科技为支撑，以法规为准则，不断提高员工素质，严格过程控制，持续改进工作质量，为顾客提供满意的工程产品和优质服务”；中国水利水电第二工程局有限公司的质量目标为“各类工程一次验收合格率达 100%，优良率达到 100%，顾客满意率达到 100%”。施工单位最高管理者应建立质量管理的组织机构，培养和提高员工的质量意识，建立施工单位质量管理体系并确保其有效实施，确定和配备质量管理所需的资源，评价并改进质量管理体系。

施工单位应规定各级专职质量管理部门和岗位的职责和权限，形成文件并传递到各管理层次。施工单位应规定其他相关职能部门和岗位的质量管理职责和权限，形成文件并传递到各管理层次。施工单位应以文件的形式公布组织机构的变化和职责的调整，并对相关的文件进行更改。

（二）加强项目部人员管理

水利水电工程施工单位应建立并实施人力资源管理制度。施工单位的人力资源管理应满足质量管理需要。施工单位应根据质量管理长远目标制定人力资源发展规划。施工单位应以文件的形式确定与质量管理岗位相适应的任职条件，包括专业技能、所接受的培训及所取得的岗位资格、能力、工作经历。施工单位应按照岗位任职条件配置相应的人员。项目经理、施工质量检查人员、特种作业人员等应按照国家法律、法规的要求持证上岗。施工单位应建立员工绩效考核制度，规定考核的内容、标准、方式、频度，并将考核结果作为资源管理评价和改进的依据。

施工单位应识别培训需求，根据需要制定员工培训计划，对培训对象、内容、方式及时间作出安排。施工单位对员工的培训应包括：质量管理方针、目标、质量意识，相关法律、法规和标准规范，施工单位质量管理制度，专业技能和继续教育。施工单位应对培训效果进行评价，并保存相应的记录。评价结果应用于提高培训的有效性。

施工单位应做到组织机构完备，技术与管理人员熟悉各自的专业技术、有类似工程的长期经历和丰富经验，能够胜任所承包项目的施工、完工与工程保修；配备有能力对工程进行有效监督的工长和领班；投入顺利施工所需的技工和普工。施工单位必须保证施工现场具有技术合格和数量足够的下述人员：

(1) 具有合格证明的各类专业技工和普工。

(2) 具有相应理论、技术知识和施工经验的各类专业技术人员及有能力进行现场施工管理和指导施工作业的工长。

(3) 具有相应岗位资格的管理人员。技术岗位和特殊工种的工人均必须持有通过国家或有关部门统一考试或考核的资格证明，经监理机构审查合格者才准上岗，如爆破工、电工、焊工等工种均要求持证上岗。

二、施工单位工地试验室和试验计量设备

施工单位检测试验室必须具备与所承接工程相适应并满足合同文件和技术规范、规程、标准要求的检测手段和资质。施工单位在工地建立的试验室，包括试验设备和用品、试验人员数量和专业水平，核定其试验方法和程序等。施工单位应按合同规定及相应规范进行各项材料试验。施工单位工地试验室应具有符合要求的检测试验室的资质文件（包括资格证书、承担业务范围及计量认证文件）。检测试验室人员配备情况（专业或工种等）满足工程项目试验需要。检测试验室仪器设备数量足够、性能完好，仪器仪表均已率定，并具有检验合格证。试验室具有各类检测、试验记录表和报表的式样。试验室制定了检测试验人员守则及试验室工作规程。

三、施工单位进场施工设备

为了保证施工的顺利进行，施工单位在开工前应将施工设备准备完好，具体要求如下：

(1) 施工单位进场施工设备的数量和规格、性能以及进场时间应能满足施工需要。

(2) 施工单位应按照施工组织设计保证施工设备按计划及时进场。应避免不符合要求的设备投入使用。在施工过程中，施工单位应对施工设备及时进行补充、维修、维护，满足施工需要。

(3) 旧施工设备进入工地前，施工单位应对该设备的使用和检修记录进行检查，并由具有设备鉴定资格的机构进行检修并出具检修合格证。

四、对基准点、基准线和水准点的复核和工程放线

施工单位应及时申请监理组织勘察设计单位提供测量基准点、基准线和水准点及其平面资料，并由“勘察、设计、监理、建设、施工”等单位会签“工程测量交桩签证单”。

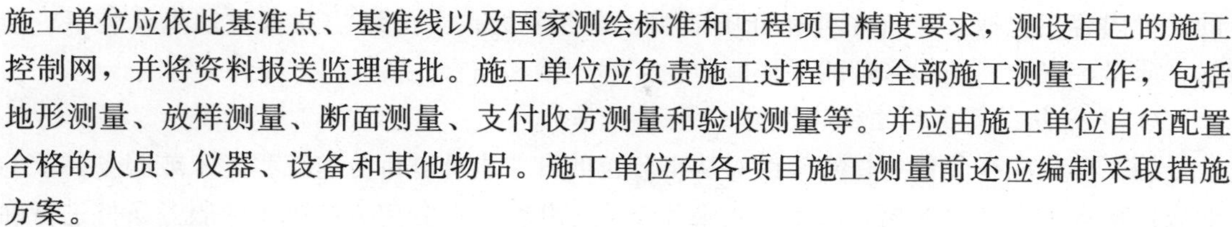

施工单位应依此基准点、基准线以及国家测绘标准和工程项目精度要求，测设自己的施工控制网，并将资料报送监理审批。施工单位应负责施工过程中的全部施工测量工作，包括地形测量、放样测量、断面测量、支付收方测量和验收测量等。并应由施工单位自行配置合格的人员、仪器、设备和其他物品。施工单位在各项目施工测量前还应编制采取措施方案。

施工单位应负责管理好施工控制网点，若有丢失或损坏，应及时修复，其所需管理和修复费用由施工单位承担。

五、对原材料、构配件的检查

施工单位进场原材料、构配件的质量、规格、性能应符合有关技术标准和技术条款的要求，原材料的储存量应满足工程开工及随后施工的需要。

六、砂石料系统、混凝土拌和系统以及场内道路、供水、供电、供风等施工辅助设施的准备

砂石料生产系统的配置，是根据工程设计图纸的混凝土用量及各种混凝土的级配比例，计算出各种规格混凝土骨料的需用量，主要考虑日最大强度及月最大强度，确定系统设备的配置。砂石厂应设在料场附近；多料场供应时，应设在主料场附近；经论证亦可分别设厂；砂石利用率高、运距近、场地许可时，亦可设在混凝土工厂附近。主要设施的地基应稳定，有足够的承载力。

混凝土拌和系统选址，尽量选在地质条件良好的部位，拌和系统布置注意进出料高程，运输距离短，生产效率高。

对于场内交通运输，对外交通方案确保施工工地与国家或地方公路、铁路车站、水运港口之间的交通联系，具备完成施工期间外来物质运输任务的能力。场内交通方案确保施工工地内部各工区、当地材料场地、堆渣场、各生产区、各生活区之间的交通联系，主要道路与对外交通衔接。

工地施工用水、生活用水和消防用水的水压、水质应满足相应的规定。施工供水量应满足不同时期日高峰生产用水和生活用水需要，并按消防用水量进行校核。生活和生产用水宜按水质要求、用水量、用户分布、水源、管道和取水建筑物的布置情况，通过技术经济比较后确定集中或分散供水。

各施工阶段用电最高负荷宜按需要系数法计算。通信系统组成与规模应根据工程规模的大小、施工设施布置及用户分布情况确定。

七、施工单位分包人的管理

水利水电工程施工单位应建立并实施分包管理制度，明确各管理层次和部门在分包管理活动中的职责和权限，对分包方实施分类管理，并分类制定管理制度。施工单位应对分包工程承担相关责任。

（一）分包方的选择和分包合同

施工单位应按照管理制度中规定的标准和评价办法，根据所需分包内容的要求，经评价依法通过适当方法（如招标、组织相关职能部门实施评审、分包方提供的资料评价、分包方施工能力现场考察）选择合适的分包方，并保存评价和选择分包方的记录。对分包方的评价内容应包括：经营许可和资质证明；专业能力；人员结构和素质；机具装备；技术、质量、安全、施工管理的保证能力；工程业绩和信誉。

（二）分包项目实施过程的控制

施工单位应在分包项目实施前对从事分包的有关人员进行分包工程施工或服务要求的交底，审核批准分包方编制的施工或服务方案，并据此对分包方的施工或服务条件进行确认和验证，包括：确认分包方从业人员的资格与能力；验证分包方的主要材料、设备和设施。

施工单位对项目分包管理活动的监督和指导应符合分包管理制度的规定和分包合同的内容的约定。施工单位应对分包方的施工和服务过程进行控制，包括：对分包方的施工和服务活动进行监督检查，发现问题及时提出整改要求并跟踪复查；依据规定的步骤和标准对分包项目进行验收。

施工单位应对分包方的履约情况进行评价并保存记录，作为重新评价、选择分包方和改进分包管理工作的依据。施工单位应采取切实可行的措施防止分包方将分包工程再分包。

第四节　施工图纸会审及施工组织设计的编制

一、施工图纸会审与设计交底

施工图是对水利水电工程建筑物、金属结构、机电设备、输水管线等工程对象的尺寸、布置、选用材料、构造、相互关系、施工及安装质量要求的详细图纸和说明，是指导施工的直接依据。

施工图会审是指承担施工阶段监理的监理单位组织施工单位以及建设单位、材料、设备供应等相关单位，在收到审查合格的施工设计文件后，在设计交底前进行的全面细致熟悉和审查施工图纸的活动。

施工图会审的目的有两个方面：一是使施工单位和各参建单位熟悉设计图纸，了解工程特点和设计意图，找出需要解决的技术难题，并制定解决方案；二是为了解决图纸中存在的问题，减少图纸的差错，将图纸中的质量隐患消灭在萌芽状态。

（一）施工图会审内容

在图纸会审时，施工方对施工图纸进行审核时，除了重视施工图纸本身是否满足设计要求之外，还应注意从施工角度、施工方案选择等方面进行审核，应使施工能保证工程质量，以减少设计变更。施工方会审的主要内容包括：

（1）图纸与说明书是否齐全，如分期出图，图纸供应是否及时。

（2）是否与招标图纸一致（如不一致，是否有设计变更）。

（3）障碍物、管线是否探明并标注清楚。

（4）设计说明与图纸是否存在矛盾。

（5）图纸与规范是否存在矛盾，使用的施工规范是否为现行规范，使用规范是SL系列还是DL系列，规范系列是否统一。

(6) 细部结构图、大样图是否与总图一致。

(7) 施工图中的各种技术要求是否切实可行，是否存在不便于施工或不能施工的技术要求。

(8) 各专业图纸的平面、立面、剖面图之间是否有矛盾，几何尺寸、平面位置、标高等是否一致，标注是否有遗漏。

(9) 大坝、堤防等基础处理的方法是否合理。

(10) 使用的机电设备、材料是否可以购买，或机电设备、材料购买或运输成本是否极高。材料、设备来源是否能保证，可否替换。

(11) 设计采用的地质资料是否存在不准确的情况。

(12) 土建图纸与机电安装图纸是否存在矛盾。

(13) 图纸是否符合监理大纲的要求。

此外，图纸会审时，施工单位可以根据自身擅长的施工方案、施工工艺及“四新”技术掌握的情况，在不降低使用功能，不影响原设计意图的情况，提出建议性设计变更方案。图纸会审对工程施工质量属于事前控制的重要内容之一，施工单位应重视图纸会审，以达到事前控制的目的。施工单位通过充分的图纸会审，将会使施工“成本、质量、工期”更加优化。

(二) 设计技术交底

设计交底是指在施工图完成并经审查合格后，设计单位在设计文件交付施工时，按法律规定的义务就施工图设计文件向施工单位和监理单位作出详细的说明。其目的是对施工单位和监理单位正确贯彻设计意图，使其加深对设计文件特点、难点、疑点的理解，掌握关键部位的质量要求，确保工程质量。

为更好地理解设计意图，从而编制出符合设计要求的施工方案，监理机构对重大或复杂项目的设计文件组织设计技术交底会议，由设计、施工、监理、建设单位等相关人员参加。

设计技术交底会议应着重解决下列问题：

(1) 分析地形、地貌、水文气象、工程地质及水文地质等自然条件方面的影响。

(2) 主管部门及其他部门（如水利水电、环保、旅游、交通、渔业等）对工程的要求，设计单位采用的设计规范。

(3) 设计单位的意图。如设计思想、设计意图、机电设备安装及调试要求等。

(4) 施工单位在施工过程中应注意的问题。如大坝基础处理、新结构、新工艺、新技术等方面应注意的问题。

(5) 对设计技术交底会议应形成记录。

施工单位项目部应按规定接收设计文件，参加图纸会审和设计交底并对结果进行确认。施工单位项目部应高度重视设计交底，对设计意图存在疑问的要及时向设计单位释疑，施工难度较大或存在困难的，如存在优化设计方案，可以向设计单位提出，争取进行设计变更。

二、施工图纸的签收

在监理审核图纸，并确认图纸正确无误后，由监理签字，下发给施工单位，施工单位项目部专人签收，施工图即正式生效，施工单位就可按图纸进行施工。

施工单位在收到监理发布的施工图后，在用于正式施工之前应注意以下几个问题：

（1）检查该图纸是否已经监理签字。

（2）对施工图作仔细的检查和研究。检查和研究的结果可能有几种情况：

1）图纸正确无误，施工单位应立即按施工图的要求组织实施，研究详细的施工组织和施工技术保证措施，安排机具、设备、材料、劳力、技术力量进行施工。

2）发现施工图纸中有不清楚的地方或有可疑的线条、结构、尺寸等，或施工图上有互相矛盾的地方，或施工图纸中存在与规范不一致的地方，施工单位应向监理提出“澄清要求”，待这些疑点由相关单位书面澄清之后再进行施工。监理在收到施工单位的“澄清要求”后，应及时与设计单位联系，并对“澄清要求”及时予以书面答复（设计单位的书面答复一般可作为附件）。

3）根据施工现场的特殊条件、施工单位的技术力量、施工设备和经验，认为对图纸中的某些方面可以在不改变原来设计图纸和技术文件原则的前提下，进行一些技术修改使施工方法更为简便，结构性能更为完善，质量更有保证，且并不影响投资和工期。此时，施工单位可提出“技术修改”要求。

这种“技术修改”可直接由监理处理，并将处理结果书面通知设计单位驻现场代表。如果设计代表对建议的技术修改持有不同意见，则设计代表应立即书面通知监理。工程实践中，这种“技术修改”要求往往对于施工单位是较重要的，利于施工单位降低成本、加快进度，更易保证施工质量。

4）如果发现施工图与现场的具体条件，如地质、地形条件等有较大差别，难以按原来的施工图纸进行施工，此时，施工单位可提出“现场设计变更申请”。现场设计变更申请应严格按程序进行。

三、施工组织设计编制

施工组织设计是水利水电工程设计文件的重要组成部分，是编制工程投资估算、设计概算和进行招投标的主要依据，是工程建设和施工管理的指导性文件。施工组织设计是对施工活动实行科学管理的重要手段，它具有战略部署和战术安排的双重作用。它体现了实现基本建设计划和设计的要求，提供了各阶段的施工准备工作内容，协调施工过程中各施工单位、各施工工种、各项资源之间的相互关系。施工组织设计是用来指导施工项目全过程各项活动的技术、经济和组织的综合性文件，是施工技术与施工项目管理有机结合的产物，它是工程开工后施工活动能有序、高效、科学合理地进行的保证。认真做好施工组织设计，对整体优化设计方案、合理组织工程施工、保证工程质量、缩短建设周期、降低工程造价都有十分重要的作用。施工组织设计包括：初步设计中的施工组织设计和施工阶段的施工组织设计。初步设计中的施工组织设计由设计单位编写，并构成初步设计的一部分。

（一）初步设计中的施工组织设计

根据初步设计编制规程和施工组织设计规范，初步设计的施工组织设计应包含以下 8 个方面的内容：

(1) 施工条件分析：施工条件包括工程条件、自然条件、物质资源供应条件以及社会经济条件等。

(2) 施工导流：施工导流设计应在综合分析导流条件的基础上，确定导流标准，划分导流时段，明确施工分期，选择导流方案、导流方式和导流建筑物，进行导流建筑物的设计，提出导流建筑物的施工安排，拟定截流、度汛、拦洪、排冰、通航、过木、下闸封堵、供水、蓄水、发电等措施。

(3) 主体工程施工：主体工程包括挡水、泄水、引水、发电、通航等主要建筑物，应根据各自的施工条件，对施工程序、施工方法、施工强度、施工布置、施工进度和施工机械等问题，进行分析比较和选择。

(4) 施工交通运输：

1) 对外交通运输：是在弄清现有对外水陆交通和发展规划的情况下，根据工程对外运输总量、运输强度和重大部件的运输要求，确定对外交通运输方式，选择线路的标准和线路，规划沿线重大设施和与国家干线的连接，并提出场外交通工程的施工进度安排。

2) 场内交通运输：应根据施工场区的地形条件和分区规划要求，结合主体工程的施工运输，选定场内交通主干线路的布置和标准，提出相应的工程量。施工期间，若有船、木过坝问题，应作出专门的分析论证，提出解决方案。

(5) 施工工厂设施和大型临建工程：

1) 施工工厂设施，应根据施工的任务和要求，分别确定各自位置、规模、设备容量、生产工艺、工艺设备、平面布置、占地面积、建筑面积和土建安装工程量，提出土建安装进度和分期投产的计划。

2) 大型临建工程，要作出专门设计，确定其工程量和施工进度安排。

(6) 施工总布置：主要任务包括对施工场地进行分期、分区和分标规划；确定分期分区布置方案和各承包单位的场地范围；对土石方的开挖、堆料、弃料和填筑进行综合平衡，提出各类房屋分区布置一览表；估计用地和施工征地面积，提出用地计划；研究施工期间的环境保护和植被恢复的可能性。

(7) 施工总进度：合理安排施工进度，必须仔细分析工程规模、导流程序、对外交通、资源供应、临建准备等各项控制因素，拟定整个工程的施工总进度；确定项目的起讫日期和相互之间的衔接关系；对导流截流、拦洪度汛、封孔蓄水、供水发电等控制环节，工程应达到的形象面貌，需作出专门的论证；对土石方、混凝土等主要工种工程的施工强度，对劳动力、主要建筑材料、主要机械设备的需用量，要进行综合平衡；要分析施工工期和工程费用的关系，提出合理工期的推荐意见。

(8) 主要技术供应计划：根据施工总进度的安排和定额资料的分析，对主要建筑材料和主要施工机械设备，列出总需要量和分年需要量计划；在施工组织设计中，必要时还需提出进行试验研究和补充勘测的建议，为进一步深入设计和研究提供依据；在完成上述设计内容时，还应提出相应的附图。

（二）施工阶段的施工组织设计

在施工投标阶段，施工单位根据招标文件中规定的施工任务、技术要求、施工工期及施工现场的自然条件，结合本企业的人员、机械设备、技术水平和经验，在投标书中编制了施工组织设计，对拟承包工程作出了总体部署，如工程准备采用的施工方法、施工工序、机械设计和技术力量的配置，内部的质量保证系统和技术保证措施。它是施工单位进行投标报价的主要依据之一。中标后，施工单位在开工前，需要根据现场实际情况，进一步编写更为完备、具体的施工组织设计。

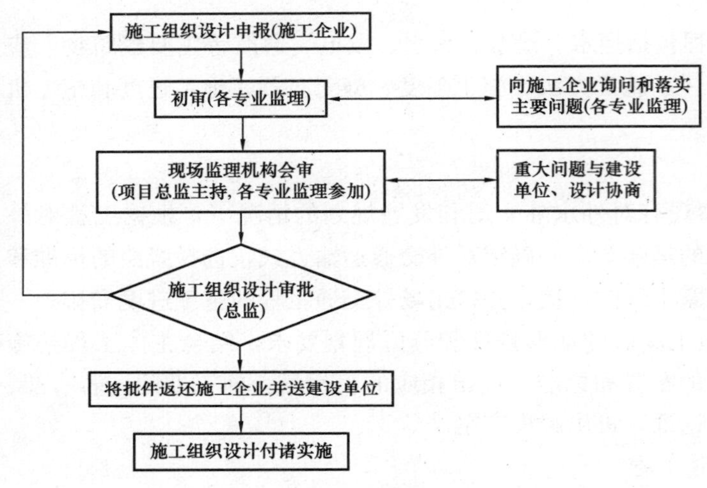

图 4-6 施工组织设计编审程序

施工组织设计编审程序如图 4-6 所示。

施工单位编制施工组织设计应注意以下几个方面：

(1) 拟采用的施工方法、施工方案在技术上是否可行，对质量有无保证，在经济上是否合理。

(2) 所选用的施工设备是否属本企业所有，能否调往该工程项目，或确保能租赁使用，施工设备的型号、类型、性能、数量等，是否满足施工进度和施工质量的要求。

(3) 各施工工序之间是否平衡，会不会因工序的不平衡而出现窝工。

(4) 质量控制点是否正确设置，其检验方法、检验频率、检验标准是否符合合同技术规范的要求。

(5) 计量方法是否符合合同的规定。

(6) 技术保证措施是否切实可行。

(7) 施工安全技术措施是否切实可行等。

施工单位施工组织设计完成后，应组织内部审核、签认。施工单位在内部审核签认后报监理审批。在施工组织设计和技术措施获得批准后，施工单位就应严格遵照批准的施工组织设计和技术措施实施。对于由于其他原因需要采取替代方案的，应保证不降低工程质量、不影响工程进度、不改变原来的报价。施工过程中，如由于水文、地质等情况，施工方案需进行较大调整的，应重新编制该部分的施工方案，并先内部审核、签认后报监理审批。

第五节 施工过程影响因素的质量控制

影响工程质量的因素有以下五个方面：

(1) 劳动主体——人员素质，即作业者、管理者的素质及其组织效果。

(2) 劳动对象——材料、半成品、工程用品、设备等的质量。

(3) 劳动方法——采取的施工工艺及技术措施的水平。

(4) 劳动手段——工具、模具、施工机械、设备等条件。

(5) 施工环境——现场水文、地质、气象等自然环境，通风、照明、安全等作业环境以及协调配合的管理环境。

事前有效控制以上五个方面因素的质量，是确保工程施工阶段质量的关键。

一、劳动主体的控制

劳动主体的质量包括参与工程各类人员的生产技能、文化素养、生理体能、心理行为等方面的个体素质及其经过合理组织充分发挥其潜在能力的群体素质。施工单位应通过择优录用、加强思想教育及技能方面的教育培训；合理组织、严格考核，并辅以必要的激励机制，使企业员工的潜在能力得到最好的组合和充分的发挥。从而保证劳动主体在质量控制系统中发挥主体自控作用。

施工单位必须坚持对所选派的项目领导者、组织者进行质量意识教育和组织管理能力训练，坚持对分包商的资质考核和施工人员的资格考核，坚持工种按规定持证上岗制度。“劳动主体”作为控制的对象，要避免产生失误，要充分调动作业者、管理者的积极性，以发挥“人是第一因素”的主导作用。施工单位最高管理者要本着适才适用，扬长避短的原则来控制人的使用。

二、劳动对象的控制

原材料、半成品、设备是构成实体的基础，其质量是工程项目实体质量的组成部分。因此加强原材料、半成品、设备的质量控制，不仅是提高工程质量的必要条件，也是实现工程项目投资目标和进度目标的前提。施工单位应根据施工需要建立并实施建筑材料、构配件和设备管理制度。

(一) 原材料质量控制

1. 原材料、半成品、设备的质量控制的主要内容

原材料、半成品、设备的质量控制的主要内容为：控制材料设备性能、标准与设计文件的相符性；控制材料设备各项技术性能指标、检验测试指标与标准要求的相符性；控制材料设备进场验收程序及质量文件资料的齐全程度等。

施工单位应在施工过程中贯彻执行企业质量程序文件中明确材料设备在封样、采购、进场检验、抽样检测及质保资料提交等一系列明确规定的控制标准。

2. 材料、构配件质量控制的特点

水利水电工程材料、构配件质量控制具有自身特点：

(1) 工程建设所需用的建筑材料、构件、配件等数量大，品种规格多，且分别来自众多的生产加工部门，故施工过程中，材料、构配件的质量控制工作量大。施工单位项目部应建立材料台账，分批次做好材料质量控制工作。

(2) 水利水电工程施工周期长，短则几年，长则十几年，施工过程中各工种穿插、配合繁多，如土建与设备安装的交叉施工，质量控制具有复杂性，施工单位项目部应配备专

门的材料员、质检员，材料员把好材料采购关，质检员把好材料进场关。

(3) 工程施工受外界条件的影响较大，有的材料甚至是露天堆放，影响材料质量的因素多，且各种因素在不同环境条件下影响工程质量的程度也不尽相同，因此，材料必须严格按规范要求堆存。如水泥堆存在拌和地，水泥、外加剂等材料应分别存放，存放地面必须硬化，不同品种及不同厂家的材料应分开存放，且应留出运输通道，并以相同的方式称量送进拌和机。

3. 材料、构配件质量控制程序

施工单位应根据施工需要确定和配备项目所需的建筑材料、构配件和设备，并应按照管理制度的规定审批各类采购计划。计划未经批准不得用于采购。采购应明确所采购产品的各类、规格、型号、数量、交付期、质量要求以及采购验证的具体安排。

(1) 施工单位采购员采购材料时，应确保采购的材料符合设计的需要和要求，以及生产厂家的生产资格和质量保证能力等，查验“三证”(材质化验单、生产许可证、产品合格证)。

(2) 材料进场后，项目部应填写材料进场许可证，收齐材料质量保证资料，申请监理人员参与施工单位对材料的清点。

(3) 材料使用前，项目部应向监理提交材料试验报告和资料，经确认签证后方可用于施工。

(4) 对于工程中所使用的主要材料和重要材料，应按规定进行抽样检验，验证材料的质量。

(5) 施工单位对涉及结构安全的试块、试件及有关材料进行质量检验时，应在监理人员的监督下现场见证取样。

材料、构配件质量控制程序如图 4-7 所示。

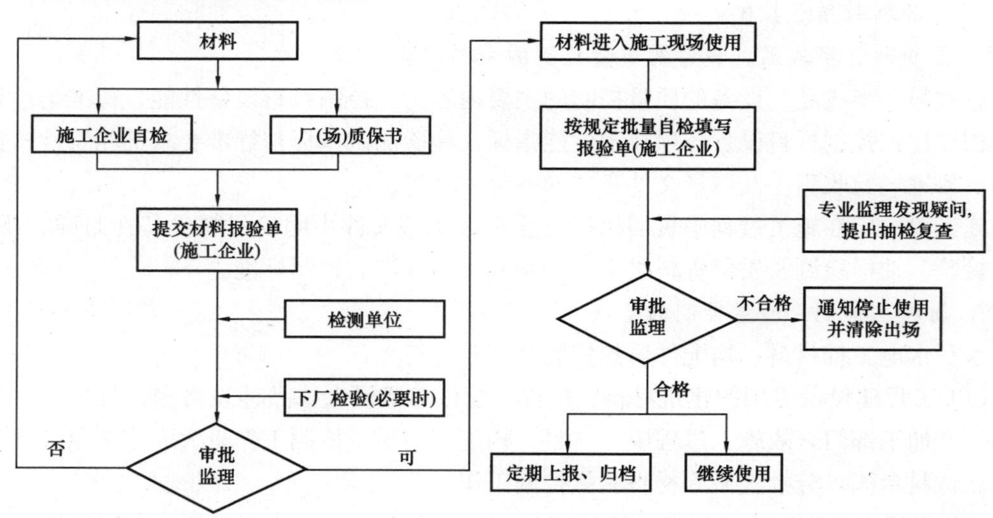

图 4-7　材料、构配件质量控制程序

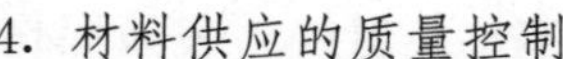

4. 材料供应的质量控制

施工单位应建立材料运输、调度、储存的科学管理体系，加快材料的周转，减少材料的积压和储存，做到既能按质、按量、按期地供应施工所需的材料，又能降低费用，提高效益。

5. 材料使用的质量控制

材料在正式用于施工之前，施工单位应组织现场试验，并编写试验报告。现场试验合格，试验报告及资料经监理工程师审查确认后，材料才能正式用于施工。同时，还应充分了解材料的性能、质量标准、适用范围和对施工的要求。使用前应详细核对，以防用错或使用了不适当的材料。对于重要部位和重要结构所使用的材料，使用前应仔细核对和认证材料的规格、品种、型号、性能是否符合工程特点和以上要求。

此外，还应严格进行下列材料的质量控制：

(1) 对于混凝土、砂浆、防水材料等，应进行试配，严格控制配合比。

(2) 对于钢筋混凝土构件及预应力混凝土构件，应按有关规定进行抽样检验。

(3) 对预制加工厂生产的成品、半成品，应由生产厂家提供出厂合格证明，必要时还应进行抽样检验。

(4) 对于高压电缆、电绝缘材料，应组织进行耐压试验后才能使用。

(5) 对于新材料、新构件，要经过权威单位进行技术鉴定合格后，才能在工程中正式使用。

(6) 对于进口材料，应会同商检部门按合同规定进行检验，核对凭证，如发现问题，应在规定期限内提出索赔。

(7) 凡标志不清或怀疑质量有问题的材料，对质量保证资料有怀疑或与合同规定不符的材料，均应进行抽样检验。

(8) 储存期超过3个月的过期水泥或受潮、结块的水泥应重新检验其标号，并不得使用在工程的重要部位。

6. 材料的质量检验、验收

施工单位应对建筑材料、构配件和设备进行验收。必要时，应到供应方的现场进行验证。验收的过程、记录和标识应符合有关规定。未经验收的建筑材料、构配件和设备不得用于工程施工。

(1) 材料质量检验方法。材料质量检验方法分为书面检验、外观检验、理化检验和无损检验四种。

1) 书面检验。对提供的材料质量保证资料、试验报告等进行审核，取得认可方能使用，如检查材料合格证、材质化验单及生产许可证等。

2) 外观检验。从品种、规格、标志、外形尺寸等方面对材料进行直观检验，看其有无质量问题，如检查钢筋锈蚀程度、钢筋直径标示号等。

3) 理化检验。在物理、化学等方法的辅助下的量度。它借助于试验设备和仪器对材料样品的化学成分、力学性能等进行科学的鉴定，如安定性试验、水泥成分检验等。

4）无损检验。是在不破坏材料样品的前提下，利用超声波、X射线、表面探伤仪等进行检测，如探地雷达进行钢筋混凝土中钢筋的探测；核子密度仪检测土石坝压实度；声波透射检测混凝土质量；声波反射法检测锚杆质量。

（2）常用材料检验的项目及取样方法，见表4-1和表4-2。

表4-1　常用材料检验项目

序号	名　称		主要项目	其他项目
1	水泥		凝结时间、强度、体积安定性、三氧化硫	细度、水化热、稠度
2	混凝土用砂、石料	砂	颗粒级配、含水率、含泥量、比重、空隙率、松散表观密度、扁平度	有机物含量、云母含量、三氧化硫含量
		石		针状和片状颗粒，软弱颗粒
3	混凝土用外加剂		减水率、凝结时间差、抗压强度对比、钢筋锈蚀	泌水率比，含气量、收缩率比、相对耐久性
4	钢材	热轧钢筋、冷拉钢筋，型钢钢板、异型钢	拉力、冷弯拉力、反复弯曲、松弛	冲击、硬度、焊接件的力学性能
		冷拔低碳素钢丝、碳素钢丝及刻痕钢丝		冲击、硬度、焊接件的力学性能
5	复合土工膜		单位面积的质量、梯形撕破力、断裂强度、断裂伸长率、顶破强度、渗透系数、抗渗强度	耐化学性能、低温性能、光老化性能
6	土石坝用土石料	土	天然含水量、天然表观密度、比重、孔隙率、孔隙比、流限、塑限、塑性指标、饱和度、颗粒级配、渗透系数；最优含水量、内摩擦角	压缩系数
		石	岩性、比重、表观密度、抗压强度、渗透性	
7	粉煤灰		细度、烧失量、需水比、含水率	三氧化硫

表4-2　原材料及半成品质量检验取样方法

材料名称	取样单位	取样数量	取样方法
水泥	同厂家、同品种、同标号、同批号，水泥按袋装不超过200t，散装不超过500t为一批	从一批水泥中选取试样总量不少于12kg	从不同部位的至少20处水泥中抽取
砂、卵石、碎石	大型工具运输（如火车、汽车或货船），以每400m³或600t作为一批，小型工具运输（如马车）则以200m³或300t作为一批	数量根据试验指标不同，按JGJ 52—2006中规定执行	从料堆或火车、汽车、货船取砂子8份、石子16份；从皮带运输机上取砂子4份、石子8份，组成各自一组样品
钢材（钢号不明的钢材）	每批质量通常不大于60t。超过60t的部分，每增加40t（或不足40t的余数），增加取样	60t以内批取样一组，超过60t的部分，每增加40t（或不足40t的余数），增加一个拉伸试验试样和一个弯曲试验试样	取两根钢筋，分别在每根截取拉伸、冷弯、化学分析试件各一根，每组试件送两根，截取时先将每根端头弃去10cm

续表

材料名称	取样单位	取样数量	取样方法
冷拉钢筋	按同一品种、尺寸分批，当钢筋直径 $d_0 \leqslant 12$mm 时，每批质量不大于 10t；当 $d_0 \geqslant 14$mm 时，每批质量不大于 20t	每批抽取两根钢筋，每根取一拉一弯两个试件，4 个试件为一组	在每批中，从不同的两根钢筋上各取一个拉力试样和冷弯试样
粉煤灰	以一昼夜连续供应相同等级的粉煤灰 200t 为一批，不足 200t 者也按一批计	对散装灰，从每批灰的 15 个不同部位各取不少于 1kg 的粉煤灰；对袋岩灰，从每批中任取 10 袋，从每袋中取不少于 1kg 的粉煤灰	将上述试样搅拌均匀，采用四分法，缩取比试剂需量大 1 倍的试样

（二）工程设备的质量控制

1. 工程设备检查及验收的质量控制

工程设备运至现场后，施工单位项目部应负责在办理现场工程设备的接收工作，然后申请监理人进行检查验收，工程设备的检查验收内容有：计数检查；质量保证文件审查；品种、规格、型号的检查；质量确认检验等。

（1）质量保证文件的审查和管理。质量保证文件是供货厂家（制造商）或被委托的加工单位向需方提供的证明文件，证明其所供应的设备及器材，完全达到需方提出的质量保证计划书所需求的技术性文件。一方面，它可以证明所对应的设备及器材质量符合标准要求，需方在掌握供方质量信誉及进行必要的复验的基础上，就可以投入施工或运行；另一方面；它也是施工单位项目部提供竣工技术文件的重要组成部分，以证明建设项目所用设备及器材完全符合要求。因此，建设单位（如委托施工单位督造，则应为施工单位），必须加强对设备及器材质量保证文件的管理。

工程设备质量保证文件的组成内容随设备的类别、特点的不同而不尽相同。但其主要的、基本的内容包括：①供货总说明；②合格证明书、说明书；③质量检验凭证；④无损检测人员的资格证明；⑤焊接人员名单，资格证明及焊接记录；⑥不合格内容、质量问题的处理说明及结果；⑦有关图纸及技术资料；⑧质量监督部门的认证资料等。

质量保证文件管理的内容主要有：①所有投入到工程中的工程设备必须有齐备的质量保证文件；②对无质量保证文件或质量保证文件不齐全，或质量保证文件虽齐全，但对其对应的设备表示怀疑时，应进行质量检验（或办理委托质量检验）；③质量保证文件应有足够的份数，以备工程竣工后用；④施工单位应将质量保证文件编入竣工技术文件等。

（2）工程设备质量的确认。质量确认检验的目的是通过一系列质量检验手段，将所得的质量数据与供方提供的质量保证文件相对照，对工程设备质量的可靠性作出判断，从而决定其是否可以投用。另外，质量确认检验的附加目的，是对供方的质量检验资格、能力、水平作出判断，并将质量信息反馈给供方。

质量确认检验的一般程序如下：

1）施工单位项目部采购员将供方提出的全部质量保证文件收集齐全，送交负责质量检验的监理人审查。

2）检验人员按照供方提供的质量保证文件，对工程设备进行确认检查，如经检查无误，检验人员在“工程设备验收单”上盖允许或合格的印记。

3）当对供方提供的质量保证文件资料的正确性有怀疑或发现文件与设备实物不符时，以及设计、技术规程有明确规定，或因是重要工程设备必须复验才可使用时，检验人员应盖暂停入库的记号，并填写复验委托单，交有关部门复验。

2. 工程设备的试车运转质量控制

工程设备安装完毕后，要参与和组织单体、联体无负荷和有负荷的试车运转。试运转的质量控制可分为以下四个阶段：

(1) 质量检查阶段。试车运转前的全面综合性的质量检查是十分必要的，通过这一工作，可以把各类问题暴露于试车运转之前，以便采取相应措施加以解决，保证试车运转质量。试车运转前的检查是在施工过程质量检验的基础上进行，其重点是：施工质量、质量隐患及施工漏项。

(2) 单体试车运转阶段。单体试车运转，对工程设备，也称为单机试车运转。在系统清洗、吹扫、贯通合格，相应需要的电、水、气、风等引入的条件下，可分别实施单体试车运转。

单体试车运转合格，并取得生产（使用）单位参加人员的确认后，可分别向生产单位办理技术交工，也可待工程中的所有单机试车运转合格后，办理一次性技术交工。

(3) 无负荷或非生产性介质投料的联合试车运转。无负荷联合试车运转是不带负荷的总体联合试车运转。它可以是各种转动设备、动力设备、反应设备、控制系统以及联结它们成为有机整体的各种联系系统的联合试车运转。在这个阶段的试车运转中，可以进行大量的质量检验工作，如密封性检验、系统试压等，以发现在单体试运中不能或难以发现的工程质量问题。

(4) 有负荷试车运转。有负荷试车运转实际上是试生产过程，是进一步检验工程质量、考核生产过程中的各种功能及效果的最后也是最重要的检验。

进行有负荷试车运转必须具备以下条件：无负荷试车运转中发现的各类质量问题均已解决完毕，工程的全部辅助生产系统满足试车运转需要并畅通无阻，公用工程配套齐全；生产操作人员配备齐全，辅助材料准备妥当，相应的生产管理制度建立齐全，通过有负荷试车运转，以进一步发现工程的质量问题，并对生产的处理量、产量、产品品种及其质量等是否达到设计要求，进行全面检验和评价。

3. 材料和工程设备的检验

材料和工程设备的检验应符合下列规定：

(1) 施工单位项目部应按有关规定和施工合同约定对工程中使用的材料、构配件进行检验，并应查验材质证明和产品合格证。

(2) 对于施工单位采购的工程设备，施工单位项目部应申请监理机构参加工程设备的交货验收；对于建设单位提供的工程设备，施工单位项目部会与监理机构共同进行交货验收。

(3) 材料、构配件和工程设备未经检验，不得使用；经检验不合格的材料、构配件和工程设备，施工单位应及时运离工地或作出相应处理。

(4) 项目部应组织对“监理机构有质量异议的进场材料、构配件和工程设备”进行重新检验。

(5) 施工单位项目部不得使用不合格的材料、构配件和工程设备。

三、施工工艺的控制

施工工艺的先进合理是直接影响工程质量、工程进度及工程造价的关键因素，施工工艺的合理可靠还直接影响到工程施工安全。因此在工程项目质量控制系统中，制定和采用先进合理的施工工艺是工程质量控制的重要环节。对施工方案的质量控制主要包括以下内容：

全面正确地分析工程特征、技术关键及环境条件等资料，明确质量目标、验收标准、控制的重点和难点；制定合理、有效的施工技术方案和组织方案，前者包括施工工艺、施工方法；后者包括施工区段划分、施工流向及劳动组织等；合理选用施工机械设备和施工临时设施，合理布置施工总平面图和各阶段施工平面图；选用和设计保证质量和安全的模具，脚手架等施工设备；编制工程所采用的新技术、新工艺、新材料的专项技术方案和质量管理方案；为确保工程质量，尚应针对工程具体情况，编写气象地质等环境不利因素对施工的影响及其应对措施。

施工方案合理与否、施工方法和工艺先进与否，均会对施工质量产生极大的影响，是直接影响工程项目的进度控制、质量控制、投资控制三大目标能否顺利实现的关键，在施工实践中，由于施工方案考虑得不周、施工工艺落后而造成施工进度迟缓，质量下降，增加投资等情况时有发生。为此，施工单位在制定施工方案和施工工艺时，必须结合工程实际，从技术、管理、经济、组织等方面进行全面分析，综合考虑，确保施工方案、施工工艺在技术上可行，在经济上合理，且有利于提高施工质量。

四、施工设备的控制

施工设备质量控制的目的，在于为施工提供性能好、效率高、操作方便、安全可靠、经济合理且数量足够的施工设备，以保证按照合同规定的工期和质量要求，完成建设项目施工任务。

施工单位应从施工设备的选择、使用管理和保养、施工设备性能参数的要求等三个方面予以控制。

(一) 施工设备的选择

施工设备选择的质量控制，主要包括施工设备的选型和主要性能参数的选择两方面。

(1) 施工设备的选型。应考虑设备的施工适用性、技术先进、操作方便、使用安全，保证施工质量的可靠性和经济上的合理性。例如，疏浚工程应根据地质条件、疏浚深度、面积及工程量等因素，分别选择抓斗式、链斗式、吸扬式、耙吸式等不同型式的挖泥船；对于混凝土工程，在选择振捣器时，应考虑工程结构的特点、振捣器功能、适用条件和保证质量的可靠性等因素，分别选择大型插入式、小型软轴式、平板式或附着式振捣器。

(2) 施工设备主要性能参数的选择。应根据工程特点、施工条件和已确定的机械设备型式来选定具体的机械。例如，堆石坝施工所采用的振动碾，其性能参数主要是压实功能和生产能力，在已选定牵引式振动碾的情况下，应选择能够在规定的铺筑厚度下振动碾压6～8遍以后，就能使填筑坝料的密度达到设计要求的振动碾。

(二) 施工设备的使用管理

为了更好地发挥施工设备的使用效果和质量效果，施工单位应做好施工设备的使用管理工作，包括：

(1) 加强施工设备操作人员的技术培训和考核，正确掌握和操作机械设备，做到定机定人，实行机械设备使用保养的岗位责任制。

(2) 建立和健全机械设备使用管理的各种规章制度，如人机固定制度、操作证制度、岗位责任制度、交接班制度、技术保养制度、安全使用制度、机械设备检查维修制度及机械设备使用档案制度等。

(3) 严格执行各项技术规定，如：

1) 技术试验规定。对于新的机械设备或经过大修、改装的机械设备，在使用前必须进行技术试验，包括无负荷试、加负荷试验和试验后的技术鉴定等，以测定机械设备的技术性能、工作性能和安全性能，试验合格后，才能使用。

2) 走合期规定。即新的机械设备和大修后的机械设备在初期使用时，工作负荷或行驶速度要由小到大，使设备各部分配合达到完善磨合状态，这段时间称为机械设备的走合期。如果初期使用就满负荷作业，会使机械设备过度磨损，降低设备的使用寿命。

3) 寒冷地区使用机械设备的规定。在寒冷地区，机械设备会产生启动困难、磨损加剧、燃料润滑油消耗增加等现象，要做好保温取暖工作。

4) 施工设备进场后，使用完毕如需退场或挪作他用，项目部应报监理人批准。

(三) 施工设备性能、状况的考核和设备检测管理

对于施工设备的性能及状况，不仅在其进场时应进行考核，在使用过程中，由于零件的磨损、变形、损坏或松动，会降低效率和性能，从而影响施工质量。项目部应对施工设备特别是关键性的施工设备的性能和状况定期进行考核。例如，对吊装机械等必须定期进行无负荷试验、加荷试验及其他测试，以检查其技术性能、工作性能、安全性能和工作效率。发现问题时，应及时分析原因，采取适当措施。以保证设备性能的完好。

施工单位应按照要求配备检测设备。检测设备管理应符合下列规定：

(1) 根据需要采购或租赁检测设备，并对检测设备供应方进行评价。

(2) 使用前对检测设备进行验收。

(3) 按照规定的周期校准检疫设备，标识其校准状态并保持清晰，确保其在有效检定周期内方可用于施工质量检测，校准记录应予以保存。

(4) 对国家或地方没有校准标准的检测设备制定相应的校准标准。

(5) 对设备进行必要的维护和保养，保持其完好状态。设备的使用、管理人员经过培训。

(6) 在发现检测设备失准时评价已测结果的有效性，并采取相应的措施。

(7) 对检测设备所使用的软件在使用前的确认和再确认予以规定。

五、施工环境的控制

环境因素主要包括地质水文状况，气象变化及其他不可抗力因素，以及施工现场的通风、照明、安全卫生防护设施等劳动作业环境等内容。环境因素对工程施工的影响一般难以避免。要消除其对施工质量的不利影响，主要是采取预测预防的控制方法：

(1) 对地质水文等方面的影响因素的控制，应根据设计要求，分析基地地质资料，预测不利因素，并会同设计等方面采取相应的措施，如降水排水加固等技术控制方案。

(2) 对天气气象方面的不利条件，应在施工方案中制订专项施工方案，明确施工措施，落实人员、器材等方面各项准备以紧急应对，从而控制其对施工质量的不利影响。

(3) 对环境因素造成的施工中断，往往也会对工程支链造成不利影响，必须通过加强管理、调整计划等措施，加以控制。

第六节 施工工序的质量控制

工程质量是在施工工序中形成的，不是靠最后检验出来的。工程项目的施工过程，是由一系列相互关联、相互制约的工序所构成，工序质量是基础，工序质量也是施工顺利进行的关键，直接影响工程项目的整体质量。要控制工程项目施工过程的质量，施工单位首先必须加强工序质量控制。

一、工序质量控制的内容

施工单位进行工序质量控制时，应着重于以下四个方面的工作。

1. 严格遵守工艺规程

施工工艺和操作规程，是进行施工操作的依据和法规，是确保工序质量的前提，任何人都必须遵守，不得违犯。

2. 主动控制工序活动条件的质量

工序活动条件包括的内容很多，主要指影响质量的五大因素，即施工操作者、材料、施工机械设备、施工方法和施工环境。只要将这些因素切实有效的控制起来，使它们处于被控状态，确保工序投入品的质量，就能保证每道工序的正常和稳定。

3. 及时检验工序活动效果的质量

工序活动效果是评价工序质量是否符合标准的尺度。为此，必须加强质量检验工作，对质量状况进行综合统计与分析，及时掌握质量动态，发现质量问题，应及时处理。

4. 设置质量控制点

质量控制点是指为了保证作业过程质量而预先确定的重点控制对象、关键部位或薄弱环节，设置控制点以便在一定时期内、一定条件下进行强化管理，使工序处于良好的控制状态。

二、工序分析

工序分析就是找出对工序的关键或重要的质量特性起着支配作用的那些要素的全部活动。以便能在工序施工中针对这些主要因素制定出控制措施及标准，进行主动的、预防性的重点控制，严格把关。工序分析一般可按以下步骤进行：

（1）选定分析对象，分析可能的影响因素，找出支配性要素，主要包括以下工作：

1）选定的分析对象可以是重要的、关键的工序，或者是根据过去的资料认为经常发生问题的工序。

2）掌握特定工序的现状和问题，改善质量的目标。

3）分析影响工序质量的因素，明确支配性要素。

（2）针对支配性要素，拟定对策计划，并加以核实。

（3）将核实的支配性要素编入工序质量控制表。

（4）对支配性要素落实责任，实施重点管理。

三、质量控制点的设置

质量控制点是施工质量控制的重点，凡属关键技术、重要部位、控制难度大、影响大、经验欠缺的施工内容以及新材料、新技术、新工艺、新设备等，均可列为质量控制点，实施重点控制。设置质量控制点是保证达到施工质量要求的必要前提。

（一）质量控制点设置步骤

施工单位应在提交的施工措施计划中，根据自身的特点拟定质量控制点，通过监理审核后，就要针对每个控制点进行控制措施的设计，主要步骤和内容如下：

（1）列出质量控制点明细表。

（2）设计质量控制点施工流程图。

（3）进行工序分析，找出影响质量的主要因素。

（4）制定工序质量表，对上述主要因素规定出明确的控制范围和控制要求。

（5）编制保证质量的作业指导书。

施工单位对质量控制点的控制措施设计完成后，经监理审核批准后方可实施。

（二）质量控制点的设置

监理应督促施工单位在施工前全面、合理地选择质量控制点。并对施工单位设置质量控制点的情况及拟采取的控制措施进行审核。必要时，应对施工单位的质量控制实施过程进行跟踪检查或旁站监督，以确保质量控制点的实施质量。

施工单位在工程施工前应根据施工过程质量控制的要求、工程性质和特点以及自身的特点，列出质量控制点明细表，表中应详细地列出各质量控制点的名称或控制内容、检验标准及方法等，提交监理审查批准后，在此基础上实施质量预控。

设置质量控制点的对象，主要有以下几个方面：

(1) 人的行为。某些工序或操作重点应控制人的行为，避免人的失误造成质量问题。如对高空作业、水下作业、爆破作业等危险作业。

(2) 材料的质量和性能。材料的性能和质量是直接影响工程质量的主要因素，尤其是某些工序，更应将材料的质量和性能作为控制的重点。如预应力钢筋的加工，就要求对钢筋的弹性模量、含硫量等有较严要求。

(3) 关键的操作。如止水材料的搭接、焊接。

(4) 施工顺序。有些工序或操作，必须严格相互之间的先后顺序。

(5) 技术参数。有些技术参数与质量密切相关，亦必须严格控制，如外加剂的掺量、混凝土的水灰比等。

(6) 常见的质量通病。常见的质量通病如混凝土的起砂、蜂窝、麻面、裂缝等都与工序严格有关，应事先制定好对策，提出预防措施。

(7) 新工艺、新技术、新材料的应用。当新工艺、新技术、新材料虽已通过鉴定、试验，但是施工操作人员缺乏经验，又是初次施工时，也必须对其工序进行严格控制。

(8) 质量不稳定、质量问题较多的工序。通过质量数据统计，表明质量波动、不合格率较高的工序，也应作为质量控制点设置。

(9) 特殊地基和特种结构。对于湿陷性黄土、膨胀土、红黏土等特殊地基的处理，以及大跨度结构、高耸结构等技术难度大的施工环节和重要部位，更应特别控制。

(10) 关键工序。如钢筋混凝土工程的混凝土振捣，灌注桩的钻孔，隧洞开挖的钻孔布置、方向、深度、用药量和填塞等。

通过质量控制点的设定，质量控制的目标及工作重点就能更加明晰。加强事前预控的方向也就更加明确。事前预控包括明确控制目标参数、制定实施规程（包括施工操作规程及检测评定标准）、确定检查项目数量及跟踪检查或批量检查方法、明确检查结果的判断标准及信息反馈要求。

控制点的设置要准确有效，因此究竟选择哪些对象作为控制点，这需要由有经验的质量控制人员通过对工程性质和特点、自身特点以及施工过程的要求充分进行分析后进行选择。施工质量控制点的管理应该是动态的，一般情况下在工程开工前、设计交底和图纸会审时，可确定一批整个项目的质量控制点，随着工程的展开、施工条件的变化，随时或定期进行控制点范围的调整和更新，始终保持重点跟踪的控制状态。

（三）两类质量检验点

施工单位在施工前应全面、合理的选择质量控制点。根据质量控制点的重要程度及监督控制要求不同，施工单位项目部应根据监理机构要求将质量控制点区分为质量检验见证点和质量检验待检点。

1. 见证点

所谓“见证点”，是指施工单位在施工过程中到达这一类质量检验点时，应事先书面通知监理到现场见证，观察和检查施工单位的实施过程。然而在监理接到通知后未能在约定时间到场的情况下，施工单位有权继续施工。

例如，在建筑材料生产时，施工单位应事先书面通知监理对采石场的采石、筛分进行见证。当生产过程的质量较为稳定时，监理可以到场，也可以不到场见证，施工单位在监理不到场的情况下可继续生产，然而需作好详细的施工记录，供监理随时检查。在混凝土生产过程中，监理不一定对每一次拌和都到场检验混凝土的温度、坍落度、配合比等指标，而可以由施工单位自行取样，并作好详细的检验记录，供监理检查。然而，在混凝土标号改变或发现质量不稳定时，监理可以要求施工单位事先书面通知监理到场检查，否则不得开拌。此时，这种质量检验点就成了“待检点”。

质量检验“见证点”的实施程序如下：

(1) 施工或安装施工单位在到达这一类质量检验点（见证点）之前24h，书面通知监理，说明何日何时到达该见证点，要求监理届时到场见证。

(2) 监理应注明他收到见证通知的日期并签字。

(3) 如果在约定的见证时间监理未能到场见证，施工单位有权进行该项施工或安装工作。

(4) 如果在此之前，监理根据对现场的检查，并写明他的意见，则施工单位在监理意见的旁边，应写明他根据上述意见已经采取的改正行动，或者他所可能有的某些具体意见。

2. 待检点

对于某些更为重要的质量检验点，必须要在监理到场监督、检查的情况下施工单位才能进行检验。这种质量检验点称为“待检点”。

例如，在混凝土工程中，由基础面或混凝土施工缝处理，模板、钢筋、止水、伸缩缝和坝体排水管及混凝土浇筑等工序构成混凝土单元工程，其中每一道工序都应由监理进行检查认证，施工单位必须每一道工序检验合格并经监理签字后才能进入下一道工序。根据施工单位以往的施工情况，有的可能在模板架立上容易发生漏浆或模板走样事故，有的可能在混凝土浇筑方面经常出现问题。此时，就可以选择模板架立或混凝土浇筑作为“待检点”，施工单位必须事先书面通知监理，并在监理到场进行检查监督的情况下，才能进行施工。

又如在隧洞开挖中，当采用爆破掘进时，钻孔的布置、钻孔的深度、角度、炸药量、填塞深度、起爆间隔时间等爆破要素，对于开挖的效果有很大影响，特别是在遇到有地质构造带如断层、夹层、破碎带的情况下，正确的施工方法以及支护对施工安全关系极大。此时，应该将钻孔的检查和爆破要素的检查，定为“待检点”，每一工序必须要通过监理的检查确认。

当然，从广义上讲，隐蔽工程覆盖前的验收和混凝土工程开仓前的检验，也可以认为是“待检点”。

“待检点”和“见证点”执行程序的不同，就在于步骤3，即如果在到达待检点时，监理未能到场，施工单位不得进行该项工作，事后监理应说明未能到场的原因，然后双方约定新的检查时间。

“见证点”和“待检点”的设置，是监理对工程质量进行检验的一种行之有效的方法。检验点是监理根据施工单位的施工技术力量、工程经验、具体的施工条件、环境、材料、机械等各种因素的情况来选定的，各施工单位的这些因素不同，“见证点”或“待检点”也就不同。有些检验点在施工初期当施工单位对施工还不太熟悉、质量还不稳定时可以定为“待检点”。而当施工施工单位已熟练地掌握施工过程的内在规律、工程质量较稳定时，监理会又可以将其改为“见证点”。某些质量控制点，对于这个施工单位可能是“待检点”，而对于另一个施工单位可能是“见证点”。施工单位应予以积极配合，避免出现问题，也避免双方合作出现不愉快。作为施工单位应积极加强质量管理，通过自身积极采取的措施，稳定地施工来获得监理信任，以使更多的“待检点”变为“见证点”。

四、工序质量的检查

（一）施工单位自检

施工单位是施工质量的直接实施者和责任者。施工单位不能将质量控制的责任和义务转嫁予监理单位、建设单位或政府质量监督部门，施工单位项目部应加强质量控制的主动性，应建立起完善的质量自检体系并运转有效。

施工单位完善的自检体系是施工单位质量保证体系的重要组成部分，施工单位各级质检人员应按照施工单位质量保证体系所规定的制度，按班组、值班检验人员、专职质检员逐级进行质量自检，保证生产过程中有合格的质量。发现缺陷及时纠正和返工，把事故消灭在萌芽状态，项目部管理者应保证施工单位质量保证体系的正常运作，这是施工质量得到保证的重要条件。

（二）质量管理自查与评价

施工单位应建立质量管理自查与评价制度，对质量管理活动进行监督检查。施工单位应对监督检查的职责、权限、频度和方法作出明确规定。

施工单位应对各管理层次的质量管理活动实施监督检查，明确监督检查的职责、频度和方法。对检查中发现的问题应及时提出书面整改要求，监督实施并验证整改效果。监督检查的内容包括：①法律、法规和标准规范的执行；②质量管理制度及其支持性文件的实施；③岗位职责的落实和目标的实现；④对整改要求的落实。

施工单位应对项目部的质量管理活动进行监督检查，内容包括：①项目质量管理策划结果的实施；②对本企业、建设单位或监理机构提出的意见和整改要求的落实；③合同的履行情况；④质量目标的实现。

施工单位应对质量管理体系实施年度审核和评价。施工单位应对审核中发现的问题及其原因提出书面整改要求，并跟踪其整改结果。质量管理审核人员的资格应符合相应的要求。

施工单位应策划质量管理活动监督检查和审核的实施。策划的依据包括：①各部门和岗位的职责；②质量管理中的薄弱环节；③有关的意见和建议；④以往检查的结果。施工单位应建立和保存监督检查和审核的记录，并将所发现的问题及整改的结果作为质量管理改进的重要信息。施工单位应收集工程建设有关方的满意情况的信息，并明确这些信息收集的职责、渠道、方式及利用这些信息的方法。

第七节 金属结构制作安装与机电安装工程质量控制

金属结构制作安装与机电安装工程是水利水电工程重要组成部分，工程安装单位应按设计文件实施，安装必须符合有关的技术要求和质量标准。在金属结构制作安装与机电安装过程中，项目部要做好制作安装过程的质量控制工作，对制作安装过程中每一个单元、分部工程和单位工程进行检查质量验收。

一、制作安装准备阶段的质量控制

（一）严格技术工艺文件编制

主要金属结构制作安装与机电安装工程项目开工前，项目部应阅读设计图纸，认真参与图纸会审。必须编制安装作业指导书，项目部内部组织审核后，提交监理机构审查。通过审查可以优化制作安装程序和方案，以免因制作安装程序和方案不当，造成返工或延误工期；另一方面，制作安装单位能按审批的制作安装作业指导书要求进行安装，更好地控制安装质量。制作安装作业指导书未经监理机构审批，项目部不得擅自施工。金属结构产品、机电产品经制造车间完成并通过验收合格后，由资料室对施工图纸及技术文件统一回收并作存档记录。质检部门针对水电站压力钢管、机电设备等施工特点和要求应编制“质量计划”，技术部门根据设计技术要求编制“制作、安装、运输工艺指导书”。技术文件经项目经理及主任工程师批准后，报监理机构审验批准，形成指令性文件执行。

（二）加强工艺及人员管理，严格执行施工程序

金属结构制作安装与机电安装工程在施工过程中应加强施工人员管理。如某水电站钢管工程施工时，参与安装工程的焊工必须经“省技术监督局锅炉压力容器压力钢管焊工考试委员会”针对610MPa级高强钢板的焊接培训，考试合格，并向省技术监督局特种作业处申报并取得批准发证认可。将人员资料经监理批准后，方准许参加该安装工程的焊接施工。

金属结构制作安装与机电安装工程在施工过程中应加强工艺管理，在正式制作安装前，应进行工艺评定。如压力钢管焊接应根据使用的不同钢板和不同焊接材料，按组成得的各种焊接试板进行焊接工艺评定。焊接工艺评定最终确定采用最佳的预热、层间温度、后热温度、时间、焊接参数，针对的不同钢板应采用的不同的焊接材料，坡口加工，焊接层道数，线能量范围等参数全部列入正式焊接工艺文件中，作为培训和指导现场焊接的技术指导文件。试板力学性能试验对接试板评定项目、数量和方法按DL 5017—2007执行。

金属结构制作安装与机电安装工程在施工前，安装单位项目部应编制制作安装工艺流程，工艺流程应详细、可靠、切合工程实际。某工程压力钢管制造工艺流程框图、压力钢管安装工艺流程框图分别见图4-8和图4-9。

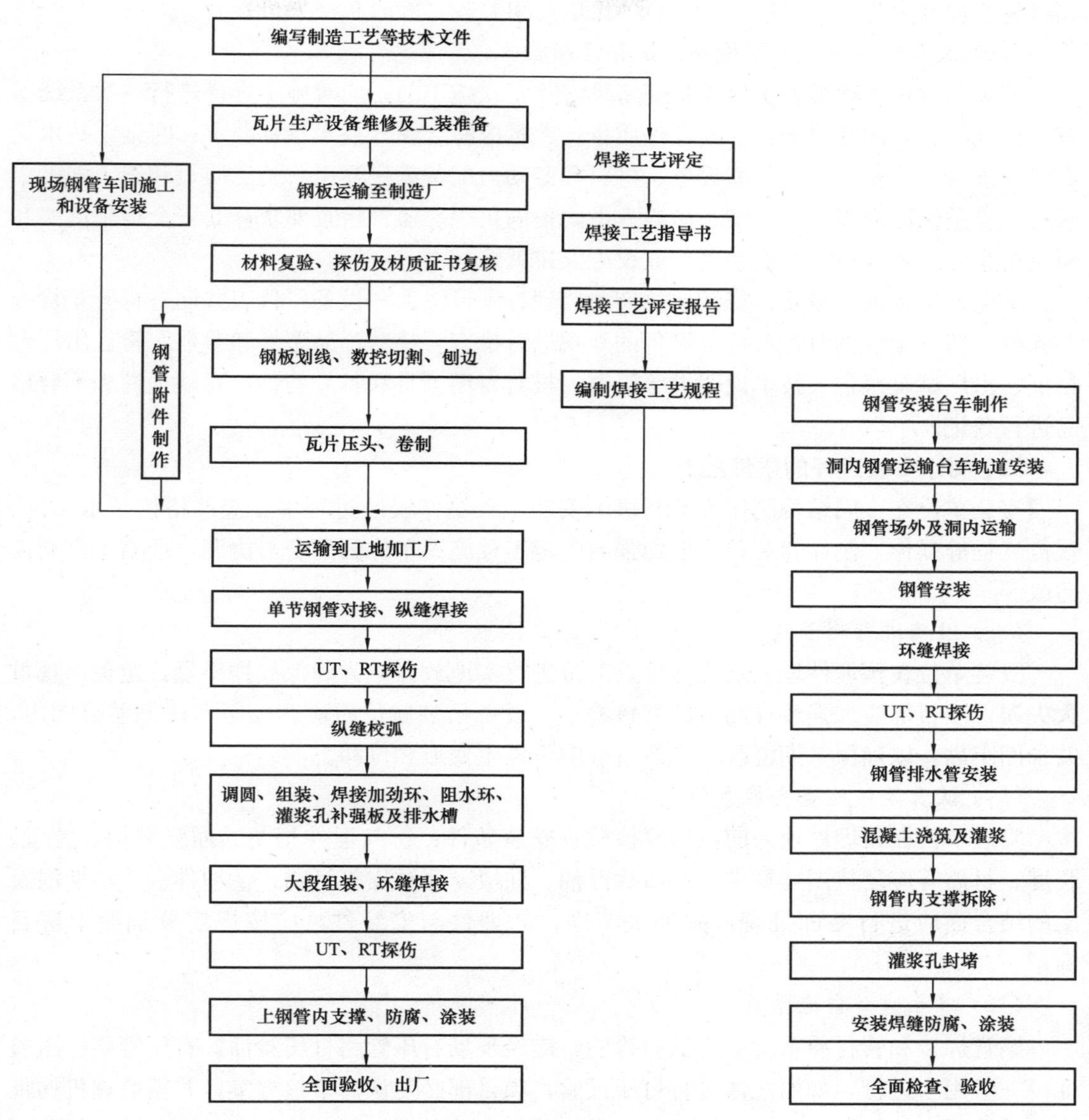

图 4-8 压力钢管制造工艺流程框图

图 4-9 压力钢管安装工艺流程框图

（三）制作安装资料申报

制作安装单位在施工前应将相应资料整理、收集齐全，组织项目部进行复核后，报监理机构。如机电埋件工程应递交自购材料材质证明、出厂合格证、材料样品和试验报告等。在安装开始前应递交设备交接文件、装箱清单、安装设备出厂合格证及出厂验收资料，安装用控制点图等。

（四）材料埋件试验检测

制作安装单位应按规范规程等技术标准等对自购材料、埋件等进行检查和试验检测。

如材料、埋件为建设单位提供，安装单位应组织验收，验收合格方可接收。

（五）认真进行施工前得检查、设备开箱验收

安装单位在各项准备工作准备就绪后，在正式施工前，应对施工准备进行一次系统检查，检查的主要内容包括：①预埋件质量、数量应符合设计技术指标要求；②施工技术交底已经进行；③安装工作所需设备、材料和劳动力配备满足开工后施工质量和施工强度要求；④质量保证措施落实，施工质检人员配备满足跟班监督检查要求；⑤安全措施落实并满足安全生产要求；⑥其他辅助作业设施安排就绪。

机电设备运抵工地后，安装单位应请监理、项目法人和设备厂代表共同进行开箱检查和验收。在开箱检查时，对机电设备的外观进行检查、核对产品型号和参数、检查出厂台格证、出厂试验报告、技术说明书等资料，核对专用工具和备品备件，对缺损件和不合格品进行登记。

二、制作安装过程的质量控制

安装单位在金属结构制作安装与机电安装工程制作安装过程中，应严格按技术文件、规范规程等操作。制作安装单位应加强与土建工程施工单位的配合与协调，严格工序交接验收。

（一）准确进行测量放样

安装单位在预埋件埋入前应对埋设部位进行实地放样，为确保放样质量，避免出现重大失误，项目部应加强放样测量的复核检查。设备吊装就位后应调校至允许偏差范围内，并加固牢靠，以确保二期混凝土浇筑过程中不发生变形和位移。

（二）认真复核检查安装条件

安装单位在预埋件埋入前，应复核检查安装条件：①与埋件相关的插筋数量、位置、长度、材质等应复核图样要求，并清除浮油、油漆、浮锈皮等污物；②埋件一、二期混凝土的结合面应进行毛面处理，并冲洗干净；③埋件与安装件，应按规定分别涂上醒目标记。

（三）建立健全自检体系

钢管焊接和管材质量应进行试验检验，应经现场有压管路打压验证，有压管路打压验证，一般用水进行，如用气体进行打压试验，项目部必须认真审核方案，并报监理机构批准。试验压力和保压时间应严格按照提供的压力值和时间控制，如需调整应经项目部分析论证后报监理机构批准。

安装单位应对预埋件、安装材料与规格、安装数量与工程量及安装工序等进行三级自检，自检合格填写施工质量终检合格（开工、仓）证，并报监理检验合格并签证后，进入下道工序和混凝土浇筑作业。

（四）严格执行规范规程

安装单位在制作安装过程中，应严格执行规范规程，且应符合设计文件要求。例如，接地体的搭接、敷设、连接、过缝处理和接地井的施工，按 GB 50169—2006《电气装置安装工程接地装置施工及验收规范》的相关规定执行；电气埋件含电线管的埋设，按 GB 50259—2006《电气装置安装工程电气照明装置施工及验收规范》和 GB 50258—2006《1kV 及以下

配线工程施工及验收规范》的规定执行。

（五）加强安装过程控制

安装单位在制作安装过程中，应注重过程控制，如金属结构及机械埋件安装工程中，埋件工作面对接接头的错位应控制在允许偏差范围内并进行缓坡处理。工作面和过流面的焊缝应磨平，弧坑应焊补磨平。埋件调整及加固后，应在5～7天内浇筑混凝土。在混凝土浇筑时，应防止受到撞击。如过期或有碰撞应予复测，复测合格后报监理工程师重新检验方可浇筑混凝土。安装埋件混凝土拆模后，应对埋件进行复测，同时检查混凝土尺寸，清除遗留的钢筋和杂物，以免影响闸门启闭。闸门埋件不锈钢止水座面和不锈钢复合板钢衬在运输、吊运、制造、安装过程中应采取保护措施，以免碰伤或擦伤埋件不锈钢表面。埋件安装完成应按设计对外露面进行涂装。

三、制作安装完成后的质量控制

安装单位在制作安装完成后应严格按质量评定标准进行质量评定。在每一单元工程完成后，应按监理机构事前确定的项目划分情况进行质量评定。项目部自评过程中，严格根据层级按评定标准打分评定，评定不合格的，应查找原因，予以处理。

金属结构及机电工程完成后，部分设备必须进行试运行，以检验安装工程质量。如机组尾水台车安装完毕后，安装单位应会同监理、制造厂驻工地代表等作空载试运转、静荷载试验和动荷载试验。

(1) 空载试运转。空载试运转起升机构和大车行走机构，分别在行程内往返三次。检查机械和电气设备各部分动作正确可靠、运行平稳，无冲击声和其他异常现象。

(2) 静荷载试验。以尾水检修门加配重块作为试验负荷物。试验荷载依次分别采用额定荷载的70%、100%和125%。主钩将荷载吊离地面100mm，历时不少于10min，检查台车性能是否达到设计要求，机架有无永久变形。试验应重复进行三次。

(3) 动荷载试验。试验荷载依次分别采用额定荷载的100%和110%，试验时按设计要求的各机构组合方式进行试验。同时开动两个机构，作重复的启动、运转、停车、正转、反转等动作延续1h。检查各机构是否动作灵活，工作是否平稳、可靠，各限位开关、安全保护联锁装置、防爬装置等动作是否正确可靠，各零部件有无裂纹等损坏现象，各连接处是否松动。

水利水电工程中，金属结构制作安装及机电安装工程包含内容较多。实际工程实践中，制作安装单位应根据工程部位、特点、内容制定具体、可行的作业指导书；在安装过程中，严格执行规范规程，按指导书编制的程序施工；每一工序（单元工程、单位工程、单项工程）完成后，项目部认真组织自评，同时加强试运行检验。

在金属结构制作安装及机电安装工程质量控制过程中，遵循“事前控制为主”的原则，加强事前控制，将质量隐患消除在萌芽状态；强化事后控制，贯彻落实质量控制措施；重视事后控制，客观评价工程质量。确保制作安装工程质量合格，以保证水利水电工程安全运行。

思考题

1. 施工阶段质量控制的依据有哪些?
2. 施工阶段质量检测的方法有哪些?
3. 简述质量控制程序。
4. 试述原材料质量控制的工作流程。
5. 什么叫质量控制点?如何区分见证点和待检点?

第五章

工程质量检验、评定、验收、保修

第一节　工程质量检验概述

工程质量检验是经过“测、比、判”活动的过程。“测”就是测量、检查、试验或度量，“比”就是将“测”的结果与规定要求进行比较，“判”就是将比的结果作出合格与否的判断。

一、质量检验的含义

对实体的一种或多种质量特性进行诸如测量、检查、试验、度量，并将结果与规定的质量要求进行比较，以确定各个质量特性的符合性的活动称为质量检验。

在 GB/T 19000—2008《质量管理体系　基础和术语》中对检验的定义是：“通过观察和判断，适当结合测量、试验所进行的符合性评价”。在检验过程中，我们可以将“符合性”理解为满足要求。

由此可以看出，质量检验活动主要包括以下几个方面：

(1) 明确并掌握对检验对象的质量要求：即明确并掌握产品的技术标准，明确检验的项目和指标要求；明确抽样方案，检验方法及检验程序；明确产品合格判定原则等。

(2) 测试：即用规定的手段按规定的方法在规定的环境条件下，测试产品的质量特性值。

(3) 比较：即将测试所得的结果与质量要求相比较，确定其是否符合质量要求。

(4) 评价：根据比较的结果，对产品质量的合格与否作出评价。

(5) 处理：出具检验报告，反馈质量信息，对产品进行处理。具体包括：

1) 对合格的产品或产品批做出合格标记，填写检验报告，签发合格证，放行产品。

2) 对不合格的产品或产品批填写检验报告与有关单据，说明质量问题，提出处理意见，并在产品上做出不合格标记，根据不合格品管理规定予以隔离。

3) 将质量检验信息及时汇总分析，并反馈到有关部门，促使其改进质量。

施工过程中，施工施工单位是否按照设计图纸、技术操作规程、质量标准的要求实施，将直接影响到工程产品的质量。为此，监理单位必须进行各种必要的检验，避免出现工程缺陷和不合格产品。

二、质量检验的作用

要保证和提高建设项目的施工质量，除了检查施工技术和组织措施外，还要采用质量检验的方法，来检查施工者的工作质量。归纳起来，工程质量检验有以下作用：

(1) 质量检验的结论可作为产品验证及确认的依据。通过客观证据的提供和检查，来验明已符合规定（或特定）的要求叫“验证”（或确认）。只有通过质量检验，才能得到工程产品的质量特征值，才有可能和质量标准相比较，进而得到合格与否的判断。

(2) 质量问题的预防及把关。例如，严禁不合格的原材料、构配件进入施工现场或投入生产；尽早发现存在质量问题的灵、组、部件，避免成批不合格事件的发生；禁止出现不合格产品。

(3) 质量信息的反馈。通过检验，把产品存在的质量问题反馈给相应部门，找到出现质量问题的原因，在设计、施工、管理等方面采取针对性的措施，改进产品质量。

三、质量检验的职能

(1) 质量把关。确保不合格的原材料、构配件不投入生产；不合格的半成品不转入下一工序，不合格的产品不出厂。

(2) 预防质量问题。通过质量检验获得的质量信息有助于提前发现产品的质量问题，及时采取措施，制止其不良后果蔓延，防止其再次发生。

(3) 对质量保证条件的监督。质量检验部门按照质量法规及检验制度、文件的规定，不仅对直接产品进行质量检验，还要对保证生产质量的条件进行监督。

(4) 不仅被动地记录产品质量信息，还应主动地从质量信息分析质量问题、质量动态、质量趋势，反馈给有关部门作为提高产品质量的决策依据。

四、质量检验的类型

(一) 按照施工过程的阶段分

1. 进货检验

即对原材料、外购件、外协件的检验，又称进场检验。为了鉴定供货合同所确定的质量水平的最低限值，对首批样品进行较严格的进场检验，这即所谓“首检”。对于通过首检的原材料、外购件、外协件，在供货方有合格的质量保证体系保证产品生产的一致性和稳定性的条件下，以后提供的批产品所进行的逐批检验，一般都采取抽样检验，要求比进场检验一般要松一些，在特殊情况则使用全数检验。

2. 工序检验

即在生产现场进行的对工序半成品的检验。其目的在于防止不合格半成品流入下一道工序；判断工序质量是否稳定，是否满足工序规格的要求。

3. 成品检验

即对已完工的产品在验收交付前的全面检验。

施工单位的质量检验是施工单位内部进行的质量检验，包括从原材料进货直至交工的全过程中的全部质量检验工作，它是建设单位/监理单位及政府第三方质量控制、监督检验的基础，是质量把关的关键。

施工单位在工程施工中必须健全质量保证体系，认真执行初检、复检和终检的施工质量“三检制”，在施工中对工程质量进行全过程的控制。初检是搞好施工质量的基础，每道工序完成后，应由班组质检员填写初检记录，班组长复核签字。一道工序由几个班组连续施工时，要做好班组交接纪录，由完成该道工序的最后一个班填写初检记录；复检是考核、评定施工班组工作质量的依据，要努力工作提高一次检查合格率，由施工队的质检员与施工技术人员一起搞好复检工作，并填表写复检意见；终检是保证工程质量的关键，必须由质检处和施工单位的专职质检员进行终检，对分工序施工的单元工程，如果上一道工序未经终检或终检不合格，不得进行下一道工序的施工。

施工单位应建立检验制度，制定检验计划。质量检验用的检测器具应定期率定、校核；工地使用的衡器、量具也应定期鉴定、校准。对于从事关键工序操作和重要设备安装的工人，要经过严格的技术考核，达不到规定技术等级的不得顶岗操作。

通过严格执行上述有关施工质量自检的规定，以加强施工单位内部的质量保证体系，推行全面质量管理。

(二) 按检验内容和方式分

按质量检验的内容及方式，质量检验可分为以下五种。

1. 施工预先检验

施工预先检验是指工程在正式施工前所进行的质量检验。这种检验是防止工程发生差错、造成缺陷和不合格品出现的有力措施。例如，对原始基准点、基准线和参考标高的复核，对预埋件留设位置的检验；对预制构件安装中构件位置、型号、支承长度和标高的检验等。

2. 工序交接质量检验

工序交接质量检验主要指工序施工中上道工序完工即将转入下道工序时所进行的质量检验，它是对工程质量实行控制，进而确保工程质量的一种重要检验，只有做到一环扣一环，环环不放松，整个施工过程的质量就能得到有力的保障；一般来说，它的工作量最大。其主要作用为：评价施工单位的工序施工质量；防止质量问题积累或下流；检验施工技术措施、工艺方案及其实施的正确性；为工序能力研究和质量控制提供数据。因此，工序质量交接检验必须坚持上道工序不合格就不能转入下道工序的原则。例如，在混凝土进行浇筑之前，要对模板的安装、钢筋的架立绑扎等进行检查。

3. 原材料、中间产品和工程设备质量确认检验

原材料、中间产品和工程设备质量确认检验是指根据合同规定及质量保证文件的要求，对所有用于工程项目的器材的可信性及合格性作出有根据的判断，从而决定其是否可以投用。原材料、中间产品和工程设备质量确认检验的主要目的是判定用于工程项目的原材料、中间产品和工程设备是否符合合同中规定的状态，同时，通过原材料、中间产品和工程设备质量确认检验，能及时发现质量检验工作中存在的问题，反馈质量信息。如对进场的原材料（砂、石、骨料、钢筋、水泥等）、中间产品（混凝土预制件、混凝土拌和物等）、工程设备（闸门、水轮机等）的质量检验。

4. 隐蔽工程验收检验

隐蔽工程验收检验，是指将被其他工序施工所隐蔽的工序、分部工程，在隐蔽前所进

行的验收检验。如基础施工前对地基质量的检验，混凝土浇筑前对钢筋，模板工程的质量检验，大型钢筋混凝土基础、结构浇筑前对钢筋、预埋件、预留孔、保护层、模内清理情况的检验等。实践证明，坚持隐蔽工程验收检验，是防止质量隐患，确保工程质量的重要措施。隐蔽工程验收检验后，要办理隐蔽工程检验签证手续，列入工程档案。施工施工单位要认真处理监理单位在隐蔽工程检验中发现的问题。处理完毕后，还需经监理单位复核，并写明处理情况。未经检验或检验不合格的隐蔽工程，不能进行下道工序施工。

5. 完工验收检验

完工验收检验是指工程项目竣工验收前对工程质量水平所进行的质量检验。它是对工程产品的整体性能进行全方位的一种检验。完工验收检验是进行正式完工验收的前提条件。

（三）按工程质量检验深度分

按工程质量检验工作深度分，可将质量检验分为全数检验、抽样检验和免检三类。

1. 全数检验

全数检验也称普遍检验，是对工程产品逐个、逐项或逐段的全面检验。在建设项目施工中，全数检验主要用于关键工序及隐蔽工程的验收。

关键工序及隐蔽工程施工质量的好坏，将直接关系到工程的质量，有时会直接关系到工程的使用功能及效益。因此质量检验专职人员有必要对隐蔽工程的关键工序进行全数检验。如在水库混凝土大坝的施工中，在每仓混凝土开仓之前，应对每一仓位进行质量检验，即进行全数检验。

归纳起来，遇到下列情况应采取全数检验：

(1) 质量十分不稳定的工序。

(2) 质量性能指标对工程项目的安全性、可靠性起决定性作用的项目。

(3) 质量水平要求高，对下道工序有较大影响的项目（包括原材料、中间产品和工程设备）等。

2. 抽样检验

在施工过程中进行质量检验，由于工程产品（或原材料）的数量相当大，人们不得不进行抽样检验，即从工程产品（或原材料）中抽取少量样品（即样组），进行仔细检验，借以判断工程产品或原材料批的质量情况。

常用在下列几种情况下：

(1) 检验是破坏性的，如对钢筋的试验。

(2) 检验的对象是连续体，如对混凝土拌和物的检验等。

(3) 质量检验对象数量多，如对砂、石骨料的检验。

(4) 对工序进行质量检验。

3. 免检

免检是指对符合规定条件的产品，在其免检有效期内，免于国家、省、市、县各级政府监管部门实施的常规性质量监督检查。企业要申请免检，除具备独立法人资格，能保证稳定生产以外，执行的产品质量自定标准还必须达到或严于国家标准、行业标准的要求，

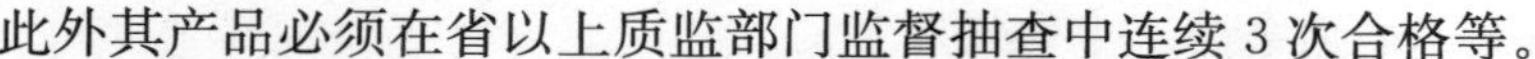

此外其产品必须在省以上质监部门监督抽查中连续3次合格等。

为保证质量，质监部门对免检企业和免检产品实行严格的后续监管。国家质检总局会不定期对免检产品进行国家监督抽查，出现不合格的督促企业整改；严重不合格的，撤销免检资格。在免检期，免检企业还必须每年提供产品检验报告。免检企业到期，需重新申请的，质监部门还要再次核查免检产品质量是否持续符合免检要求，对不符合的，不再给予免检资格。

五、水利水电工程质量检验程序

(1) 工程质量检验包括施工准备检查，中间产品与原材料质量检验，水工金属结构、启闭机及机电产品质量检查，单元工程质量检验，质量事故检查及工程外观质量检验等程序。

(2) 施工准备检查。主体工程开工前，施工单位应组织人员对施工准备工作进行全面检查，并经建设（监理）单位确认合格后才能进行主体工程施工。

(3) 中间产品与原材料质量检验。施工单位应按《评定标准》及有关技术标准对中间产品与水泥、钢材等原材料质量进行全面检验，不合格产品，不得使用。

(4) 水工金属结构、启闭机及机电产品质量检查。安装前，施工单位应检查是否有出厂合格证、设备安装说明书及有关技术文件；对在运输和存放过程中发生的变形、受潮、损坏等问题应作好记录，并进行妥善处理。无出厂合格证或不符合质量标准的产品不得用于工程中。

(5) 单元工程质量检验。施工单位应严格按《评定标准》检验工序及单元工程质量，作好施工记录，并填写《水利水电工程施工质量评定表》。建设（监理）单位根据自己抽检的资料，核定单元工程质量等级。发现不合格单元工程，应按设计要求及时进行处理，合格后才能进行后续单元工程施工。对施工中的质量缺陷要记录备案，进行统计分析，并记入相应单元工程质量评定表“评定意见”栏内。

(6) 施工单位应按月将中间产品质量及单元工程质量等级评定结果报建设（监理）单位，由建设（监理）单位汇总后报质量监督机构。

(7) 工程外观质量检验。单位工程完工后，由质量监督机构组织建设（监理）、设计及施工等单位组成工程外观质量评定组，进行现场检验评定。参加外观质量评定的人员，必须具有工程师及其以上技术职称。评定组人数不应少于5人，大型工程不宜少于7人。

六、合同内和合同外质量检验

(一) 合同内质量检验

合同内检验是指合同文件中作出明确规定的质量检验，包括工序、材料、设备、成品等的检验。监理单位要求的任何合同内的质量检验，不论检验结果如何，监理单位均不为此负任何责任。施工单位应承担质量检验的有关费用。

(二) 合同外质量检验

对于合同外的质量检验，在FIDIC《施工合同条件》（1999年第1版）、GF 2000—0208《水利水电土建工程施工合同条件》、《中华人民共和国标准施工招标文件》（2007年版）中规定是有区别的。

1.《水利水电土建工程施工合同条件》中的规定

合同外质量检验是指下列任何一种情况的检验：

(1) 额外检验。若监理单位要求施工单位对某项材料和工程设备的检查和检验在合同中未作规定，监理单位可以指示施工单位增加额外检验，施工单位应遵照执行，但应由建设单位承担额外检验的费用和工程延误责任。

(2) 重新检验。不论何种原因，若监理单位对以往的检验结果有疑问时，可以指示施工单位重新检验，施工单位不得拒绝。若重新检验结果证明这些材料和工程设备不符合合同要求，则应由施工单位承担重新检验的费用和工期延误责任；若重新检验结果证明这些材料和工程设备符合合同要求，则应由建设单位承担重新检验的费用和工期延误责任。

2. FIDIC 条款中的规定

合同外质量检验是指下列任何一种情况的检验：

(1) 合同中未曾指明或规定的检验。

(2) 合同中虽已指明或规定，但监理工程师要求在现场以外其他任何地点进行的检验。

(3) 要求在被检验的材料、工程设备的制造、装备或准备地点以外的任何地点进行的质量检验等。

合同外质量检验应分两种情况来区分责任。如果检验表明施工施工单位的操作工艺、工程设备、材料没有按照合同规定，使监理单位满意，则其检验费用及由此带来的一切其他后果（如工期延误等），应由施工施工单位负担。如果属于其他情况，则监理工程师应在与业主和施工施工单位协商之后，施工单位有获得延长工期的权力，以及应在合同价格中增加有关费用。

3.《中华人民共和国标准施工招标文件》中的规定

(1) 承包人按合同规定覆盖工程隐蔽部位后，监理人对质量有疑问的，可要求承包人对已覆盖的部位进行钻孔探测或揭开重新检验，承包人应遵照执行，并在检验后重新覆盖恢复原状。经检验证明工程质量符合合同要求的，由发包人承担由此增加的费用和（或）工期延误，并支付承包人合理利润；经检验证明工程质量不符合合同要求的，由此增加的费用和（或）工期延误由承包人承担。

(2) 监理人对承包人的试验和检验结果有疑问的，或为查清承包人试验和检验成果的可靠性要求承包人重新试验和检验的，可按合同约定由监理人与承包人共同进行。重新试验和检验的结果证明该项材料、工程设备或工程的质量不符合合同要求的，由此增加的费用和（或）工期延误由承包人承担；重新试验和检验结果证明该项材料、工程设备和工程符合合同要求，由发包人承担由此增加的费用和（或）工期延误，并支付承包人合理利润。

2010 年 2 月 1 日开始施行的《水利水电工程标准施工招标文件》(2009 年版）中对于额外检验、重新检验方面的规定全文引用了《中华人民共和国标准施工招标文件》。

在工程检验方面，无论采用哪种合同文本，监理工程师都有权决定是否进行合同外质量检验，施工单位项目部对于监理工程师的额外检验、重新检验应予以积极配合，提供方便。但施工单位项目部应根据合同规定及检验结果及时提出相应费用补偿要求，以保护自身利益。值得注意的是，虽然监理工程师有权决定是否进行合同外检验，但应慎重决定合同外检验，以减少索赔。

第二节 抽样检验原理

一、抽样检验的基本概念

(一) 抽样检验的定义

质量检验按检验数量通常分为全数检验、抽样检验和免检。全数检是对每一件产品都进行检验，以判断其是否合格。全数检验常用在非破坏性检验，批量小、检查费用少或稍有一点缺陷就会带来巨大损失的场合等。但对很多产品来讲，全数检验是不可能往往也是不必要的，在很多情况下常常采用抽样检验。采用抽样检验有其更深的质量经济学含义：在制定抽样方案时，考虑检验一个产品所需的费用、被检验批的某个质量参数（如不合格品率、单位产品的平均缺陷数等）的先验分布、接收不合格批所造成的损失和拒收合格批所造成的影响等因素，找出一个使总费用（总检验费用与各项损失的总和）最小的最佳抽样方案。

抽样检验是按数理统计的方法，利用从批或过程中随机抽取的样本，对批或过程的质量进行检验，如图 5－1 所示。

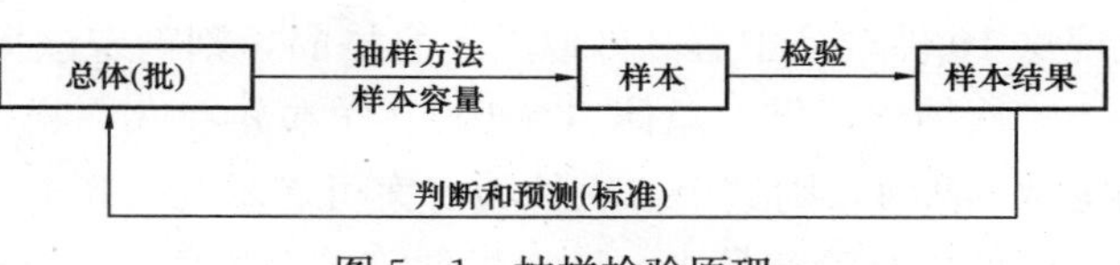

图 5－1 抽样检验原理

(二) 抽样检验的分类

抽样检验按照不同的方式进行分类，可以分成不同的类型。

1. 按统计抽样检验的目的分类

(1) 预防性抽样检验：在生产过程中，通过对产品进行检验，来判断生产过程是否稳定或正常，这种主要是为了预测、控制工序（过程）质量而进行的检验。

(2) 验收性抽样检验：从一批产品中随机地抽取部分产品（称为样本），检验后根据样本质量的好坏，来判断这批产品的好坏，从而决定接收还是拒收。

(3) 监督抽样检验：第三方，政府主管部门、行业主管部门，如质量技术监督局的检验，主要是为了监督各生产部门。

2. 按单位产品的质量特征分类

(1) 计数抽样检验：在判定一批产品是否合格时，只用到样本中不合格数目或缺陷数，而不管样本中各单位产品的特征的测定值如何的检验判断方法。

1) 计件：用来表达某些属性的件数，如不合格品数。

2) 计点：一般适用产品外观，如混凝土的蜂窝、麻面数。

(2) 计量抽样检验：定量地从批中随机抽取的样本，利用样本中各单位产品的特征值来判定这批产品是否合格的检验判断方法。

计数抽样检验与计量抽样检验的根本区别在于，前者是以样本中所含不合格品（或缺陷）个数为依据；后者是以样本中各单位产品的特征值为依据。

3. 按抽取样本的次数分类

（1）一次抽样检验：仅需从批中抽取一个大小为 n 的样本，便可判断该批接受与否。

（2）二次抽样检验：抽样可能进行两次，对第一个样本检验后，可能有三种结果，即接受、拒收、继续抽样。若得出“继续抽样”的结论，抽取第二个样本进行检验，最终作出接受还是拒收的判断。

（3）多次抽样检验：可能需要抽取两个以上具有同等大小样本，最终才能对批作出接受与否判定。是否需要第 i 次抽样要根据前次（$i-1$ 次）抽样结果而定。多次抽样操作复杂，需做专门训练。ISO 2859 中多次抽样多达 7 次；GB 2898—1987 中为 5 次。因此，通常采用 1 次或 2 次抽样方案。

（4）序贯抽样检验：事先不规定抽样次数，每次只抽一个单位产品，即样本量为 1，据累积不合格品数判定批合格/不合格还是继续抽样时适用。针对价格昂贵、件数少的产品可使用。

一次抽样示例：总体 $N=100$，样本 $n=10$，合格判定数 $C=1$，则这个一次抽检方案表示为（100，10，1）。其含义是指从批量为 100 件的交验产品中，随机抽取 10 件，检验后，如果在这 10 件产品中不合格品数为 0 或 1，则判定该批产品合格，予以接收；如果发现这 10 件产品中有 2 件以上不合格品，则判定该批产品不合格，予以拒收。

二次抽样示例：总体 $N=100$，样本 $n_1=40$，样本 $n_2=60$，合格判定数 $C_1=2$，合格判定数 $C_2=4$，则这个二次抽检方案可表示为（100，40，60；2，4）。其含义是指从批量为 100 件的交验产品中，随机抽取第一个样本 $n_1=40$ 件进行检验，若发现 n_1 中的不合格品数为 d_1：

（1）若 $d_1<2$，则判定该批产品合格，予以接收。

（2）若 $d_1>4$，则判定该批产品不合格，予以拒收。

（3）若 $2<d_1\leqslant 4$（即在 n 件中发现的不合格品数为 3、4 件），则不对该批产品合格与否作出判断，需要继续抽取第二个样本，即从同批产品中随机抽取 60 件进行检验，记录中的不合格品数：

1）若 $d_1+d_2\leqslant 4$，则判定该批产品合格，予以接收；

2）若 $d_1+d_2>4$，则判定该批产品不合格，予以拒收。

4. 按抽样方案的制定原理来分类

（1）标准型抽样方案：该方案为保护生产方利益，同时保护使用方利益，预先限制生产方风险 α 的大小而制定的抽样方案。

（2）挑选型抽样方案：对经检验判为合格的批，只要替换样本中的不合格品；而对于经检验判为拒收的批，必须全检，并将所有不合格全替换成合格品。即事先规定一个合格判定数 C，然后对样本按正常抽样检验方案进行检验，通过检验若样本中的不合格品数为 d，则当 $d\leqslant C$ 时，该批为合格；若 $d>C$，则对该批进行全数检验。这种抽样检验适用于不能选择供应厂家的产品（如工程材料、半成品等）检验及工序非破坏性检验。

(3) 调整型抽样方案：该类方案由一组方案（正常方案、加严方案和放宽方案）和一套转移规则组成，根据过去的检验资料及时调整方案的宽严。该类方案适用于连续批产品。

(三) 抽样方法

在进行抽取样本时，样本必须代表批，为了取样可靠，以随机抽样为原则，随机抽样不等于随便抽样，它是保证在抽取样本过程中，排除一切主观意向，使批中的每个单位产品都有同等被抽取的机会的一种抽样方法。也就是说，取样要能反映群体的各处情况，群体中的个体，取样的机会要均等。按以下方法执行，能大致符合随机抽样的原则。

1. 简单的随机抽样

一般来说，设一个总体含有 N 个个体，从中逐个不放回地抽取 n 个个体作为样本 ($n \leqslant N$)，如果每次抽取时总体内的各个个体被抽到的机会都相等，就把这种抽样方法叫做简单随机抽样。简单随机抽样最基本的抽样方法，分为重复抽样和不重复抽样。在重复抽样中，每次抽中的单位仍放回总体，样本中的单位可能不止一次被抽中；不重复抽样中，抽中的单位不再放回总体，样本中的单位只能抽中一次。简单的随机抽样主要有直接抽选法、随机数表法、抽签法等。

2. 分层随机抽样

当批是由不同因素的个体组成时，为了使所抽取的样本更具有代表性，即样本中包含有各种因素的个体，则可采用分层抽样法。

分层抽样是将总体（批）分成若干层次，尽量使层内均匀，层与层之间不均匀，这些层中选取样本。通常可按下列因素进行分层：

(1) 操作人员：按现场分、按班次分、按操作人员的经验分。

(2) 机械设备：按使用的机械设备分。

(3) 材料：按材料的品种分、按材料进货的批次分。

(4) 加工方法：按加工方法、安装方法分。

(5) 时间：按生产时间（上午、下午、夜间）分。

(6) 按气象情况分。

分层抽样多用于工程施工的工序质量检验中，以及散装材料（如砂、石、水泥等）的验收检验中。

3. 两级随机抽样

当许多产品装在箱中，且许多货箱又堆积在一起构成批量时，可以首先作为第一级对若干箱进行随机抽样，然后把挑选出的箱作为第二级，再分别从箱中对产品进行随机抽样。

4. 系统随机抽样

当对总体实行随机抽样有困难时，如连续作业时取样、产品为连续体时取样，可采用一定间隔进行抽取的抽样方法称为系统抽样。例如：现要求坝体回填的下沉值，由于坝体是连续体，可采取每米或几米测定一点（或二点）的办法，作抽样测定。系统抽样还适合流水生产线上的取样，但应注意，当产品质量特性发生变化时会产生较大偏差。

（四）抽样检验中的两类风险

由于抽样检验的随机性，抽样检验存在下列两种错误判断（风险）：

(1) 第一类风险：本来是合格的交验批，有可能被错判为不合格批，这对生产方是不利的，这类风险也可称为承包商风险或第一类错误判断，其风险大小用 α 表示。

(2) 第二类风险：将本来不合格的交验批，有可能错判为合格批，将对使用方产生不利。第二类风险又称用户风险或第二类错误判断，其风险大小用 β 表示。

二、计数型抽样检验

（一）计数型抽样检验中的几个基本概念

1. 一次抽样方案

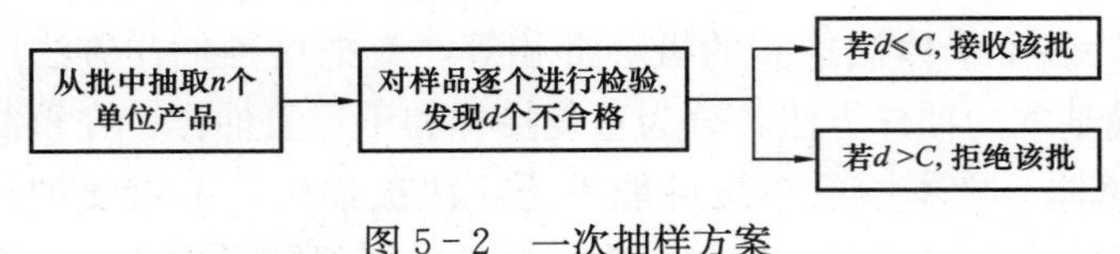

图 5-2　一次抽样方案

一次抽样方案：抽样方案是一组特定的规则，用于对批进行检验、判定。它包括样本量 n 和判定数 C，如图 5-2 所示。

2. 接受概率

接受概率是根据规定的抽样检验方案将检验批判为合格而接受的概率。一个既定方案的接受概率是产品质量水平，即批不合格品率 p 的函数，用 $L(p)$ 表示。

检验批的不合格品率 p 越小，接受概率 $L(p)$ 就越大。对方案（n，C），若实际检验中，样本的不合格品数为 d，其接受概率计算公式是

$$L(p) = P(d \leqslant C)$$

式中　$P(d\leqslant C)$——样本中不合格品数为 $d\leqslant C$ 时的概率。

其中，批不合格品率 p 是指批中不合格品数占整个批量的百分比，即

$$p = \frac{D}{N} \times 100\%$$

式中　D——批中不合格数；

N——批量数。

批不合格百分率是衡量一批产品质量水平的重要指标。

3. 接受上界 p_0 和拒收下界 p_1

接受上界 p_0：在抽样检查中，认为可以接受的连续提交检查批的过程平均上限值，称为合格质量水平。设交验批的不合格率为 p，当 $p\leqslant p_0$ 时，交验批为合格批，可接受。

拒收下界 p_1：在抽样检查中，认为不可接受的批质量下限值，称为不合格质量水平。设交验批的不合格率为 p，当 $p\geqslant p_1$ 时，交验批为不合格批，应拒受。

4. OC 曲线

(1) OC 曲线的概念。当用一个确定的抽检方案对产品批进行检查时，产品批被接收的概率是随产品批的批不合格品率 p 变化而变化的，它们之间的关系可以用一条曲线来

表示，这条曲线称为抽样特性曲线，简称为 OC 曲线，如图 5－3 所示。OC 曲线的特点如下：

1）$0\leqslant P\leqslant 1$，$0\leqslant L(p)\leqslant 1$。

2）曲线总是单调下降。

3）抽样方案越严格，曲线越往下移。固定 C，n 越大，方案越严格；固定 n，C 越小，方案越严格，所以，当 N 增加，n、C 不变时，OC 曲线会趋向平缓，使用方风险增加；而当 N 不变，n 增加或 C 减少时，OC 曲线会急剧下降，生产方风险增加。

图 5－4～图 5－6 分别反映了 N、n、C 对 OC 曲线的影响。

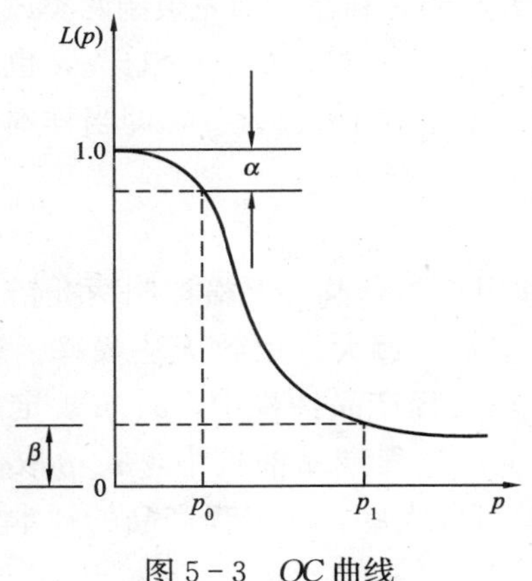

图 5－3　OC 曲线

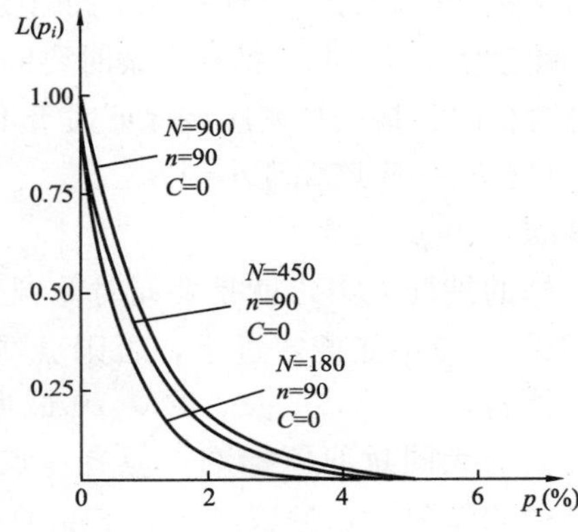

图 5－4　N 对 OC 曲线的影响

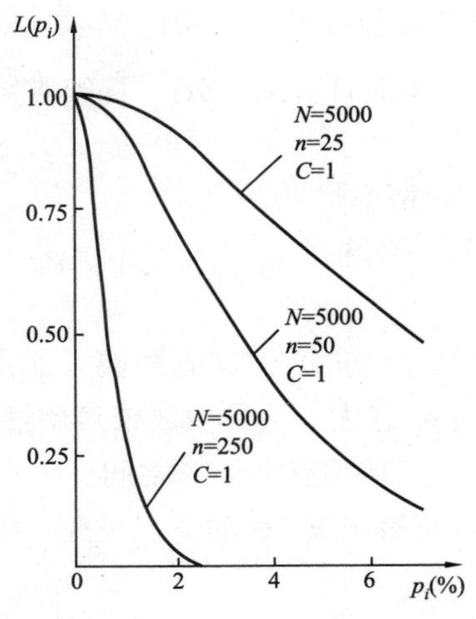

图 5－5　n 对 OC 曲线的影响

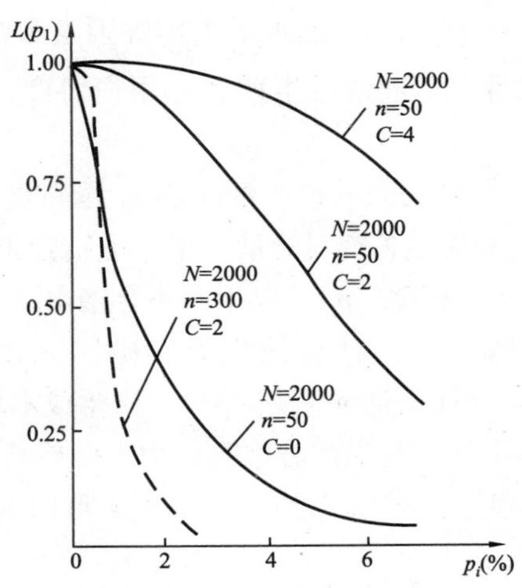

图 5－6　C 对 OC 曲线的影响

因此，人们在实践中可以采取以下措施：在稳定的生产状态下，可以增大产品的批量，以相对降低检验费用，而抽样检验的风险则几乎不变。

（2）OC 曲线的用途：

1）曲线是选择和评价抽样方案的重要工具。由于 OC 曲线能形象地反映出抽样方案的特征，在选择抽样方案过程中，可以通过多个方案 OC 曲线的 分析对比，择优使用。

2）估计抽样检验的预期效果。通过 OC 曲线上的点可以估计连续提交批的给出过程平均不合格率和它的接收概率。

（二）计数型抽样检验方案的设计思想

一个合理的抽样方案，不可能要求它保证所接收的产品 100%是合格品，但要求它对于不合格率满足规定标准的批以高概率接收；而对于合格率不满足规定标准的批以高概率拒收。

计数型抽样检验方案设计是为了同时保障生产方和顾客利益，预先限制两类风险 α 和 β 前提下制定的，所以制定抽样方案时要同时满足：①$p \leqslant p_0$ 时，$L(p) \geqslant 1-\alpha$，也就是当样本抽样合格时，接受概率应该保证大于 $1-\alpha$；②$p \geqslant p_1$ 时，$L(p) \leqslant \beta$，即当样本抽样不合格时，接受概率应该保证小于 β。

1．确定 α 和 β

一个好的抽样方案，就是要同时兼顾生产者和用户的利益，严格控制两类错误判断概率。但是 α、β 不能规定过小，否则会造成样本容量 n 过大，以致无法操作。就一般工业产品而言，α 取 0.05 及 β 取 0.10 最为常见；在工程产品抽检中，α、β 规定多少才合适，目前尚无同意取值标准。但有一点可以肯定，工程产品抽检中，α、β 取值远比工业产品的取值要大，原因是工业产品的样本容量可以大些，而工程产品的样本容量要小些。

2．确定 p_0 和 p_1

（1）确定 p_0。p_0 的水平受多种因素影响，如产品的检查费用、缺陷类别、对产品的质量要求等。一般通过生产者和用户协商，并辅以必要的计算来确定。它的确定分两种情况：

1）根据过去的资料，可以把 p_0 选在过去平均不合格率附近。

2）在缺乏过去资料的情况下，可结合工序能力调查来选择 p_0，$p_0=p_U+p_L$。其中 p_U 为超上限不合格率，p_L 为超下限不合格率。

（2）确定 p_1。抽样检验方案中，p_1 的选取应与 p_0 拉开一定的距离，p_1/p_0 过小（如≤3），往往增加 n（抽样量），检验成本增加；p_1/p_0 过大，会导致放松对质量的要求，对使用方不利，对生产方也有压力。一般情况下，p_1/p_0 的值在 4～10 之间。

（3）根据 α 和 β、p_0 和 p_1 的值，可以通过查表计算得出 n、C 的值。至此，抽样方案即已确定。

三、计量型抽样检验方案

计量抽样检查适用于有较高要求的质量特征值，而它可用连续尺度度量，并服从于正态分布，或经数据处理后服从正态分布。

（一）计量型抽样检验中的几个基本概念

1．规格限

规定的用以判断单位产品某计量质量特征是否合格的界限值。

规定的合格计量质量特征最大值为上规格限（U），规定的合格计量质量特征最小值是下规格限（L）。

仅对上或下规格限规定了可接受质量水平的规格限，称为单侧规格限；同时对上或下规格限规定了可接受质量水平的规格限，是双侧规格限。

2. 上质量统计量、下质量统计量

上规格限、样本均值和样本标准差的函数是上质量统计量，符号为 Q_U，表达式如下

$$Q_U = \frac{U - \overline{X}}{S} \tag{5-1}$$

式中　$\overline{X}$——样本均值；

S——样本标准差。

下规格限，样本均值和样本标准差的函数是下质量统计量，符号为 Q_L，表达式如下

$$Q_L = \frac{\overline{X} - L}{S} \tag{5-2}$$

3. 接收常数（k）

由可接收质量水平和样本大小所确定的用于判断批接受与否的常数。它给出了可接收批的上质量统计量和（或）下质量统计量的最小值。

（二）计量型抽样检验方案的设计思想

计量抽样检验，对单位产品的质量特征，必须用某种与之对应的连续量（如时间、质量、长度等）实际测量，然后根据统计计算结果（如均值、标准差或其他统计量等）是否符合规定的接收判定值或接收准则，对批进行判定。

抽取大小为 n 的样本，测量其中每个单位产品的计量质量特性值 X，然后计算样本均值 $\overline{X}$ 和样本标准差 S。

（1）根据均值是否符合接收判定值，对批进行判定，如图 5-7 所示。

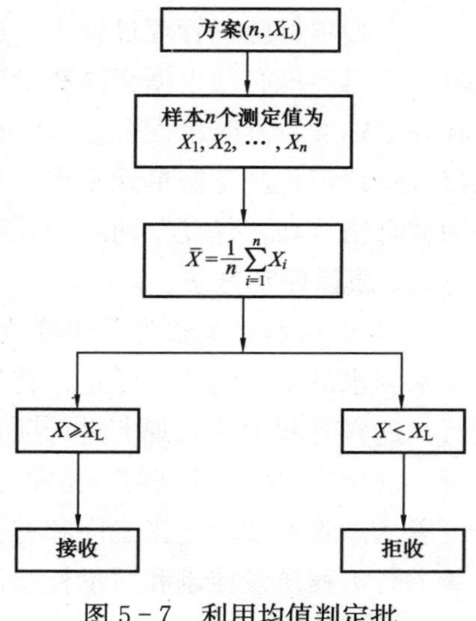

图 5-7　利用均值判定批

（2）根据上、下质量统计是否符合接收判定值，对批进行判定。

对于单侧上规格限，计算上质量统计量

$$Q_U = \frac{U - \overline{X}}{S} \tag{5-3}$$

若 $Q_U \geqslant k$，则接收该批；若 $Q_U < k$，则拒收该批。

对于单侧下规格限，计算下质量统计量

$$Q_L = \frac{\overline{X} - L}{S} \tag{5-4}$$

若 $Q_L \geqslant k$，则接收该批；若 $Q_L < k$，则拒收该批。

对于分立双侧规格限，同时计算上、下质量规格限。若 $Q_L \geqslant k_L$，且 $Q_U \geqslant k_U$，则接收该批；若 $Q_L < k_L$ 或 $Q_U < k_U$，则拒收该批。

第三节 水利水电工程质量评定

工程质量评定是依据某一质量评定的标准和方法，对照施工质量的具体情况，确定质量等级的过程。为了提高水利水电工程的施工质量水平，保证工程质量符合设计和合同条款的规定，同时也是为了衡量施工单位的施工质量水平，全面评价工程的施工质量，对水利水电工程进行评优和创优工作，在工程交工和正式验收前，应按照合同要求和国家有关的工程质量评定标准和规定，对工程质量进行评定，以鉴定工程是否达到合同要求，能否进行验收，以及作为评优的依据。作为施工单位而言，参考对应的评定标准进行自评，严格把关，将是整个项目质量评定的基础。

一、工程质量评定的依据

水利水电工程施工质量等级评定的主要依据有：①国家及相关行业技术标准，如DL/T 5113—2005《水利水电基本建设工程单元工程质量等级评定标准》、SL 223—2008《水利水电建设验收规程》等；②经批准的设计文件、施工图纸、金属结构设计图样与技术条件、设计修改通知书、厂家提供的设备安装说明书及有关技术文件；③工程承发包合同中约定的技术标准；④工程施工期及试运行期的试验和观测分析成果；⑤施工期的试验和观测分析成果。

在工程项目施工管理过程中，进行工程项目质量的评定，是施工项目质量管理的重要内容。项目经理必须根据合同和设计图纸的要求，严格执行国家颁发的有关工程项目质量检验评定标准，及时地配合监理工程师、质量监督站等有关人员进行质量评定手续。工程项目质量评定程序是按单元工程、分部工程、单位工程依次进行；工程项目质量等级，均分为“合格”和“优良”两级，凡不合格的项目则不予验收。

二、质量评定方法

(一) 水利水电工程质量评定的项目划分

水利水电工程的质量评定，首先应进行评定项目的划分。划分时，应从大到小的顺序进行，这样有利于从宏观上进行项目评定的规划，不至于在分期实施过程中，从低到高评定时出现层次、级别和归类上的混乱。质量评定时，应从低层到高层的顺序依次进行，这样可以从微观上按照施工工序和有关规定，在施工过程中把好施工质量关，由低层到高层逐级进行工程质量控制和质量检验评定。

1. 基本概念

水利水电工程项目按级划分为单位工程（扩大单位工程）、分部工程、单元（工序）工程等三级。工程中永久性房屋（管理设施用房）、专用公路、专用铁路等工程项目，可按相关行业标准划分和确定项目名称。

水利水电工程一般可分为若干个扩大单位工程。

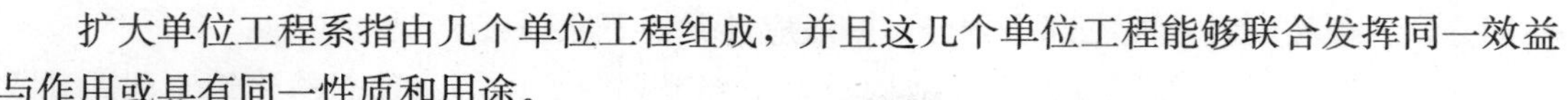

扩大单位工程系指由几个单位工程组成，并且这几个单位工程能够联合发挥同一效益与作用或具有同一性质和用途。

单位工程系指能独立发挥作用或具有独立的施工条件的工程，通常是若干个分部工程完成后才能运行使用或发挥一种功能的工程。单位工程常常是一座独立建（构）筑物，特殊情况下也可以是独立建（构）筑物中的一部分或一个构成部分。

分部工程系指组成单位工程的各个部分。分部工程往往是建（构）筑物中的一个结构部位，或不能单独发挥一种功能的安装工程。

单元工程是依据设计、施工或质量评定要求把建筑物划分为若干个层、块、区、段来确定的，通常是由若干工序完成的综合体，是施工过程质量评定的基本单位。

2. 单元工程与国标（GB）分项工程的区别

(1) 分项工程一般按主要工种工程划分，可以由大工序相同的单元工程组成。如：土方工程、混凝土工程是分项工程，在国标中一般就不再向下分，而水利部颁发的标准中，考虑到水利工程的实际情况，像土坝、砌石、混凝土坝等，如作为分项工程，则工程量和投资都可能很大，也可能一个单位工程仅有这一个分项工程，按国标进行质量检验评定显然不合理。为了解决这个问题，质量评定项目划分时可以继续向下分成层、块、段、区等。为便于与国标分项工程区别，我们把质量评定项目划分时的最小层、块、段、区等叫作单元工程。

(2) 分项工程这个名词概念，过去在水利工程验收规范、规程中也经常提到，一般是和设计规定基本一致的，而且多用于安装工程。执行单元工程质量检验评定标准以来，分项工程一般不作为水利工程日常质量考核的基本单位。在质量评定项目规划中，根据水利工程的具体情况，分项工程有时划为分部工程，有时又划为单元工程。单元工程有时由多个分项工程组成，如一个钢筋混凝土单元就包括有棋板制作安装、钢筋绑扎和焊接、混凝土拌制和浇筑等多个分项工程；有时由一个分项工程组成。即单元工程可能是一个施工工序，也可能是由若干个工序组成。

(3) 国标中的分项工程完成后不一定形成工程实物量，或者仅形成未就位安装的零部件及结构件，如模板分项工程、钢筋焊按、钢筋绑扎分项工程、钢结构件焊接制作分项工程等。单元工程则是一个工种或几个工种施工完成的最小综合体，是形成工程实物量或安装就位的工程。

3. 项目划分原则

质量评定项目划分总的指导原则是：贯彻执行国家正式颁布的标准、规定，水利工程以水利行业标准为主，其他行业标准参考使用。如房屋建筑安装工程按分项工程、分部工程、单位工程划分；水工建筑安装工程按单元工程、分部工程、单位工程、扩大单位工程划分等。水利水电工程项目划分应结合工程结构特点、施工部署及施工合同要求进行，划分结果应有利于保证施工质量以及施工质量管理。设计结构特点指建筑物的结构特点，如混凝土重力坝，可按坝段进行项目划分，土石坝则应按防渗体、坝壳及排水堆石体等进行项目划分。

(1) 单位工程划分原则。单位工程通常可以是一项独立的工程，也可以是独立工程的一部分，一般按设计及施工部署划分，一般应遵循如下原则：

1）枢纽工程：枢纽工程按设计结构及施工部署划分，以每座独立的建筑工程或独立发挥作用的安装工程为单位工程。工程规模大时，也可将一个建筑物中具有独立施工条件的一部分划为一个单位工程。例如，发电工程可以划分为地面发电厂房、地下厂房、坝内式发电厂房。

2）渠道工程：按渠道级别（干、支渠）或工程建设期、段划分，以一条干（支）渠或同一建设期、段的渠道工程为一个单位工程。投资或工程量大的渠道建筑物也可以每座独立的建筑物为一个单位工程，如进水闸、分水闸、隧洞。

3）堤防工程：依据设计及施工部署，以堤身、堤岸防护、交叉联结建筑物分别列为单位工程，如堤身工程、堤岸防护工程等。

4）除险加固工程，按招标标段或加固内容，并结合工程量划分单位工程。除险加固工程因险情不同，其除险加固内容和工程量也相差很大，应按实际情况进行项目划分。加固工程量大时，以同一招标标段中的每座独立建筑物的加固项目为一个单位工程，当加固工程量不大时，也可将一个施工单位承担完成的几个建筑物的加固项目划分为一个单位工程。

（2）分部工程划分原则。现行的水利水电工程施工质量等级评定标准是以优良个数占总数的百分率计算的。分部工程的划分主要是依据建筑物的组成特点及施工质量检验评定的需要来进行划分。分部工程划分是否恰当，对单位工程质量等级的评定影响很大。因此，分部工程的划分应遵循如下原则：

1）枢纽工程的土建工程按设计的主要组成部分划分为分部工程；金属结构、启闭机及机电设备安装工程根据 SL 176—2007《水利水电工程施工质量检验与评定规程》（以下简称《评定规程》）按组合功能划分分部工程；渠道工程按施工部署和长度划分分部工程；堤防工程依据长度和功能划分分部工程；除险加固工程，按加固内容或部位划分分部工程。

2）同一单位工程中，同类型的各个分部工程的工程量不宜相差太大，不同类型的各个分部工程投资不宜相差太大。"工程量不宜相差太大"指同种类分部工程（如几个混凝土分部工程）的工程量差值不超过 50%，"投资不相差太大"指不同种类分部工程（如混凝土分部工程、砌石分部工程、闸门及启闭机安装分部工程等）的投资差值不宜超过 1 倍。

3）每个单位工程的分部工程数目，不宜少于 5 个。

（3）单元工程划分原则。单元工程是分部工程中由几个工程施工完成的最小综合体，是日常考核工程质量的基本单位。对不同类型的工程，有各自单元工程划分的办法。

水利水电工程中的单元工程一般有三种类型，即有工序的单元工程、不分工序的单元工程和由若干个桩（孔）组成的单元工程。例如，钢筋混凝土单元工程可以分为基础面或施工缝处理、模板、钢筋、止水伸缩缝安装、混凝土浇筑五个工序；岩石边坡开挖单元工程质量只有一个工序，分为保护层开挖、平均坡度、开挖坡面的检查等几个检查项目；若干戈桩

（孔）组成的单元工程主要指基础处理工程中的桩基和灌浆工程中的造孔灌浆工程。

水利水电工程单元工程是依据设计结构、施工部署或质量考核要求，把建筑物划分为若干个层、块、段来确定单元工程。例如，岩石边坡开挖工程是按设计或施工检查验收的区、段划分，每一个区、段为一个单元工程；混凝土工程是按混凝土浇筑仓号，每一仓号为一个单元工程；岩石地基水泥灌浆工程中，帷幕灌浆以同序相邻的10～20孔为一单元工程；固结灌浆工程则是按混凝土浇筑块、段划分，每一块、段的固结灌浆为一个单元工程。

4. 项目划分程序

（1）由项目法人组织监理、设计及施工等单位进行工程项目划分，并确定主要单位工程、主要分部工程、重要隐蔽单元工程和关键部位单元工程。项目法人在主体工程开工前将项目划分表及说明书面报相应质量监督机构确认。

（2）工程质量监督机构收到项目划分书面报告后，应在14个工作日内项目划分进行确认并将确认结果书面通知项目法人。

（3）工程实施过程中，需对单位工程、主要分部工程、重要隐蔽单元工程和关键部位单元工程的项目划分进行调整时，项目法人应重新报送工程质量监督机构进行确认。

（4）工程施工过程中，由于设计变更、施工部署的重新调整等诸多因素，需要对工程开工初期批准的项目划分进行调整。从有利于施工质量管理工作的连续性和施工质量检验评定结果的合理性，对不影响单位工程、主要分部工程、关键部位单元工程、重要隐蔽部位单元工程的项目划分的局部调整，由项目法人组织监理、设计和施工单位进行。但对影响上述工程项目划分的调整时，应重新报送工程质量监督机构进行确认。

【案例5-1】 ×××水利枢纽工程项目划分确认书。

工程项目划分确认书

______________________（单位）：

你单位报来的×××工程项目划分方案收悉。根据SL 176—2007《水利水电工程施工质量检验与评定规程》、DL/T 5113.1—2005《水利水电基本建设工程单元工程质量等级评定标准　第1部分：土建工程》及水建〔1995〕339号《水利工程施工质量检查评分办法》等有关规定，结合本工程的实际情况，经研究确认本工程项目划分为×××个单位工程，×××个分部工程，其中主要单位工程××个，主要分部工程×××个，____为重要隐蔽工程，____为工程关键部位。关于单元工程和主要单元工程划分，根据有关规程、规范规定和由参建单位共同制定的单元工程划分原则，由施工单位拿出方案，报监理单位审定，并报我站备案。执行中如遇到问题，请及时与我站联系。

附：×××水利枢纽工程项目划分（确认稿）

××质量监督站（章）

××××年×月×日

抄报：

抄送：工程参见单位

附：

××水利枢纽工程项目划分（确认稿）

××水利枢纽工程位于××地区××县境内的年楚河上，以灌溉、发电为主，兼有防洪、旅游等综合效益。水库容 1.55 亿 m^3，装机容量为 20MW，属于大（2）型工程。永久性建筑物主要由土质心墙土石坝、右岸泄洪洞、发电引水系统组成。土质心墙土石坝，长 287m，最大泄洪量为 1168m^3/s。发电引水隧洞为岸塔式进水口，引水隧洞及压力管道、地面发电厂房工程、地面升压变电工程、交通工程、永久性生活房屋及永久性辅助生产房屋共 8 个单位工程，81 个分部工程，2812 个单元工程（不包括公路、桥梁与房屋公程）。工程项目划分见表 5-1。

表 5-1　　××水利枢纽工程项目划分

工程类别	单位工程	分部工程	单元工程个数
拦河坝工程	△土质心墙土石坝	1. 地基开挖与处理	54
		2. 混凝土防渗墙	
		△（1）水下防渗墙	9
		△（2）水上楔形体	17
		△（3）帷幕灌浆及固结灌浆	4
		△3. 坝肩帷幕灌浆	10
		△4. 坝肩固结灌浆	11
		5. 黏土防渗心墙	
		△（1）4208m 以下	220
		△（2）4208m 以上	307
		6. 坝体填筑	
		△（1）4208m 以下	109
		△（2）4208m 以上	167
		7. 阻滑网	3
		8. 上游坝面护坡	14
		9. 下游坝面护坡	18
		10. 坝肩混凝土及喷锚	60
		11. 坝顶	65
		12. 观测设施	46
		△13. 大坝两岸连接段帷幕灌浆	7
泄洪工程	△泄洪闸	△1. 地基防渗及排水	22
		△2. 进口引水段及溢流堰	141
		3. 无压泄水段（龙抬头段）	66
		4. 无压泄水段（平段）	116
		5. 出口消能段	20
		6. 进口边坡处理	26
		7. 进口锚索	71
		8. 出口高边坡处理	43

续表

工程类别	单位工程	分部工程	单元工程个数
引水工程	△引水隧洞及压力管道工程	△1. 进水闸室段（土建）	30
		2. 进水闸室装修	8
		3. 进水口边坡处理	30
		4. 进水口锚索	47
		5. 隧洞开挖与衬砌	
		(1) 上平段	121
		(2) 斜井段	10
		(3) 下平段（混凝土）	13
		6. 调压井	29
		△7. 压力管道段	166
		8. 回填与固结灌浆	65
		9. 金属结构及启闭机安装	4
		10. 观测设施	8
发电工程	△地面发电厂房工程	1. 安装间	23
		2. 主机段	
		(1) 1、2 号机组段	36
		(2) 3、4 号机组段	37
		3. 尾水渠	26
		4. 副厂房	33
		5. 中控室	13
		6. 水轮发电机组安装	
		△（1）1 号机组安装	23
		△（2）2 号机组安装	34
		△（3）3 号机组安装	24
		△（4）4 号机组安装	35
		7. 辅助设备安装	14
		8. 电气设备安装	
		(1) 电气一次	36
		(2) 电气二次	39
		9. 通风采暖系统	4
		10. 照明系统	12
		11. 接地系统	7
		12. 桥机系统	9
		13. 微机监控系统	5
		14. 通信系统	7
		15. 金属结构及启闭机设备系统	6
		△16. 主厂房房建系统	103
		17. 消防系统	8
		18. 厂区交通及排水	18
		19. 厂房后山坡处理	33
		20. 厂坝区线路及照明	7

续表

工程类别	单位工程	分部工程	单元工程个数
升压变电工程	地面升压变电站	1. 开关站及绝缘油库（土建） △2. 主变压器安装 3. 其他电气设备安装	41 4 20
交通工程	公路及桥梁	1. 工地对外公路 2. 进水口进场公路 3. 跨坝改线路公路 4. 上坝公路 △5. 泄洪洞出口桥 6. 普沟 3 号桥	
管理设施	永久性生活房屋	1. 1 号家属楼（甲型） 2. 2 号家属楼（乙型） 3. 3 号家属楼（乙型） 4. 宿舍房屋 (1) A 型 (2) B 型 5. 其他用房	
	永久性辅助生产房屋	1. 办公楼 2. 修配厂房 3. 库房 4. 其他辅助房屋	

说明：(1) 表中加“△”表示为主要单位工程、主要分部工程。

(2) 单元工程个数视工程实际情况可作适当调整。

（二）质量检验评定分类及等级标准

1. 工程质量评定分类

水利工程质量等级评定前，有必要了解工程质量评定是如何分类的。工程质量评定分类有多种，这里仅介绍最常用的两种。

(1) 按工程性质分类。按工程性质可分为：①建筑工程质量检验评定；②机电设备安装工程质量检验评定；③金属结构制作及安装工程质量检验评定；④电气通信工程质量检验评定；⑤其他工程质量检验评定。

(2) 按项目划分分类。按项目划分可分为：①单元工程质量检验评定；②分部工程质量检验评定；③单位工程质量检验评定；④扩大单位或整体工程质量检验评定；⑤单位或整体工程外观质量检验评定。

2. 工程质量等级评定标准

质量评定时，应从低层到高层的顺序依次进行，这样可以从微观上按照施工工序和有关规定，在施工过程中把好质量关，由低层到高层逐级进行工程质量控制和质量检验，其评定的顺序是：单元工程、分部工程、单位工程、工程项目。质量评定的层次结构见图 5-8。

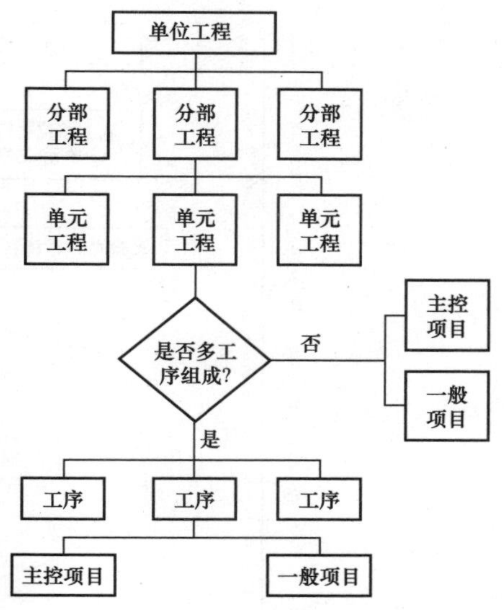

图 5-8 质量评定的层次结构

(三) 单元工程质量评定标准及实际工作存在的问题

1. 单元工程质量评定标准及程序

评定水电水利基本建设工程单元工程质量等级的统一尺度，包括各工序的质量标准、单元工程的质量标准以及工程中所使用的中间产品质量标准。单元工程质量检查项目分为主控项目和一般项目二类。单元工程质量等级分为优良、合格和不合格三级。单元工程施工质量优良标准应按照 DL/T 5113.1—2005《水电水利基本建设工程单元工程质量等级评定标准》(代替 SDJ 249.1～6—1988)、SDJ 249.2～6—1988《水利水电基本建设工程单元工程质量等级评定标准》(以下简称《单元工程评定标准》) 以及合同约定的优良标准执行，全部返工重做的单元工程，经检验达到优良标准时，可评为优良等级；单元（工序）工程施工质量评定标准按照《单元工程评定标准》或合同约定的合格标准执行；不合格单元工程应经过处理，达到合格标准，再进行单元工程质量复评。处理后的质量等级按下列规定重新确定：

(1) 全部返工重做的，可重新评定质量等级。

(2) 经加固补强并经设计和监理单位鉴定能达到设计要求时，其质量评为合格。

(3) 处理后的工程部分质量指标仍达不到设计要求时，经设计复核，项目法人及监理单位确认能满足安全和使用功能要求，可不再进行处理；或经加固补强后，改变了外形尺寸或造成工程永久性缺陷的，经项目法人、监理及设计单位确认能基本满足设计要求，其质量可定为合格，但应按规定进行质量缺陷备案。

单元工程质量等级评定应具备的条件：各工序使用的原材料、中间产品及工序验收等合格，检验资料齐全。单元工程质量等级评定，宜于本单元工程完工一个月内完成。若因特殊情况，部分项目不能及时检查，可进行缺项暂评，但应尽快补齐缺项进行终评。单元工程质量等级修正可在消除缺陷后进行，于分部工程验收前完成。单元工程质量检验评定程序为，由施工单位自检评定，监理单位检查后确定质量等级。对于重要的单元工程，监理单位应在施工单位自检合格的基础上组织有关单位共同检查评定。单元工程质量评定的检查点数和布置点位要求按本部分执行。检查时，可以随机布点和由监理单位指定重点抽查相结合。

单元（工序）工程质量检验可参考图 5-9 进行。

2. 单元工程评定实际工作存在的问题及注意事项

单元工程是日常质量考核的基本单位，单元工程质量的评定是水利水电工程质量评定的核心。在水利水电工程建设中，建设单位、监理单位、施工单位对单元质量评定有以下常见问题：

(1) 施工质量管理工作繁琐，投入人力多，效率较低，成果不规范甚至不符合工程质

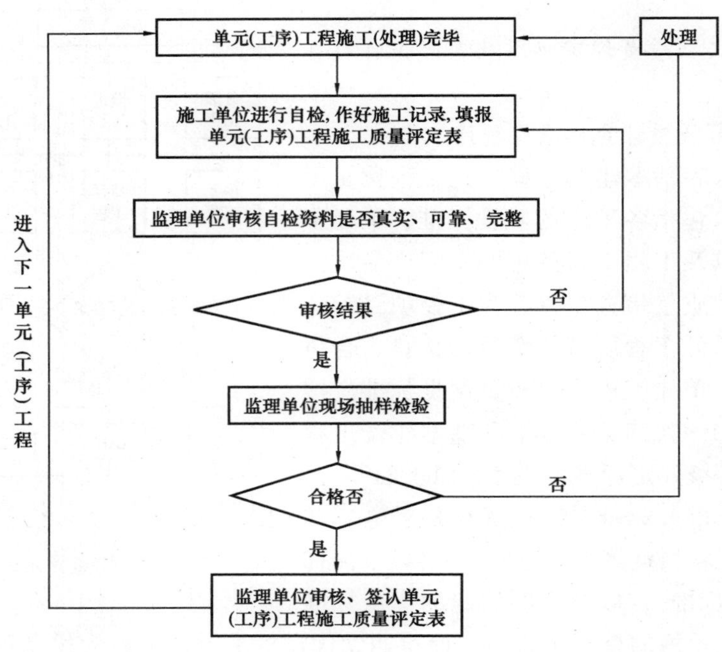

图 5-9　单元工程质量检验工作程序

量竣工验收要求。

(2) 小型工程中，有不少单位在编制竣工材料阶段才着手单元质量评定，有的质量检验数据资料不客观、不真实，有人为因素。

(3) 工程质量信息处理滞后，丧失了信息的反馈功能，对工程施工指导作用不明显。

(4) 由于工程施工时间较长，到工程验收时，常出现资料残缺现象。

(5) 施工记录个性化，不规范，资料会因管理人员变动而遗失或资料收集整理工作出现脱节。

(6) 缺乏相关的专业软件。

(7) 施工管理人员的计算机应用能力普遍较差，表格一般都是手工填写，工作效率低，耗费管理人员大量时间，且满足不了电子存档的要求。

应该注意的问题有：

(1) 工程名称应该与批准的设计文件一致。

(2) 单位、分部工程名称按质量监督部门认可的项目划分方案进行填写。

(3) 凡表头有“部位”填写桩号或高程。

(4)“工程量”填写主要工程量。

(5)“施工单位”填写总包商全称，多个施工单位时，填写承担主要任务的单位。

(6)“评定日期”写施工单位自评日期或填表日期。

(7)“检验记录”数据应根据实际数据填写。

(8) 无项目应划“ / ”或“无”。

(9) 修改时一定要用双斜线划掉，右上角写上正确的。

(10) 不允许有笼统的语言（如“符合设计要求”等）。

【案例 5-2】 岩石地基灌浆工程单元工程质量评定表填表示例，见表 5-2。

表 5-2　　岩石地基灌浆工程单元工程质量评定表

单位工程名称			混凝土大坝		单元工程量				灌浆总长度为250m					
分部工程名称			溢流坝段		施工单位				×××工程局					
单元工程名称			5号坝段基础帷幕灌浆		检验日期				××××年××月××日					
项类	检查项目			质量标准	各孔检测结果（孔号）									
					1	2	3	4	5	6	7	8	9	10
主控项目	1	钻孔	孔深	不小于设计孔深	√	√	√	√	√	√	√	√	√	√
	2	灌浆	灌浆压力	符合设计要求	√	√	√	√	√	√	√	√	√	√
			灌浆结束条件	符合设计要求	√	√	√	√	√	√	√	√	√	√
	3	施工记录、图表		齐全、准确、清晰	√	√	√	√	√	√	√	√	√	√
一般项目	1	钻孔	孔序	按先后排序和孔序施工	√	√	√	√	√	√	√	√	√	√
			孔位偏差	±10cm	7	−1	3	2	4	−5	2	5	4	8
			终孔孔径	帷幕孔不得小于46mm，固结孔不宜小于38mm	48	47	49	50	48	48	47	49	50	50
			孔底偏距	符合设计要求	√	√	√	√	√	√	√	√	√	√
	2	灌浆	灌浆段位置及段长	符合设计要求	√	√	√	√	√	√	√	√	√	√
			钻孔冲洗	回水清净、孔底沉淀小于20cm	√	√	√	√	√	√	√	√	√	√
			裂隙冲洗与压水试验	符合设计要求	√	√	√	√	√	√	√	√	√	√
			浆液及变换	符合设计要求	√	√	√	√	√	√	√	√	√	√
			特殊情况处理	无特殊情况发生，或虽有特殊情况，但处理后不影响灌浆质量	√	√	√	√	√	√	√	√	√	√
			抬动观测	符合设计要求	√	√	√	√	√	√	√	√	√	√
			封孔	符合设计要求	√	√	√	√	√	√	√	√	√	√
各孔质量评定					○	○	√	√	○	○	○	○	○	○
本单元工程共有灌浆孔10个，其中优良灌浆孔8个，优良率为80%														
单元工程效果检查	检查孔压水试验透水率 q=2Lu（防渗标准为≤3Lu）													
	其他：													
评定意见					单元工程质量等级									
符合《水电水利基本建设工程单元工程质量等级评定标准》优良标准					优良									
施工单位	×× ××××年××月××日				监理单位	×× ××××年××月××日								

说明：(1) 各孔检测结果：凡可用数据表示的均应填写数据。当一个灌浆孔有多个灌浆段时，灌浆项类内各检查项目的检测结果可用分数表示，如：“8/11”表示该孔有11个灌浆段，其中8个段合格。不使用数据表示的可用符号表示，“√”表示“符合质量标准”；“×”表示“不符合质量标准”。

(2) 各孔质量评定：用符号表示，“○”表示“优良”；“√”表示“合格”；“×”表示“不合格”。

(3) 单元工程效果检查中的“其他”一栏中可以填写检查孔的岩芯情况，检查孔灌浆注入量情况，物探测试情况，坝（堰、堤）下游量水堰渗水量或坝（堰、堤）下游测压管内水位在施工前、后变化等检查结果。

（四）分部工程质量评定等级标准

分部工程施工质量同时满足下列标准时，其质量评定为合格：

(1) 所含单元工程的质量全部合格，质量事故及质量缺陷已按要求处理，并经检验合格。

(2) 原材料、中间产品及混凝土（砂浆）试件质量全部合格，金属结构及启闭机制造质量合格，机电产品质量合格。

分部工程施工质量同时满足下列标准时，其质量评为优良：

(1) 所含单元工程质量全部合格，其中70%以上达到优良等级，重要隐蔽单元工程和关键部位单元工程质量优良率达90%以上，且未发生过质量事故。

(2) 中间产品质量全部合格，混凝土（砂浆）试件质量达到优良等级（当试件组数小于30时，试件质量合格）。原材料质量、金属结构及启闭机制造质量合格，机电产品质量合格。

【案例 5-3】 分部工程质量评定表填表示例，见表 5-3。

表 5-3　　分部工程施工质量评定表

单位工程名称	泄水闸工程		施工单位	中国水利水电第××工程局		
分部工程名称	闸室分部（土建）		施工日期	自××××年××月××日至××××年××月××日		
分部工程质量	混凝土 1529m³		评定日期	××××年××月××日		
项次	单元工程类别	工程量	单元工程个数	合格个数	其中优良个数	注
1	岩基开挖	865m³	5	5	3	
2	混凝土	1529m³	10	10	7	
3	房建	140m²	6	6	4	闸房
4	混凝土构件安装	84t	2	2	1	
合计			23	23	15	优良率 65.2%
主要（重要、关键）单元工程		150m³	1	1	1	关键部位单元工程
施工单位自评意见				监理单位复核意见		
本分部工程的单元工程质量全部合格。优良单元工程为65.2%，主要单元工程、重要隐蔽工程及关键部位单元工程1项质量优良。施工中未发生过任何质量事故。原材料质量/，金属结构、启闭机质量/，机电产品质量/。中间产品质量/。 分部工程质量等级：优良 质检部门评定人：（签名） 项目经理或经理代表：（签名并盖公章） ××××年××月××日				复核意见：同意施工单位自评意见 分部工程质量等级：优良 监理工程师：（签名） ××××年××月××日 总监或总监代表：（签名并盖公章） ××××年××月××日		
质量监督机构核定			核定意见：　　核定等级： 核定人：（签名）　项目监督负责人：（签名并盖公章） ××××年×月×日　　××××年××月××日			

说明：分部工程质量在施工单位质检部门自评的基础上，由监理单位复核其质量等级。大型水利枢纽工程主体建筑物的分部工程质量，在施工单位自评、监理单位复核后，需报质量监督机构核定其质量等级。

（五）单位工程质量评定标准

单位工程施工质量同时满足下列标准时，其质量评为合格：

（1）所含分部工程质量全部合格。

（2）质量事故已按要求进行处理。

（3）工程外观质量得分率达到70%以上。

（4）单位工程施工质量检验与评定资料基本齐全。

（5）工程施工期及试运行期，单位工程观测资料分析结果符合国家和行业技术标准以及合同约定的标准要求。

单位工程施工质量同时满足下列标准时，其质量评为优良：

（1）所含分部工程质量全部合格，其中70%以上达到优良等级，主要分部工程质量全部优良，且施工中未发生过较大质量事故。

（2）质量事故已按要求进行处理。

（3）外观质量得分率达到85%以上。

（4）单位工程施工质量检验与评定资料齐全。

（5）工程施工期及试运行期，单位工程观测资料分析结果符合国家和行业技术标准以及合同约定的标准要求。

【案例5-4】 单位工程质量评定表填表示例，见表5-4和表5-5。

表5-4　　单位工程施工质量检验材料核查表

单位工程名称		发电厂房工程	施工单位	中国水利水电第××工程局
			核定日期	××××年××月××日
项次		项目	份数	核查情况
1	原材料	水泥出厂合格证、厂家试验报告	28	（1）主要原材料出厂合格证及厂家试验资料齐全，但有一批地面砖无出厂合格证； （2）复验资料齐全、数量符号规范要求，复验统计资料完整
2		钢材出厂合格证、厂家试验报告	8	
3		外加剂出厂合格证及技术性能指标	2	
4		粉煤灰出厂合格证及技术性能指标	/	
5		防水材料出厂合格证、厂家试验报告	2	
6		止水带出厂合格证及技术性能试验报告	1	
7		土工布出厂合格证及技术性能试验报告	/	
8		装饰材料出厂合格证及有关技术性能材料	3	
9		水泥复验报告及统计资料	18	
10		钢材复验报告及统计资料	8	
11		其他原材料出厂合格证及技术性能资料	12	
12	中间产品	砂、石骨料试验资料	38	（1）中间产品取样数量符合《评定标准》规定，统计方法正确，资料齐全； （2）有3组混凝土试件龄期超过28天（实际龄期为37、38、49天）
13		石料试验资料	3	
14		混凝土拌和物检查资料	87	
15		混凝土试件统计资料	8	
16		砂浆拌和物及试件统计资料	10	
17		混凝土预制件（块）检验资料	5	

续表

<table>
<tr><td colspan="2">单位工程名称</td><td colspan="2">发电厂房工程</td><td>施工单位</td><td>中国水利水电第××工程局</td></tr>
<tr><td colspan="2"></td><td colspan="2"></td><td>核定日期</td><td>××××年××月××日</td></tr>
<tr><td>项次</td><td colspan="2">项目</td><td>份数</td><td colspan="2">核查情况</td></tr>
<tr><td>18</td><td rowspan="10">金属结构及启闭机</td><td>拦污栅出厂合格证及有关技术文件</td><td>6</td><td colspan="2" rowspan="10">(1) 厂合格证及技术文件齐全；
(2) 安装记录齐全、清晰；
(3) 焊接记录清楚，探伤报告齐全；
(4) 焊工资质复印资料齐全；
(5) 运行记录清晰完整；
(6) 缺门式启闭机 1.25 倍额定负荷试验材料</td></tr>
<tr><td>19</td><td>闸门出厂合格证及有关技术文件</td><td>8</td></tr>
<tr><td>20</td><td>启闭机出厂合格证及有关技术文件</td><td>8</td></tr>
<tr><td>21</td><td>压力钢管生产许可证及有关技术文件</td><td>5</td></tr>
<tr><td>22</td><td>闸门、拦污栅安装测量记录</td><td>14</td></tr>
<tr><td>23</td><td>压力钢管安装测量记录</td><td>3</td></tr>
<tr><td>24</td><td>启闭机安装测量记录</td><td>8</td></tr>
<tr><td>25</td><td>焊接记录及探伤报告</td><td>8</td></tr>
<tr><td>26</td><td>焊工资质证明材料（复印件）</td><td>8</td></tr>
<tr><td>27</td><td>运行试验记录</td><td>3</td></tr>
<tr><td>28</td><td rowspan="12">机电设备</td><td>产品出厂合格证、厂家提交的安装说明书及有关文件</td><td>93</td><td colspan="2" rowspan="12">(1) 产品出厂合格证及有关技术资料齐全，并已装订成册；
(2) 机组及设备安装测试记录齐全，已装订成册；
(3) 各项试验记录齐全</td></tr>
<tr><td>29</td><td>重大设备质量缺陷处理资料</td><td>/</td></tr>
<tr><td>30</td><td>水轮发电机组安装测量记录</td><td>3</td></tr>
<tr><td>31</td><td>升压变电设备安装测试记录</td><td>3</td></tr>
<tr><td>32</td><td>电器设备安装测试记录</td><td>3</td></tr>
<tr><td>33</td><td>焊缝探伤报告及焊工资质证明</td><td>15</td></tr>
<tr><td>34</td><td>机组调试及试验记录</td><td>3</td></tr>
<tr><td>35</td><td>水力机械辅助设备试验记录</td><td>3</td></tr>
<tr><td>36</td><td>发电电气设备试验记录</td><td>25</td></tr>
<tr><td>37</td><td>升压变电电气设备检测试验报告</td><td>33</td></tr>
<tr><td>38</td><td>管道试验记录</td><td>3</td></tr>
<tr><td>39</td><td>72h 试运行记录</td><td>3</td></tr>
<tr><td>40</td><td rowspan="6">重要隐蔽工程施工记录</td><td>灌浆记录、图表</td><td>12</td><td colspan="2" rowspan="6">(1) 灌浆记录清晰、齐全、准确，图表完整；
(2) 基础排水工程施工记录齐全、准确</td></tr>
<tr><td>41</td><td>造孔灌注桩施工记录、图表</td><td>/</td></tr>
<tr><td>42</td><td>振冲桩振冲记录</td><td>/</td></tr>
<tr><td>43</td><td>基础排水工程施工记录</td><td>3</td></tr>
<tr><td>44</td><td>地下防渗墙施工记录</td><td>/</td></tr>
<tr><td>45</td><td>其他重要施工记录</td><td>2</td></tr>
<tr><td>46</td><td rowspan="4">综合资料</td><td>质量事故调查及处理报告、重大缺陷处理检查记录</td><td>1</td><td colspan="2" rowspan="4">(1) 综合资料齐全；
(2) 工序单元工程资料均已按分部工程、单位工程装订成册</td></tr>
<tr><td>47</td><td>工程试运行期观测资料</td><td>2</td></tr>
<tr><td>48</td><td>工序、单元工程质量评定表</td><td>635</td></tr>
<tr><td>49</td><td>分部工程、单位工程质量评定表</td><td>28</td></tr>
<tr><td colspan="3">施工单位自查意见</td><td colspan="3">监理单位复查结论</td></tr>
</table>

续表

单位工程名称	发电厂房工程	施工单位	中国水利水电第××工程局
		核定日期	××××年××月××日
自查：基本齐全 填表人：(签名) 质检部门负责人：(签名并盖公章) ××××年××月××日		复查：基本齐全 监理工程师：(签名) 监理单位：(公章) ××××年××月××日	

表 5-5　　单位工程施工质量评定表

工程项目名称	××水利枢纽工程			施工单位	中国水利水电第××工程局		
单位工程名称	溢流泄水坝			施工日期	自××××年××月××日 至××××年××月××日		
单位工程量	混凝土 225 600m^3			评定日期	××××年××月××日		
序号	分部工程名称	质量等级		序号	分部工程名称	质量等级	
		合格	优良			合格	优良
1	5 坝段▽ 412m 以下	√		8	7 坝段（中孔坝段）		√
2	5 坝段▽ 412m 至坝顶		√	9	△坝基灌浆		√
3	△溢流面及闸墩		√	10	坝基及坝体排水		√
4	6 坝段▽ 412m 以下	√		11	坝基开挖与处理		√
5	6 坝段▽ 412m 至坝顶		√	12	中孔弧门及启闭机安装		√
6	坝顶工程		√	13	1、2 号弧门及启闭机安装		√
7	上游护岸加固	√		14	检修门及门机安装		√
分部工程共 14 个，其中优良 11 个，优良率 78.6%，主要分部工程优良率 100%							
原材料质量	合格						
中间产品质量	合格，其中混凝土拌和质量优良						
金属结构、启闭机制造质量	合格						
机电产品质量	/						
外观质量	应得 118 分，实得 104.3 分，得分率 88.4%						
施工质量检验资料	齐全						
质量事故情况	施工中未发生过质量事故						
施工单位自评等级：优良 评定人：(签名) 项目经理：(签名并盖公章) ××××年××月××日	监理复核等级：优良 复核人：(签名) 总监理工程师：(签名并盖公章) ××××年××月××日			质量监督机构核定等级：优良 核定人：(签名) 项目监督负责人：(签名并盖公章) ××××年××月××日			

（六）水利水电工程项目优良品率的计算

1. 分部工程的单元工程优良品率

$$分部工程的单元工程优良品率=\frac{单元工程优良个数}{单元工程总数}\times 100\%$$

2. 单位工程的分部工程优良品率

$$单位工程的分部工程优良品率=\frac{分部工程优良个数}{分部工程总数}\times 100\%$$

3. 水利工程项目的单位工程优良品率

$$水利工程项目的单位工程优良品率=\frac{单位工程优良个数}{单位工程总数}\times 100\%$$

（七）单位工程外观质量评定

外观质量评定工作是在单位工程完成后，由项目法人（建设单位）组织、质量监督机构主持，项目法人（建设单位）、监理、设计、施工及管理运行等单位组成外观质量评定组，进行现场检验评定。参加外观质量评定组的人员，必须具有工程师及以上技术职称。评定组人数不少于 5 人，大型工程不应少于 7 人。

对于水工建筑物，单位工程外观质量评定见表 5-6。

(1) 确定检测数量。全面检查后，抽测 25%，且各项不少于 10 点。

(2) 评定等级标准。测点中符合质量标准的点数占总测点数的百分率为 100%，评为一级。合格率为 90%～99.9%时，评为二级。合格率为 70%～89.9%时，评为三级。合格率小于 70%时，评为四级。每项评分得分按下式计算

各项评定得分＝该项标准分×该项得分百分率

(3) 第 13 项混凝土表面缺陷指混凝土表面的蜂窝、麻面、挂帘、裙边、小于 3cm 的错台、局部凸凹表面裂缝等。如无上述缺陷，该项得分率为 100%，缺陷面积超过总面积 5%者，该项得分为 0。

(4) 带括号的标准分为工作量大时的标准分。

【案例 5-5】 单位工程外观质量评定表填表示例，见表 5-6。

表 5-6　　水工建筑物外观质量评定表

单位工程名称		泄水闸工程			施工单位	中国水利水电第××工程局	
主要工程量		混凝土 25 600m³			评定日期	××××年××月××日	
项次	项目	标准分（分）	评定得分（分）				备注
			一级 100%	二级 90%	三级 70%	四级 0	
1	建筑物外部尺寸	12		10.8			
2	轮廓线顺直	10	10.0				
3	表面平整度	10		9.0			
4	立面垂直度	10		9.0			
5	大角方正	5			3.5		
6	曲面与平面联结平顺	9		8.1			

续表

单位工程名称	泄水闸工程	施工单位	中国水利水电第××工程局
主要工程量	混凝土 25 600m^3	评定日期	××××年××月××日

项次	项目		标准分（分）	评定得分（分）				备注
				一级 100%	二级 90%	三级 70%	四级 0	
7	扭面与平面联结平顺		9	9.0				
8	马道及排水沟		3（4）	/				
9	梯步		2	2.0				
10	栏杆		2			1.4		
11	扶梯		2		1.8			
12	闸坝灯饰		2		1.8			
13	混凝土表面无缺陷		10			7.0		
14	表面钢筋割除		2		1.8			
15	砌体勾缝	宽度均匀、平整	4		3.6			
16		竖、横缝平直	4		3.6			
17	浆砌卵石露头均匀、整齐		8	/				
18	变形缝		3（4）			2.1		
19	启闭平台梁、柱、排架		5		4.5			
20	建筑物表面清洁、无附着物		10		9.0			
21	升压变电工程围墙（栏栅）		5	/				
22	水工金属结构外表面		（7）		6.3			
23	电站盘柜		7	/				
24	电缆线路敷设		4（5）	/				
25	电站油、气、水管路		3（4）	/				
26	厂区道路及排水沟		4	/				
27	厂区绿化		8	/				
合计			应得 118 分，实得 104.3 分，得分率 88.4%					

施工单位	设计单位	监理单位	项目法人（建设单位）	质量监督机构
××× ××××年 ××月××日	××× ××××年 ××月××日	××× ××××年 ××月××日	××× ××××年 ××月××日	××× ××××年 ××月××日

说明：(1) 检测数量：全面检查后，抽测 25%，且各项不少于 10 点。

(2) 评定等级标准：测点中符合质量标准的点数占总测点数的百分率为 100%时，为一级。合格率为 90%～99.9%时，为二级。合格率为 70%～89.9%时，为三级。合格率<70%时，为四级。每级下方的百分数为相应于所得标准分的百分数。每项评定得分按下式计算

各项评定得分＝该项标准分×该项得分百分率

(3) 表中第 13 项混凝土表面缺陷指混凝土表面的蜂窝、麻面、挂帘、裙边、小于 3cm 的错台、局部凹凸及表面裂缝等。如无上述缺陷，该项得分率为 100%，缺陷面积超过总面积 5%者，该项的愤怒为 0。

(4) 表中带括号的标准分为工作量大时的标准分。

（八）工程项目质量评定标准

工程项目施工质量同时满足下列标准时，其质量评定为合格：

(1) 单位工程质量全部合格。

(2) 工程施工期及试运行期，各单位工程观测资料分析结果均符合国家和行业技术标准以及合同约定的标准要求。

工程项目施工质量同时满足下列标准时，其质量评为优良：

(1) 单位工程质量全部合格，其中70%以上单位工程质量达到优良等级，且主要单位工程质量全部优良。

(2) 工程施工期及试运行期，各单位工程观测资料分析结果均符合国家和行业技术标准以及合同约定的标准要求。

【案例5-6】 工程项目质量评定表填表示例，见表5-7。

表5-7 **工程项目施工质量评定表**

工程项目名称		××水利枢纽工程			建设单位	××水资源开发公司		
工程等级		Ⅱ等，主要建筑物2级			设计单位	××勘察设计院		
建设地点		××省××县××镇			监理单位	×××监理公司		
主要工程量		土石方开挖78.3万m^3，混凝土68.4万m^3，金属安装2168t			施工单位	中国水利水电第××工程局		
开工、竣工日期		××××年××月至××××年××月			评定日期	××××年××月××日		
序号	单位工程名称	单元工程质量统计			分部工程质量统计			单位工程质量等级
		个数（个）	其中优良（个）	优良率（%）	个数（个）	其中优良（个）	优良率（%）	
1	△左岸挡水坝	221	132	59.7	8	5	62.5	优良
2	△溢流泄水坝	454	307	67.6	14	11	78.6	优良
3	△右岸挡水坝	153	104	68.0	6	5	83.3	优良
4	防护工程	232	160	69.0	5	4	80.0	优良
5	大坝管理及监测设施	172	105	61.0	5	3	60.0	合格
6	△引水工程进水口	140	76	54.0	9	5	55.6	优良
7	进水口值班房	34	6	17.6	8	0	0	合格
8	△引水隧洞	517	337	65.2	24	18	75.0	优良
9	调压井	154	41	26.6	9	5	55.6	合格
10	压力井值班房	37	25	67.6	8	5	62.5	优良
11	压力管理工程	487	415	85.2	6	5	83.3	优良
12	永久支洞	161	70	43.5	3	1	33.3	合格
13	发电厂房工程	544	393	72.2	15	12	80.0	优良
14	开压变电工程	158	104	65.8	5	3	60.0	优良
15	综合楼	268	140	52.2	8	4	50.0	优良
16	厂区防护工程	197	96	48.7	5	3	60.0	合格

续表

<table>
<tr><td colspan="2">工程项目名称</td><td colspan="3">××水利枢纽工程</td><td>建设单位</td><td colspan="3">××水资源开发公司</td></tr>
<tr><td colspan="2">工程等级</td><td colspan="3">Ⅱ等，主要建筑物2级</td><td>设计单位</td><td colspan="3">××勘察设计院</td></tr>
<tr><td colspan="2">建设地点</td><td colspan="3">××省××县××镇</td><td>监理单位</td><td colspan="3">×××监理公司</td></tr>
<tr><td colspan="2">主要工程量</td><td colspan="3">土石方开挖78.3万 m³，混凝土68.4万 m³，金属安装2168t</td><td>施工单位</td><td colspan="3">中国水利水电第××工程局</td></tr>
<tr><td colspan="2">开工、竣工日期</td><td colspan="3">××××年××月
至××××年××月</td><td>评定日期</td><td colspan="3">××××年××月××日</td></tr>
<tr><td rowspan="2">序号</td><td rowspan="2">单位工程名称</td><td colspan="3">单元工程质量统计</td><td colspan="3">分部工程质量统计</td><td rowspan="2">单位工程质量等级</td></tr>
<tr><td>个数（个）</td><td>其中优良（个）</td><td>优良率（%）</td><td>个数（个）</td><td>其中优良（个）</td><td>优良率（%）</td></tr>
<tr><td>17</td><td>永久交通工程</td><td>217</td><td>109</td><td>49.3</td><td>4</td><td>2</td><td>50.0</td><td>优良</td></tr>
<tr><td colspan="2">单元工程、分部工程合计</td><td>4146</td><td>2618</td><td>63.1</td><td>142</td><td>91</td><td>64.1</td><td></td></tr>
<tr><td>评定结果</td><td colspan="8">本项目有单位工程17个，质量全部合格。其中优良单位工程12个，优良率为70.6%，主要建筑物单位工程优良率为100%</td></tr>
<tr><td colspan="3">监理单位意见</td><td colspan="3">项目法人（建设单位）意见</td><td colspan="3">质量监督机构核定意见</td></tr>
<tr><td colspan="3">工程项目质量等级：优良
总监理工程师：（签名并盖公章）
××××年××月××日</td><td colspan="3">工程项目质量等级：优良
法定代表人：（签名并盖公章）
××××年××月××日</td><td colspan="3">工程项目质量等级：优良
项目监督负责人：（签名并盖公章）
××××年××月××日</td></tr>
</table>

说明：加△者为主要建筑物单位工程。

（九）水利水电质量评定用表

要加强水利水电工程质量管理，就必须遵循一套统一的工程质量评定表格。根据SDJ 249—1988、SL 38—1992《水利水电基本建设工程单元工程质量等级评定标准》和水利部有关标准和规定，针对国内在建大、中型水利水电工程施工质量管理情况，水利部建设司和水利部质量监督总站委托四川省水利电力厅和山东省水利厅编写了《水利水电工程施工质量评定表》，作为全国水利水电工程施工质量等级评定的统一格式。《水利水电工程施工质量评定表》适用于大、中型水利水电工程，小型工程可参照使用。为进一步规范水利水电工程施工质量评定工作，不断提高水利水电工程施工质量，水利部建设与管理司、水利部水利工程质量监督总站组织编制了《水利水电工程施工质量评定表填表说明与示例》（试行）（以下简称《填表与示例》试行）。

《水利水电工程施工质量评定表填表说明与示例（试行）》（2003年版）采用了填表说明、《评定表》原表、例表的版式安排，将例表中填写的具体内容与原表在字体上给予了区别。对填表说明进行了分类，将各评定表应遵守的规定，列入“填表基本规定”，在各专业单元工程质量评定表前，增设了各专业填表说明，对每张表格设填表说明。为了正确评定工程施工质量，在工序及单元工程评定表的填表说明中，按SDJ 249—1988、SL 38—1992《水利水电基本建设工程单元工程质量评定标准》（试行）［以下简称《评定标准》（试行）］列出了单元工程划分及工程质量标准。在分部工程及单位工程质量评定表的说明中，按SL 176—2007《水利水电工程施工质量检验与评定规程》列出了相应质量等级评定标准。

全书九部分，计246个表格：

第一部分：工程项目施工质量评定表（6个）；

第二部分：水工建筑工程单元工程质量评定表（30个）；

第三部分：金属结构及启闭机安装工程单元工程质量评定表（59个）；

第四部分：水轮发电机组安装工程单元工程质量评定表（47个）；

第五部分：水力机械辅助设备安装工程单元工程质量评定表（10个）；

第六部分：发电电气设备安装工程单元工程质量评定表（17个）；

第七部分：升压变电电气设备安装工程单元工程质量评定表（11个）；

第八部分：碾压式土石坝和浆砌石坝工程单元工程质量评定表（52个）；

第九部分：堤防工程外观质量及单元工程质量评定表（14个）。

（十）质量评定工作的组织与管理

水利水电工程外观质量评定是由建设（监理）单位组织，负责该项工程的质量监督部门主持，有建设、监理、施工及质量检测等单位参加的，各评定项目的质量标准，要根据所评工程特点及使用要求，在评前由设计、建设（监理）及施工单位共同研究提出方案，经负责该项工程的质量监督部门确认后执行，这部分的表式是没有固定填写标准的。但其他部分的评定表都是要严格按照《水利水电工程施工质量评定表填表说明与示例》进行填写的，这部分表实质上都是单元工程质量评定表或工序质量评定表，就一个土石坝工程来说，这样的表要填成百上千次，有很大一部分重复工作完全可以由计算机来完成。质量评定工作的组织与管理程序如下：

(1) 单元（工序）工程质量在施工单位自评合格后，由监理单位复核，监理工程师核定质量等级并签证认可。按照《建设工程质量管理条例》和《水利工程质量管理规定》，施工质量由承建该工程的施工单位负责，因此规定单元工程质量由施工单位质检部门组织评定，监理机构复核，具体作法是：单元（工序）工程在施工单位自检合格填写《水利水电工程施工质量评定表》终检人员签字后，报监理工程师复核评定。

(2) 重要隐蔽单元工程及关键部位单元工程质量经施工单位自评合格，监理机构抽检后，由项目法人（或委托监理）、监理、设计、施工、工程运行管理（施工阶段已经有时）等单位组成联合小组，共同检查核定其质量等级并填写签证表，报质量监督机构核备。质量监督机构不参加联合小组工作，但应核备其质量等级；重要隐蔽单元工程、关键部位单元工程质量需核定签证表。如该单元工程由分包单位完成，则总包、分包单位各派1人参加联合小组。

(3) 分部工程质量，在施工单位自评合格后，由监理单位复核，项目法人认定。分部工程验收的质量结论由项目法人报质量监督机构核备。大型枢纽工程主要建筑物的分部工程验收的质量结论由项目法人报工程质量监督机构核定。分部工程施工质量评定需项目法人认定。一般分部工程由施工单位质检部门按照分部工程质量评定标准自评，填写分部工程质量评定表，监理机构复核后交项目法人认定。分部工程验收后，由项目法人将验收质量结论报质量监督机构核备。核备的主要内容是：检查分部工程质量检验资料的真实性及其等级评定是否准确，如发现问题，应及时通知监理机构重新复核。大型枢纽主要建筑物的分部工程验收的质量结论，需报质量监督机构核定。

(4) 单位工程质量，在施工单位自评合格后，由监理单位复核，项目法人认定。单位工程验收的质量结论由项目法人报质量监督机构核定。单位工程施工质量评定需项目法人认定，即施工单位质检部门按照单位工程质量评定标准自评，并填写单位工程质量评定表，监理机构复核，项目法人认定。单位工程验收的质量结论由项目法人报质量监督机构核定。

(5) 工程项目质量，在单位工程质量评定合格后，由监理单位进行统计并评定工程项目质量等级，经项目法人认定后，报质量监督机构核定。工程项目质量评定表由监理机构填写。

(6) 阶段验收前，质量监督机构应按有关规定提出施工质量评价意见。经阶段验收时，工程项目一般没有全部完成，验收范围内的工程有时构不成完整的义分部工程或单位工程。为对验收范围内的工程质量有一定的评价。

(7) 工程质量监督机构应按有关规定在工程竣工验收前提交工程施工质量监督报告，向工程竣工验收委员会提出工程施工质量是否合格的结论。

三、质量评定工作中应注意的问题

在水利水电工程质量评定、管理方面，由于严重缺乏相应的应用软件，质量评定管理、监督检查目前大多基于手工工作，工作效率低下。尤其是在《水利水电工程施工质量评定表填表说明与示例（试行）》（2003 年版）颁布以前，因为没有统一的填表标准，各单位对《水利水电工程施工质量评定表》的要求和对相关技术标准理解也有不同程度的差异，导致水利水电工程施工质量信息的采集、处理、填表工作，自《水利水电工程施工质量评定表》启用以来的很长一段时间里是比较混乱的，施工单位、监理单位、建设单位之间或同一单位内部对填表方法意见难以达成一致，各自填写表格的准确性与完整性存在很大差异。在水利水电工程施工质量评定的实际工作中，普遍存在以下问题：

(1) 实际工程施工中，因为施工单位、监理单位、建设单位之间或同一单位内部对表的填法意见不一，评定工作存在很大的差异，单元工程（工序）的施工质量已经达到合格（或优良）标准，但因未及时完成评定工作，评定结果未出，不得进行下一工序施工，或得不到应付的工程进度款，严重影响工程施工进度。

(2) 水利水电工程质量控制涉及的表格形式和数量繁多，所需要收集的数据庞大，若仅靠人工收集质量数据、手工填写表格难以满足工程质量及时评定和事中控制的要求，往往会造成对工程施工进度的影响。

(3) 在中小型水利水电工程建设中，由于建设、监理和施工各方投入人力、物力有限，加之部分人员的技术素养偏低，致使工程单元质量评定工作跟不上工程施工进度的需要，往往要等到工程竣工验收前才做单元质量评定工作，因而对施工过程中资料难以收集齐全（甚至有个别部位没做施工检测资料收集的情况出现），仅在填表时“写回忆录”或编造凑数。这样的质量评定管理工作是没有意义的，甚至会给工程造成质量安全隐患。

随着水利水电工程建设基本程序日趋完善、规范，建设单位、监理单位、施工单位都急需借助计算机辅助管理，从日常繁琐的重复劳动中解脱出来，把主要精力花在质量、工期、投资、合同的管理和技术创新中去，研究人员也开发出了适合水利水电工程质量管理的应用软件。

第四节 工 程 验 收

工程验收是工程建设进入到某一阶段的程序，借以全面考核该阶段工程是否符合批准的设计文件要求，以确定工程能否继续进行、进入到下一阶段施工或投入运行，并履行相关的签证和交接验收手续。通过对工程验收工作可以检查工程是否按照批准的设计进行建设；检查已完工程在设计、施工、设备安装等方面的质量，并对验收遗留问题提出处理意见；检查工程是否具备运行或进行下一阶段建设的条件；总结工程建设中的经验教训，并对工程作出评价；及时移交工程，尽早发挥投资效益。

水利水电建设工程验收按验收主持单位可分为法人验收和政府验收。法人验收应包括分部工程验收、单位工程验收、水电站（泵站）中间机组启动验收、合同工程完工验收等；政府验收应包括阶段验收、专项验收、竣工验收等。政府验收应由验收主持单位组织成立的验收委员会负责；法人验收应由项目法人组织成立的验收工作组负责。验收委员会（工作组）由有关单位代表和有关专家组成。验收主持单位可根据工程建设需要增设验收的类别和具体要求。工程验收应以下列文件为主要依据：国家现行有关法律、法规、规章和技术标准；有关主管部门的规定；经批准的工程立项文件、初步设计文件、调整概算文件；经批准的设计文件及相应的工程变更文件；施工图纸及主要设备技术说明书等；法人验收还应以施工合同为依据；还包括 SL 223—2008《水利水电建设工程验收规程》和 SL 176—2007《水利水电工程施工质量检验与评定规程》。工程验收应包括以下主要内容：检查工程是否按照批准的设计进行建设；检查已完工程在设计、施工、设备制造安装等方面的质量及相关资料的收集、整理和归档情况；检查工程是否具备运行或进行下一阶段建设的条件；检查工程投资控制和资金使用情况；对验收遗留问题提出处理意见；工程建设作出评价和结论。

一、分部工程验收

分部工程验收应由项目法人（或委托监理单位）主持。验收工作组由项目法人、勘测、设计、监理、施工、主要设备制造（供应）商等单位的代表组成。运行管理单位可根据具体情况决定是否参加。质量监督机构宜派代表列席大型枢纽工程主要建筑物的分部工程验收会议。大型工程分部工程验收工作组成员应具有中级及其以上技术职称或相应执业资格；其他工程的验收工作组成员应具有相应的专业知识或执业资格。参加分部工程验收的每个单位代表人数不宜超过 2 名。

分部工程具备验收条件时，施工单位应向项目法人提交验收申请报告，申请报告的内容包括：验收范围、工程验收条件的检查结果、后续工程的施工计划、历次验收遗留问题处理情况、建议验收时间。项目法人应在收到验收申请报告之日起 10 个工作日内决定是否同意进行验收。

分部工程验收应具备以下条件：

(1) 所有单元工程已完成。

(2) 已完单元工程施工质量经评定全部合格，有关质量缺陷已处理完毕或有监理机构批准的处理意见。

(3) 合同约定的其他条件。

分部工程验收应将档案资料准备齐全，验收应准备的备查档案资料具体包括：拟验的工程量清单、工程项目划分资料、单元工作质量评定资料、工程质量管理有关文件、工程安全管理有关文件、工程施工质量检验文件、工程监理资料、工程设计变更资料、重要会议记录、质量缺陷备案表、安全、质量事故资料、工程建设中使用的技术标准、工程建设标准强制性条文。

分部工程验收应包括以下主要内容：

(1) 检查工程是否达到设计标准或合同约定标准的要求。

(2) 评定工程施工质量等级。

(3) 对验收中发现的问题提出处理意见。

分部工程验收应按以下程序进行：

(1) 听取施工单位工程建设和单元工程质量评定情况的汇报。

(2) 现场检查工程完成情况和工程质量。

(3) 检查单元工程质量评定及相关档案资料。

(4) 讨论并通过分部工程验收鉴定书。

项目法人应在分部工程验收通过之日后 10 个工作日内，将验收质量结论和相关资料报质量监督机构核备。大型枢纽工程主要建筑物分部工程的验收质量结论应报质量监督机构核定。质量监督机构应在收到验收质量结论之日后 20 个工作日内，将核备（定）意见书面反馈项目法人。当质量监督机构对验收质量结论有异议时，项目法人应组织参加验收单位进一步研究，并将研究意见报质量监督机构。当双方对质量结论仍然有分歧意见时，应报上一级质量监督机构协调解决。分部工程验收遗留问题处理情况应有书面记录并有相关责任单位代表签字，书面记录应随分部工程验收鉴定书一并归档。分部工程验收鉴定书正本数量可按参加验收单位、质量和安全监督机构各一份以及归档所需要的份数确定。自验收鉴定书通过之日起 30 个工作日内，由项目法人发送有关单位，并报送法人验收监督管理机关备案。

二、单位工程验收

单位工程验收应由项目法人主持。验收工作组由项目法人、勘测、设计、监理、施工、主要设备制造（供应）商、运行管理等单位的代表组成。必要时，可邀请上述单位以外的专家参加。单位工程验收工作组成员应具有中级及其以上技术职称或相应执业资格，每个单位代表人数不宜超过 3 名。

单位工程完工并具备验收条件时，施工单位应向项目法人提出验收申请报告，申请报告的内容包括：验收范围、工程验收条件的检查结果、后续工程的施工计划、历次验收遗留问题处理情况、建议验收时间。项目法人应在收到验收申请报告之日起 10 个工作日内决定是否同意进行验收。项目法人组织单位工程验收时，应提前 10 个工作日通知质量和安全监督机构。主要建筑物单位工程验收应通知法人验收监督管理机关。法人验收监督管理机关可视情决定是否列席验收会议，质量和安全监督机构应派员列席验收会议。

单位工程验收应具备以下条件：

(1) 所有分部工程已完建并验收合格。

(2) 分部工程验收遗留问题已处理完毕并通过验收，未处理的遗留问题不影响单位工程质量评定并有处理意见。

(3) 合同约定的其他条件。

单位工程验收应包括以下主要内容：

(1) 检查工程是否按批准的设计内容完成。

(2) 评定工程施工质量等级。

(3) 检查分部工程验收遗留问题处理情况及相关记录。

(4) 对验收中发现的问题提出处理意见。

单位工程验收应按以下程序进行：

(1) 听取工程参建单位工程建设有关情况的汇报。

(2) 现场检查工程完成情况和工程质量。

(3) 检查分部工程验收有关文件及相关档案资料。

(4) 讨论并通过单位工程验收鉴定书。

需要提前投入使用的单位工程应进行单位工程投入使用验收。单位工程投入使用验收由项目法人主持，根据工程具体情况，经竣工验收主持单位同意，单位工程投入使用验收也可由竣工验收主持单位或其委托的单位主持。

单位工程投入使用验收除满足单位工程验收应具备的条件外，还应满足以下条件：

(1) 工程投入使用后，不影响其他工程正常施工，且其他工程施工不影响该单位工程安全运行。

(2) 已经初步具备运行管理条件，需移交运行管理单位的，项目法人与运行管理单位已签定提前使用协议书。

单位工程投入使用验收除完成单位工程验收的工作内容外，还应对工程是否具备安全运行条件进行检查。

项目法人应在单位工程验收通过之日起 10 个工作日内，将验收质量结论和相关资料报质量监督机构核定。质量监督机构应在收到验收质量结论之日起 20 个工作日内，将核定意见反馈项目法人。当质量监督机构对验收质量结论有异议时，项目法人应组织参加验收单位进一步研究，并将研究意见报质量监督机构。当双方对质量结论仍然有分歧意见时，应报上一级质量监督机构协调解决。单位工程验收鉴定书格式正本数量可按参加验收单位、质量和安全监督机构、法人验收监督管理机关各一份以及归档所需要的份数确定。自验收鉴定书通过之日起 30 个工作日内，由项目法人发送有关单位并报法人验收监督管理机关备案。

三、合同工程完工验收

合同工程完成后，应进行合同工程完工验收。当合同工程仅包含一个单位工程（分部工程）时，宜将单位工程（分部工程）验收与合同工程完工验收一并进行，但应同时满足相应的验收条件。合同工程完工验收应由项目法人主持。验收工作组由项目法人以及与合同工程有关的勘测、设计、监理、施工、主要设备制造（供应）商等单位的代表组成。

合同工程具备验收条件时，施工单位应向项目法人提出验收申请报告，申请报告的内容包括：验收范围、工程验收条件的检查结果、后续工程的施工计划、历次验收遗留问题处理情况、建议验收时间。项目法人应在收到验收申请报告之日起 20 个工作日内决定是否同意进行验收。

合同工程完工验收应具备以下条件：

（1）合同范围内的工程项目已按合同约定完成。

（2）工程已按规定进行了有关验收。

（3）观测仪器和设备已测得初始值及施工期各项观测值。

（4）工程质量缺陷已按要求进行处理。

（5）工程完工结算已完成。

（6）施工现场已经进行清理。

（7）需移交项目法人的档案资料已按要求整理完毕。

（8）合同约定的其他条件。

合同工程完工验收应包括以下主要内容：

（1）检查合同范围内工程项目和工作完成情况。

（2）检查施工现场清理情况。

（3）检查已投入使用工程运行情况。

（4）检查验收资料整理情况。

（5）鉴定工程施工质量。

（6）检查工程完工结算情况。

（7）检查历次验收遗留问题的处理情况。

（8）对验收中发现的问题提出处理意见。

（9）确定合同工程完工日期。

（10）讨论并通过合同工程完工验收鉴定书。

合同工程完工验收的工作程序如下：

（1）听取工程参建单位工程建设有关情况的汇报。

（2）现场检查工程完成情况和工程质量。

（3）检查分部工程验收有关文件及相关档案资料。

（4）讨论并通过工程验收鉴定书。

合同工程完工验收鉴定书正本数量可按参加验收单位、质量和安全监督机构以及归档所需要的份数确定。自验收鉴定书通过之日起 30 个工作日内，由项目法人发送有关单位，并报送法人验收监督管理机关备案。

四、阶段验收

阶段验收应包括枢纽工程导（截）流验收、水库下闸蓄水验收、引（调）排水工程通水验收、水电站（泵站）首（末）台机组启动验收、部分工程投入使用验收以及竣工验收主持单位根据工程建设需要增加的其他验收。阶段验收应由竣工验收主持单位或其委托的单位主持。阶段验收委员会由验收主持单位、质量和安全监督机构、运行管理单位的代表以及有关专家组成；必要时，可邀请地方人民政府以及有关部门参加。工程参建单位应派代表参加阶段验收，并作为被验收单位在验收鉴定书上签字。工程建设具备阶段验收条件时，项目法人应向竣工验收主持单位提出阶段验收申请报告，申请报告的主要内容包括：验收范围、工程验收应具备的条件检查结果、工程形象面貌和验收准备工作、后续工程建设计划、历次验收遗留问题处理情况、建议验收时间。竣工验收主持单位应自收到申请报告之日起 20 个工作日内决定是否同意进行阶段验收。

阶段验收应包括以下主要内容：

(1) 检查已完工程的形象面貌和工程质量。

(2) 检查在建工程的建设情况。

(3) 检查后续工程的计划安排和主要技术措施落实情况，以及是否具备施工条件。

(4) 检查拟投入使用工程是否具备运行条件。

(5) 检查历次验收遗留问题的处理情况。

(6) 鉴定已完工程施工质量。

(7) 对验收中发现的问题提出处理意见。

(8) 讨论并通过阶段验收鉴定书。

大型工程在阶段验收前，验收主持单位根据工程建设需要，可成立专家组先进行技术预验收。阶段验收鉴定书数量按参加验收单位、法人验收监督管理机关、质量和安全监督机构各 1 份以及归档所需要的份数确定。自验收鉴定书通过之日起 30 个工作日内，由验收主持单位发送有关单位。

(一) 枢纽工程导（截）流验收

枢纽工程导（截）流前，应进行导（截）流验收。导（截）流验收应具备以下条件：

(1) 导流工程已基本完成，具备过流条件，投入使用（包括采取措施后）不影响其他未完工程继续施工。

(2) 满足截流要求的水下隐蔽工程已完成。

(3) 截流设计已获批准，截流方案已编制完成，并作好各项准备工作。

(4) 工程度汛方案已经有管辖权的防汛指挥部门批准，相关措施已落实。

(5) 截流后壅高水位以下的移民搬迁安置和库底清理已完成并通过验收。

(6) 有航运功能的河道，碍航问题已得到解决。

导（截）流验收应包括以下主要内容：

(1) 检查已完水下工程、隐蔽工程、导（截）流工程是否满足导（截）流要求。

(2) 检查建设征地、移民搬迁安置和库底清理完成情况。

(3) 审查导（截）流方案，检查导（截）流措施和准备工作落实情况。

(4) 检查为解决碍航等问题而采取的工程措施落实情况。

(5) 鉴定与截流有关已完工程施工质量。

(6) 对验收中发现的问题提出处理意见。

(7) 讨论并通过阶段验收鉴定书。

此外，工程分期导（截）流时，应分期进行导（截）流验收。

(二) 水库下闸蓄水验收

水库下闸蓄水前，应进行下闸蓄水验收。下闸蓄水验收应具备以下条件：

(1) 挡水建筑物的形象面貌满足蓄水位的要求。

(2) 蓄水淹没范围内的移民搬迁安置和库底清理已完成并通过验收。

(3) 蓄水后需要投入使用的泄水建筑物已基本完成，具备过流条件。

(4) 有关观测仪器、设备已按设计要求安装和调试，并已测得初始值和施工期观测值。

(5) 蓄水后未完工程的建设计划和施工措施已落实。

(6) 蓄水安全鉴定报告已提交。

(7) 蓄水后可能影响工程安全运行的问题已处理，有关重大技术问题已有结论。

(8) 蓄水计划、导流洞封堵方案等已编制完成，并作好各项准备工作。

(9) 年度度汛方案（包括调度运用方案）已经有管辖权的防汛指挥部门批准，相关措施已落实。

下闸蓄水验收应包括以下主要内容：

(1) 检查已完工程是否满足蓄水要求。

(2) 检查建设征地、移民搬迁安置和库区清理完成情况。

(3) 检查近坝库岸处理情况。

(4) 检查蓄水准备工作落实情况。

(5) 鉴定与蓄水有关的已完工程施工质量。

(6) 对验收中发现的问题提出处理意见。

(7) 讨论并通过阶段验收鉴定书。

工程分期蓄水时，宜分期进行下闸蓄水验收。拦河水闸工程可根据工程规模、重要性，由竣工验收主持单位决定是否组织蓄水（挡水）验收。

(三) 引（调）排水工程通水验收

引（调）排水工程通水前，应进行通水验收。通水验收应具备以下条件：

(1) 引（调）排水建筑物的形象面貌满足通水的要求。

(2) 通水后未完工程的建设计划和施工措施已落实。

(3) 引（调）排水位以下的移民搬迁安置和障碍物清理已完成并通过验收。

(4) 引（调）排水的调度运用方案已编制完成；度汛方案已得到有管辖权的防汛指挥部门批准，相关措施已落实。

通水验收应包括以下主要内容：

(1) 检查已完工程是否满足通水的要求。

(2) 检查建设征地、移民搬迁安置和清障完成情况。

(3) 检查通水准备工作落实情况。

(4) 鉴定与通水有关的工程施工质量。

(5) 对验收中发现的问题提出处理意见。

(6) 讨论并通过阶段验收鉴定书。

工程分期（或分段）通水时，应分期（或分段）进行通水验收。

(四) 水电站（泵站）机组启动验收

水电站（泵站）每台机组投入运行前，应进行机组启动验收。首（末）台机组启动验收应由竣工验收主持单位或其委托单位组织的机组启动验收委员会负责；中间机组启动验收应由项目法人组织的机组启动验收工作组负责。验收委员会（工作组）应有所在地区电力部门的代表参加。根据机组规模情况，竣工验收主持单位也可委托项目法人主持首（末）台机组启动验收。机组启动验收前，项目法人应组织成立机组启动试运行工作组开展机组启动试运行工作。首（末）台机组启动试运行前，项目法人应将试运行工作安排报验收主持单位备案，必要时，验收主持单位可派专家到现场收集有关资料，指导项目法人进行机组启动试运行工作。

机组启动试运行工作组应主要进行以下工作：

(1) 审查批准施工单位编制的机组启动试运行试验文件和机组启动试运行操作规程等。

(2) 检查机组及相应附属设备安装、调试、试验以及分部试运行情况，决定是否进行充水试验和空载试运行。

(3) 检查机组充水试验和空载试运行情况。

(4) 检查机组带主变压器与高压配电装置试验和并列及负荷试验情况，决定是否进行机组带负荷连续运行。

(5) 检查机组带负荷连续运行情况。

(6) 检查带负荷连续运行结束后消缺处理情况。

(7) 审查施工单位编写的机组带负荷连续运行情况报告。

机组带负荷连续运行应符合以下要求：

(1) 水电站机组带额定负荷连续运行时间为72h；泵站机组带额定负荷连续运行时间为24h或7天内累计运行时间为48h，包括机组无故障停机次数不少于3次。

(2) 受水位或水量限制无法满足上述要求时，经过项目法人组织论证并提出专门报告报验收主持单位批准后，可适当降低机组启动运行负荷以及减少连续运行的时间。

首（末）台机组启动验收前，验收主持单位应组织进行技术预验收，技术预验收应在机组启动试运行完成后进行。技术预验收应具备以下条件：

(1) 与机组启动运行有关的建筑物基本完成，满足机组启动运行要求。

(2) 与机组启动运行有关的金属结构及启闭设备安装完成，并经过调试合格，可满足机组启动运行要求。

(3) 过水建筑物已具备过水条件，满足机组启动运行要求。

(4) 压力容器、压力管道以及消防系统等已通过有关主管部门的检测或验收。

(5) 机组、附属设备以及油、水、气等辅助设备安装完成，经调试合格并经分部试运转，满足机组启动运行要求。

(6) 必要的输配电设备安装调试完成，并通过电力部门组织的安全性评价或验收，送（供）电准备工作已就绪，通信系统满足机组启动运行要求。

(7) 机组启动运行的测量、监测、控制和保护等电气设备已安装完成并调试合格。

(8) 有关机组启动运行的安全防护措施已落实，并准备就绪。

(9) 按设计要求配备的仪器、仪表、工具及其他机电设备已能满足机组启动运行的需要。

(10) 机组启动运行操作规程已编制，并得到批准。

(11) 水库水位控制与发电水位调度计划已编制完成，并得到相关部门的批准。

(12) 运行管理人员的配备可满足机组启动运行的要求。

(13) 水位和引水量满足机组启动运行最低要求。

(14) 机组按要求完成带负荷连续运行。

技术预验收应包括以下主要内容：

(1) 听取有关建设、设计、监理、施工和试运行情况报告。

(2) 检查评价机组及其辅助设备质量、有关工程施工安装质量；检查试运行情况和消缺处理情况。

(3) 对验收中发现的问题提出处理意见。

(4) 讨论形成机组启动技术预验收工作报告。

首（末）台机组启动验收应具备以下条件：

(1) 技术预验收工作报告已提交。

(2) 技术预验收工作报告中提出的遗留问题已处理。

首（末）台机组启动验收应包括以下主要内容：

(1) 听取工程建设管理报告和技术预验收工作报告。

(2) 检查机组和有关工程施工和设备安装以及运行情况。

(3) 鉴定工程施工质量。

(4) 讨论并通过机组启动验收鉴定书。

中间机组启动验收可参照首（末）台机组启动验收的要求进行。机组启动验收鉴定书是机组交接和投入使用运行的依据。

(五) 部分工程投入使用验收

项目施工工期因故拖延，并预期完成计划不确定的工程项目，部分已完成工程需要投入使用的，应进行部分工程投入使用验收。在部分工程投入使用验收申请报告中，应包含项目施工工期拖延的原因、预期完成计划的有关情况和部分已完成工程提前投入使用的理由等内容。

部分工程投入使用验收应具备以下条件：

(1) 拟投入使用工程已按批准设计文件规定的内容完成并已通过相应的法人验收。

(2) 拟投入使用工程已具备运行管理条件。

(3) 工程投入使用后，不影响其他工程正常施工，且其他工程施工不影响部分工程安全运行（包括采取防护措施）。

（4）项目法人与运行管理单位已签订部分工程提前使用协议。

（5）工程调度运行方案已编制完成；度汛方案已经有管辖权的防汛指挥部门批准，相关措施已落实。

部分工程投入使用验收应包括以下主要内容：

（1）检查拟投入使用工程是否已按批准设计完成。

（2）检查工程是否已具备正常运行条件。

（3）鉴定工程施工质量。

（4）检查工程的调度运用、度汛方案落实情况。

（5）对验收中发现的问题提出处理意见。

（6）讨论并通过部分工程投入使用验收鉴定书。

部分工程投入使用验收鉴定书是部分工程投入使用运行的依据，也是施工单位向项目法人交接和项目法人向运行管理单位移交的依据。

提前投入使用的部分工程如有单独的初步设计，可组织进行单项工程竣工验收。

五、专项验收

工程竣工验收前，应按有关规定进行专项验收。专项验收主持单位应按国家和相关行业的有关规定确定。项目法人应按国家和相关行业主管部门的规定，向有关部门提出专项验收申请报告，并作好有关准备和配合工作。专项验收应具备的条件、验收主要内容、验收程序以及验收成果性文件的具体要求等应执行国家及相关行业主管部门有关规定。专项验收成果性文件应是工程竣工验收成果性文件的组成部分。项目法人提交竣工验收申请报告时，应附相关专项验收成果性文件复印件。

六、竣工验收

竣工验收应在工程建设项目全部完成并满足一定运行条件后 1 年内进行。不能按期进行竣工验收的，经竣工验收主持单位同意，可适当延长期限，但最长不得超过 6 个月。一定运行条件是指：

（1）泵站工程经过一个排水或抽水期。

（2）河道疏浚工程完成后。

（3）其他工程经过 6 个月（经过一个汛期）至 12 个月。

工程具备验收条件时，项目法人应向竣工验收主持单位提出竣工验收申请报告。竣工验收申请报告应经法人验收监督管理机关审查后报竣工验收主持单位，竣工验收主持单位应自收到申请报告后 20 个工作日内决定是否同意进行竣工验收。工程未能按期进行竣工验收的，项目法人应提前 30 个工作日向竣工验收主持单位提出延期竣工验收专题申请报告。申请报告应包括延期竣工验收的主要原因及计划延长的时间等内容。项目法人编制完成竣工财务决算后，应报送竣工验收主持单位财务部门进行审查和审计部门进行竣工审计。审计部门应出具竣工审计意见。项目法人应对审计意见中提出的问题进行整改并提交整改报告。竣工验收分为竣工技术预验收和竣工验收两个阶段。大型水利工程在竣工技术预验收前，应按照有关规定进行竣工验收技术鉴定。中型水利工程，竣工验收主持单位可

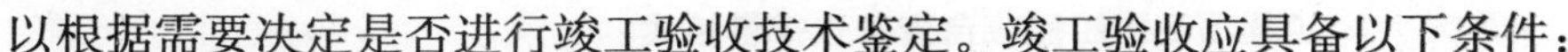

以根据需要决定是否进行竣工验收技术鉴定。竣工验收应具备以下条件：

(1) 工程已按批准设计全部完成。

(2) 工程重大设计变更已经有审批权的单位批准。

(3) 各单位工程能正常运行。

(4) 历次验收所发现的问题已基本处理完毕。

(5) 各专项验收已通过。

(6) 工程投资已全部到位。

(7) 竣工财务决算已通过竣工审计，审计意见中提出的问题已整改并提交了整改报告。

(8) 运行管理单位已明确，管理养护经费已基本落实。

(9) 质量和安全监督工作报告已提交，工程质量达到合格标准。

(10) 竣工验收资料已准备就绪。

工程有少量建设内容未完成，但不影响工程正常运行，且能符合财务有关规定，项目法人已对尾工作出安排的，经竣工验收主持单位同意，可进行竣工验收。

竣工验收应按以下程序进行：

(1) 项目法人组织进行竣工验收自查。

(2) 项目法人提交竣工验收申请报告。

(3) 竣工验收主持单位批复竣工验收申请报告。

(4) 进行竣工技术预验收。

(5) 召开竣工验收会议。

(6) 印发竣工验收鉴定书。

(一) 竣工验收自查

申请竣工验收前，项目法人应组织竣工验收自查。自查工作由项目法人主持，勘测、设计、监理、施工、主要设备制造(供应)商以及运行管理等单位的代表参加。

竣工验收自查应包括以下主要内容：

(1) 检查有关单位的工作报告。

(2) 检查工程建设情况，评定工程项目施工质量等级。

(3) 检查历次验收、专项验收的遗留问题和工程初期运行所发现问题的处理情况。

(4) 确定工程尾工内容及其完成期限和责任单位。

(5) 对竣工验收前应完成的工作作出安排。

(6) 讨论并通过竣工验收自查工作报告。

项目法人组织工程竣工验收自查前，应提前10个工作日通知质量和安全监督机构，同时向法人验收监督管理机关报告。质量和安全监督机构应派员列席自查工作会议。

项目法人应在完成竣工验收自查工作之日起10个工作日内，将自查的工程项目质量结论和相关资料报质量监督机构核备。

工程项目竣工验收自查工作报告格式见表5-8。参加竣工验收自查的人员应在自查工作报告上签字。项目法人应自竣工验收自查工作报告通过之日起30个工作日内，将自查报告报法人验收监督管理机关。

表 5-8　　工程项目竣工验收自查工作报告格式

××××工程项目竣工验收

自 查 工 作 报 告

××××工程项目竣工验收自查工作组

年　月　日

续表

<table>
<tr><td>自查主持单位：

法人验收监督管理机关：

项目法人：

代建机构（如有时）：

设计单位：

监理单位：

主要施工单位：

主要设备制造（供应）商单位：

质量和安全监督机构：

运行管理单位：</td></tr>
</table>

续表

前言（包括组织机构、自查工作过程等）

一、工程概况

（一）工程名称及位置

（二）工程主要建设内容

（三）工程建设过程

二、工程项目完成情况

（一）工程项目完成情况

（二）完成工程量与初设批复工程量比较

（三）工程验收情况

（四）工程投资完成及审计情况

（五）工程项目移交和运行情况

三、工程项目质量评定

四、验收遗留问题处理情况

五、尾工及安排意见

六、存在的问题及处理意见

七、结论

八、工程项目竣工验收检查工作组成员签字表

（二）工程质量抽样检测

根据竣工验收的需要，竣工验收主持单位可以委托具有相应资质的工程质量检测单位对工程质量进行抽样检测。项目法人应与工程质量检测单位签订工程质量检测合同。检测所需费用由项目法人列支，质量不合格工程所发生的检测费用由责任单位承担。工程质量检测单位不得与参与工程建设的项目法人、设计、监理、施工、设备制造（供应）商等单位隶属同一经营实体。根据竣工验收主持单位的要求和项目的具体情况，项目法人应负责提出工程质量抽样检测的项目、内容和数量，经质量监督机构审核后报竣工验收主持单位核定。工程质量检测单位应按照有关技术标准对工程进行质量检测，按合同要求及时提出质量检测报告并对检测结论负责。项目法人应自收到检测报告 10 个工作日内将检测报告报竣工验收主持单位。对抽样检测中发现的质量问题，项目法人应及时组织有关单位研究处理。在影响工程安全运行以及使用功能的质量问题未处理完毕前，不得进行竣工验收。

（三）竣工技术预验收

竣工技术预验收应由竣工验收主持单位组织的专家组负责。技术预验收专家组成员应具有高级技术职称或相应执业资格，2/3 以上成员应来自工程非参建单位。工程参建单位的代表应参加技术预验收，负责回答专家组提出的问题。竣工技术预验收专家组可下设专业工作组，并在各专业工作组检查意见的基础上形成竣工技术预验收工作报告。

竣工技术预验收应包括以下主要内容：

(1) 检查工程是否按批准的设计完成。

(2) 检查工程是否存在质量隐患和影响工程安全运行的问题。

(3) 检查历次验收、专项验收的遗留问题和工程初期运行中所发现问题的处理情况。

(4) 对工程重大技术问题作出评价。

(5) 检查工程尾工安排情况。

(6) 鉴定工程施工质量。

(7) 检查工程投资、财务情况。

(8) 对验收中发现的问题提出处理意见。

竣工技术预验收应按以下程序进行：

(1) 现场检查工程建设情况并查阅有关工程建设资料。

(2) 听取项目法人、设计、监理、施工、质量和安全监督机构、运行管理等单位工作报告。

(3) 听取竣工验收技术鉴定报告和工程质量抽样检测报告。

(4) 专业工作组讨论并形成各专业工作组意见。

(5) 讨论并通过竣工技术预验收工作报告。

(6) 讨论并形成竣工验收鉴定书初稿。

竣工技术预验收工作报告作为竣工验收鉴定书的附件，其主要内容有：①前言，具体包括验收依据、组织机构、验收过程等；②工程建设情况，具体包括工程概况、工程施工过程、工程完成情况和完成的主要工程量、工程验收、鉴定情况、工程质量、工程运行管理、工程初期运行及效益、历次验收及相关鉴定提出的主要问题的处理情况、工程尾工安排、评价意见；③专项工程（工作）及验收，主要包括征地补偿和移民安置、水土保持设施、环境保护、工程档案（验收情况及主要结论）、消防设施（验收情况及主要结论）及其他；④财务审计，具体包括概算批复、投资计划下达及资金到位、投资完成及交付资产、征地拆迁及移民安置资金、结余资金、预计未完工程投资及费用、财务管理、竣工财务决算报告编制、稽察、检查、审计、评价意见；⑤意见和建议；⑥结论；⑦竣工技术预验收专家组专家签名表。

（四）竣工验收

竣工验收委员会可设主任委员1名，副主任委员以及委员若干名，主任委员应由验收主持单位代表担任。竣工验收委员会由竣工验收主持单位、有关地方人民政府和部门、有关水行政主管部门和流域管理机构、质量和安全监督机构、运行管理单位的代表以及有关专家组成。工程投资方代表可参加竣工验收委员会。项目法人、勘测、设计、监理、施工和主要设备制造（供应）商等单位应派代表参加竣工验收，负责解答验收委员会提出的问题，并作为被验收单位代表在验收鉴定书上签字。

竣工验收会议应包括以下主要内容和程序：

(1) 现场检查工程建设情况及查阅有关资料。

(2) 召开大会：①宣布验收委员会组成人员名单；②观看工程建设声像资料；③听取工程建设管理工作报告；④听取竣工技术预验收工作报告；⑤听取验收委员会确定的其他报告；⑥讨论并通过竣工验收鉴定书；⑦验收委员会委员和被验收单位代表在竣工验收鉴定书上签字。

工程项目质量达到合格以上等级的，竣工验收的质量结论意见为合格。竣工验收鉴定书数量按验收委员会组成单位、工程主要参建单位各1份以及归档所需要份数确定。自鉴定书通过之日起30个工作日内，由竣工验收主持单位发送有关单位。

七、工程移交及遗留问题处理

（一）工程交接

通过合同工程完工验收或投入使用验收后，项目法人与施工单位应在30个工作日内组织专人负责工程的交接工作，交接过程应有完整的文字记录并有双方交接负责人签字。项目法人与施工单位应在施工合同或验收鉴定书约定的时间内完成工程及其档案资料的交接工作。工程办理具体交接手续的同时，施工单位应向项目法人递交工程质量保修书，其格式见表5-9。保修书的内容应符合合同约定的条件。工程质量保修期从工程通过合同工程完工验收后开始计算，但合同另有约定的除外。在施工单位递交了工程质量保修书、完成施工场地清理以及提交有关竣工资料后，项目法人应在30个工作日内向施工单位颁发合同工程完工证书。

表 5－9 工程质量保修书格式

××××××工程

质 量 保 修 书

施工单位：

年 月 日

续表

××××工程质量保修书

一、合同工程完工验收情况

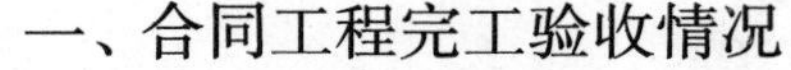

二、质量保修的范围和内容

三、质量保修期

四、质量保修责任

五、质量保修费用

六、其他

施工单位：

法定代表人：（签字）

年　月　日

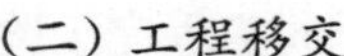

(二) 工程移交

工程通过投入使用验收后，项目法人宜及时将工程移交运行管理单位管理，并与其签订工程提前启用协议。在竣工验收鉴定书印发后60个工作日内，项目法人与运行管理单位应完成工程移交手续。工程移交应包括工程实体、其他固定资产和工程档案资料等，应按照初步设计等有关批准文件进行逐项清点，并办理移交手续。办理工程移交，应有完整的文字记录和双方法定代表人签字。

(三) 验收遗留问题及尾工处理

有关验收成果性文件应对验收遗留问题有明确的记载。影响工程正常运行的，不得作为验收遗留问题处理。验收遗留问题和尾工的处理由项目法人负责。项目法人应按照竣工验收鉴定书、合同约定等要求，督促有关责任单位完成处理工作。验收遗留问题和尾工处理完成后，有关单位应组织验收，并形成验收成果性文件。项目法人应参加验收并负责将验收成果性文件报竣工验收主持单位。工程竣工验收后，应由项目法人负责处理的验收遗留问题，项目法人已撤销的，由组建或批准组建项目法人的单位或其指定的单位处理完成。

(四) 颁发工程竣工证书

工程质量保修期满后30个工作日内，项目法人应向施工单位颁发工程质量保修责任终止证书。但保修责任范围内的质量缺陷未处理完成的除外。工程质量保修期满以及验收遗留问题和尾工处理完成后，项目法人应向工程竣工验收主持单位申请领取竣工证书。申请报告应包括以下内容：

(1) 工程移交情况。

(2) 工程运行管理情况。

(3) 验收遗留问题和尾工处理情况。

(4) 工程质量保修期有关情况。

竣工验收主持单位应自收到项目法人申请报告后30个工作日内决定是否颁发工程竣工证书，证书分正本和副本。颁发竣工证书应符合以下条件：

(1) 竣工验收鉴定书已印发。

(2) 工程遗留问题和尾工处理已完成并通过验收。

(3) 工程已全面移交运行管理单位管理。

工程竣工证书是项目法人全面完成工程项目建设管理任务的证书，也是工程参建单位完成相应工程建设任务的最终证明文件。工程竣工证书数量按正本3份和副本若干份颁发，正本由项目法人、运行管理单位和档案部门保存，副本由工程主要参建单位保存。

第五节 保修期的质量控制

一、缺陷责任期（工程质量保修期）的起算时间

除专用合同条款另有约定外，缺陷责任期（工程质量保修期）从工程通过合同工程完工验收后开始计算。在合同工程完工验收前，经建设单位提前验收的单位工程或部分工

程，若未投入使用，其缺陷责任期（工程质量保修期）亦从工程通过合同工程完工验收后开始计算；若已投入使用，其缺陷责任期（工程质量保修期）从通过单位工程或部分工程投入使用验收后开始计算。缺陷责任期（工程质量保修期）的期限在专用合同条款中约定。

质量保修书中应明确保修范围、保修期限和保修责任。建设工程在正常使用条件下建设工程的最低保修期为：

(1) 建设工程的保修期自竣工验收合格之日计算。

(2) 电气管线、给水排水管道、设备安装工程保修期为 2 年。

(3) 供热和供冷系统为 2 个采暖期、供冷期。

(4) 其他项目的保修期由发包方与承包方约定。

合同工程完工验收或投入使用验收后，施工单位与建设单位应办理工程交接手续，施工单位应向建设单位递交工程质量保修书。

缺陷责任期（工程质量保修期）满后 30 个工作日内，建设单位应向施工单位颁发工程质量保修责任终止证书，并退还剩余的质量保证金，但保修责任范围内的质量缺陷未处理完成的应除外。

二、保修期施工单位的质量责任

施工单位应在保修期终止前，尽快完成监理单位在交接证书上列明的、在规定之日要完成的工程内容。

在保修期间施工单位的一般责任是：负责未移交的工程尾工施工和工程设备的安装，以及这些项目的日常照管和维护；负责移交证书中所列的缺陷项目的修补；负责新的缺陷和损坏，或者原修复缺陷（部件）又遭损坏的修复。上述施工、安装、维护和修补项目应逐一经监理单位检验，直至检验合格为止。经查验确属施工中隐存的或其他由于施工单位责任造成的缺陷或损坏，应由施工单位承担修复费用；若经查验确属建设单位使用不当或其他由建设单位责任造成的缺陷和损坏，则应由建设单位承担修复费用。

在保修期质量控制的任务包括下列三方面。

（一）对工程质量状况分析检查

施工单位应在监理单位指导下，对质量问题的原因进行调查。如果调查后证明，产生的缺陷、变形或不合格责任在施工单位，则其调查费用应由施工单位负担。若调查结果证明，质量问题不属于施工单位，则监理单位和施工单位协商该调查费用的处理问题，建设单位承担的费用则加到合同价中去。对上述调查，监理单位应同时负责监督。

（二）对工程质量问题责任进行鉴定

在保修期内，对工程出现的质量问题，根据下列几点分清责任。

(1) 凡是施工单位未按规范、规程、标准或合同和设计要求施工。造成的质量问题由施工单位负责。

(2) 凡是由于设计原因造成的质量问题，施工单位不承担责任。

(3) 凡因原材料和构件、配件质量不合格引起的质量问题，属于施工单位采购的，或由建设单位采购，承包商不进行验收而用于工程的，由施工单位承担责汪；属于建设单位采购，施工单位提出异议，而建设单位坚持使用的，施工单位不承担责任。

(4) 凡有出厂合格证，且是建设单位负责采购的机电设备，施工单位不承担责任。

(5) 凡因使用单位（建设单位）使用不善造成的质量问题，施工单位不承担责任。

(6) 凡因地震、洪水、台风、地区气候环境条件等自然灾害及客观原因造成的事故，施工单位不承担责任。

(7) 质量问题是由双方的责任造成的，应协商解决，商定各自的经济责任，由施工单位负责修理。

(8) 涉外工程的修理按合同规定执行，经济责任按以上原则处理。

在缺陷责任期内，不管谁承担质量责任，施工单位均有义务负责修理。

(三) 对修补缺陷的项目进行检查

保修期质量检查的目的是及时发现质量问题。质量责任鉴定的任务是分清责任，施工单位应按计划完成尾工项目，协助建设单位和监理单位验收尾工项目。

明确修补缺陷的费用由谁支付，而更重要的是做好有缺陷项目的修补、修复或重建工作。在这一过程中，施工单位仍要像控制正常工程建设质量一样，把好每一个环节的质量控制关。

例如，对修补用材料的质量控制，修补过程中工序的质量控制等，在修补、修复或重建工作结束后，仍要按照规范、规程、标准、合同和设计文件进行检查，确保修补、修复或重建的质量。

三、保修责任终止证书

保修期或保修延长期满，施工单位提出保修期终止申请后，监理单位在检查施工单位已经按照施工合同约定完成全部其应完成的工作，且经检验合格后，应及时办理工程项目保修期终止事宜。

工程的任何区段或永久工程的任何部分的竣工日期不同，各有关的保修期也不尽相同，不应根据其保修期分别签发保修责任终止证书，而只有在全部工程最后一个保修期终止后，才能签发保修期终止证书。

在整个工程保修期满后的28天内，由建设单位或授权监理单位签署和颁发保修责任终止证书给施工单位。若保修期满后还未修补，则需待施工单位按监理单位的要求完成缺陷修复工作后，再发保修责任终止证书。尽管颁发了保修责任终止证书，建设单位和施工单位均仍应对保修责任终止证书颁发前尚未履行的义务和责任负责。

思考题

1. 什么叫质量检验？质量检验的目的和作用是什么？
2. 什么叫抽样检验？常用的抽样方法有哪几种？
3. 计数型抽样检验方案的设计思想是什么？
4. 计量型抽样检验方案的设计思想是什么？
5. 质量检验的类型有哪些？

6. 如何组织质量评定工作？

7. 水利水电工程项目划分原则有哪些？试列举三大流行坝中一类坝型的分部工程（至少 10 个以上）。

8. 进行完工验收和竣工验收的条件分别是什么？

9. 保修期施工单位的质量责任有哪些？监理单位的质量责任有哪些？

第六章

水利水电工程质量标准与强制条文

第一节 标准综述

一、标准的定义

标准是为在一定范围内获得最佳秩序，对活动或其结果规定共同的和重复使用的规则、导则或特性文件。关于标准定义解释不同的机构在内涵和外延上是有差异的：标准的含义是对重复性的事物和概念所作的统一规定。它以科学、技术和实践经验的综合成果为基础，经有关方面协商一致，由主管机构批准，以特定的形式发布，作为共同遵守的准则和依据（《中华人民共和国标准化法条文解释》第一章第二条）。

为了在一定的范围内获得最佳秩序，经协商一致制定并由公认机构批准，共同使用的和重复使用的一种规范性文件（GB/T 20000.1—2002《标准化工作指南　第1部分：标准化和相关活动的通用词汇》）。

技术标准是指被公认机构批准、非强制性的、通用或反复使用的、为产品或其加工和生产方法提供的规则、导则或特性文件。技术法规是强制执行的、包括可适用的行政管理规定在内的文件（《WTO协议》）。

工程建设标准是为在工程建设领域内获得最佳秩序，对各类建设工程的规划、勘察、设计、施工、安装、验收、运营维护及管理活动和结果需要协调统一的事项所制定的共同的、重复使用的技术依据和准则。是工程建设标准、规范、规程的统称。它经协商一致制定并经一个公认机构的批准。以科学技术和实践经验的综合成果为基础，以保证工程建设的安全、质量、环境和公众利益为核心，促进最佳社会效益、经济效益、环境效益和最佳效率为目的。

二、标准的特点和性质

有关标准定义的解释不同的机构虽然在表述上略有差异，但其实质是相同的。标准具有以下特点和性质。

（一）标准的本质

标准的本质是“统一的规定”，这种统一规定是作为有关各方“共同遵守的准则和依据”。根据中华人民共和国标准化法规定，我国标准分为强制性标准和推荐性标准两类。强制性标准必须严格执行，做到全国统一。推荐性标准国家鼓励企业自愿采用。但推荐性标准如经协商，并计入经济合同或企业向用户作出明示担保，有关各方则必须执行，做到统一。

（二）制定标准的对象

制定标准的对象是“重复性的事物或概念”，“重复性”指的是同一事物或概念反复多次出现的性质。例如批量生产的产品在生产过程中的重复投入，重复加工，重复检验等；同一类技术管理活动中反复出现同一概念的术语、符号、代号等被反复利用等。只有当事物或概念具有重复出现的特性并处于相对稳定时才有制定标准的必要，使标准作为今后实践的依据，以最大限度地减少不必要的重复劳动，又能扩大“标准”重复利用范围。

（三）标准产生的客观基础

标准产生的客观基础是“科学、技术和经验的综合成果”，这就是说标准既是科学技术成果，又是实践经验的总结，并且这些成果和经验都是经过分析、比较、综合和验证基础上，加之规范化，只有这样制定出来的标准才能具有科学性。标准应以科学、技术和经验的综合成果为基础，以促进最佳社会效益为目的。标准必须随科学技术的发展而更新换代，即不断地进行补充、修订或废止。这是因为一方面随着技术的进步，总是有新的领域在不断拓展和新的技术不断出现，相应的就会有标准的增添补充，与此同时，对已有的技术也在不断地改造充实，也会不断有技术更新，相应的也会有新标准的派生；另一方面，传统的技术将会随着现代技术的发展而被扬弃，相应的一部分标准就会被停止使用或废除。标准的时效性强，具有有效期，有生效、未生效、试行、失效等状态，一般每五年修订一次。

（四）标准的制定过程

标准的制定过程要经过有关方面“协商一致”，并经一个公认机构的批准，以特定的形式发布，标准是经过有关方面的共同努力取得的成果，它是集体劳动的结晶，就是制定标准要发扬技术民主，与有关方面协商一致，做到“三稿定标”即征求意见稿→送审稿→报批稿。如制定产品标准不仅要有生产部门参加，还应当有用户、科研、检验等部门参加共同讨论研究，“协商一致”，这样制定出来的标准才具有权威性、科学性和实用性。

（五）标准的表现形式

标准的表现形式是“文件”，标准文件有其自己一套特定格式和制定颁布的程序，标准必须经过一个公认的权威机构或授权单位的批准和认可。标准的编写、印刷、幅面格式和编号、发布的统一，既可保证标准的质量，又便于资料管理，体现了标准文件的严肃性。所以，标准必须“由主管机构批准，以特定形式发布”。标准从制定到批准发布的一整套工作程序和审批制度，是使标准本身具有法规特性的表现。

三、标准的分类

为了不同的目的，可以从不同的角度对标准进行不同的分类。标准的分类是为了满足人们标准化管理的不同需要，作为水利水电工程技术人员，应该对其有所了解。

（一）层级分类法

按照标准层次及标准作用的有效范围，可以将标准划分为不同层次和级别的标准，如国际标准、区域标准、国家标准、行业标准、地方标准和组织（企业、公司）标准。

1. 国际标准

国际标准是由国际标准化组织（ISO）或国际标准组织（IEC 国际电工委员会、ITU 国际电信联盟）通过并公开发布的标准，另外列入 ISO 所出版的《国际标准题内关键词索引》（KWIC Index）的国际组织（BIPM 国际计量局、CAC 食品法典委员会、WHO 世界卫生组织）制定发布的标准也是国际标准。国际标准编号的表示方法为：标准代号＋顺序号＋年份，如国际标准化组织 ISO 3347—1976、国际电工委员会 IEC 434（1976）。

2. 区域标准

区域标准是某一区域标准化组织或标准组织通过并公开发布的标准。如欧洲标准化委员会（CEN）发布的欧洲标准（EN）是目前世界上最重要的区域标准，独联体标准（GOST）也是区域标准。

3. 国家标准

国家标准是由国家标准机构通过并公开发布的标准。如中国国家标准（GB）、美国国家标准（ANSI）、英国国家标准（BS）、法国国家标准（NF）、德国国家标准（DIN）、日本国家标准（JIS）。我国的国家标准最初学习的前苏联的标准体制，经过 50 多年的发展，现我国已形成一套完整国家标准体系。现我国国家标准由国务院标准化行政主管部门制定，必须在全国的范围内统一和实施的标准。国家标准编号的表示方法为：

我国的国家标准编号的表示方法：标准代号＋顺序号＋批准年代。国家标准代号有三种：GB——强制性国家标准；GB/T——推荐性国家标准；GB/Z——中华人民共和国国家标准化指导性技术文件。例如，GB 9685—2003《食品容器、包装材料用助剂使用卫生标准》、GB/T 10421—2002《烧结金属摩擦材料密度的测定》。

(1) 其他国家标准编号的表示方法：美国国家标准：ANSI＋分类号＋小数点＋序号＋年份，如 ANSI K61.1—1981。

(2) 日本国家工业标准：JIS＋字母类号＋数字类号＋标准序号＋年份，如 JIS D 6802—1990。

(3) 英国国家标准：BS＋顺序号＋分册号＋年份，如 BS 6912 pt. 2—1993。

(4) 德国国家标准：DIN＋顺序号＋年份，如 DIN 13208—1985。

(5) 法国国家标准：NF＋字母类号＋数字小类＋顺序号＋年份，如 NF A 45313—1984。

4. 行业标准

行业标准是由行业标准化团体或机构批准、发布在某一行业范围内统一实施的标准，又称团体标准。如美国材料与试验协会标准（ASTM）、美国混凝土学会（ACI）、美国石油学会标准（API）、美国机械工程师协会标准（ASME）、英国劳氏船级社标准（LR）等，这些标准在各自的行业内享有很高的信誉，是权威的团体标准。

我国的行业标准是对没有国家标准又需要在全国某个行业范围内统一的技术要求所制定的标准。我国各个行业标准的表示方法如下：标准代号＋顺序号＋批准年代，如 SL 303—2004《水利水电工程施工组织设计规范》（水利行业强制标准）、DL/T 5397—2007《水电工程施工组织设计规范》（电力行业推荐标准）。标准代号用该行业主管部门名称的汉语拼音首字母来表示，我国的行业标准代号见表 6-1。

表 6-1　　中华人民共和国行业标准代号

序号	行业标准名称	行业标准代号	主管部门	序号	行业标准名称	行业标准代号	主管部门
1	农业	NY	农业部	30	劳动和劳动安全	LD	劳动和社会保障部
2	水产	SC	农业部	31	电子	SJ	信息产业部
3	水利	SL	水利部	32	通信	YD	信息产业部
4	林业	LY	国家林业局	33	广播电影电视	GY	国家广播电影电视总局
5	轻工	QB	国家轻工业局	34	电力	DL	国家经贸委
6	纺织	FZ	国家纺织工业局	35	金融	JR	中国人民银行
7	医药	YY	国家药品监督管理局	36	海洋	HY	国家海洋局
8	民政	MZ	民政部	37	档案	DA	国家档案局
9	教育	JY	教育部	38	商检	SN	国家出入境检验检疫局
10	烟草	YC	国家烟草专卖局	39	文化	WH	文化部
11	黑色冶金	YB	国家冶金工业局	40	体育	TY	国家体育总局
12	有色冶金	YS	国家有色金属工业局	41	商业	SB	国家国内贸易局
13	石油天然气	SY	国家石油和化学工业局	42	物资管理	WB	国家国内贸易局
14	化工	HG	国家石油和化学工业局	43	环境保护	HJ	国家环境保护总局
15	石油化工	SH	国家石油和化学工业局	44	稀土	XB	国家计发委稀土办公室
16	建材	JC	国家建筑材料工业局	45	城镇建设	CJ	建设部
17	地质矿产	DZ	国土资源部	46	建筑工业	JG	建设部
18	土地管理	TD	国土资源部	47	新闻出版	CY	国家新闻出版署
19	测绘	CH	国家测绘局	48	煤炭	MT	国家煤炭工业局
20	机械	JB	国家机械工业局	49	卫生	WS	卫生部
21	汽车	QC	国家机械工业局	50	公共安全	GA	公安部
22	民用航空	MH	中国民航管理局	51	包装	BB	中国包装工业总公司
23	兵工民品	WJ	国防科工委	52	地震	DB	国家地震局
24	船舶	CB	国防科工委	53	旅游	LB	国家旅游局
25	航空	HB	国防科工委	54	气象	QX	中国气象局
26	航天	QJ	国防科工委	55	外经贸	WM	对外经济贸易合作部
27	核工业	EJ	国防科工委	56	海关	HS	海关总署
28	铁路运输	TB	铁道部	57	邮政	YZ	国家邮政局
29	交通	JT	交通部				

注　行业标准分为强制性标准和推荐性标准，表中给出的是强制性行业标准，推荐性行业标准是在强制性行业标准代号后加“/T”。

5. 地方标准

地方标准是由一个国家的地区通过并公开发布的标准。我国的地方标准是对没有国家标准和行业标准而又需要在省、自治区、直辖市范围内统一的产品安全、卫生要求、环境保护、仪器卫生、节能等有关要求所制定的标准，它由省级标准化行政主管部门（农业地方标准除外）统一组织制定、审批、编号和发布。

我国地方标准的表示方法：由DB和GB 2260《行政区划代码》中相应的行政区域代码（相应省域或市域代码）所组成地方标准代号再加上专业类号及顺序号和标准颁布年代组成，如DB11/153—2002《蔬菜安全卫生要求》（北京地方强制标准）、DB36/T 425—2004《黄栀子栽培技术规程》（江西省地方推荐标准）。

6. 组织（企业、公司）标准

组织（企业、公司）标准是由企业、公司自行制定发布的标准，也是对企业范围内需要协调、统一的技术要求、管理要求和工作要求所制定的标准。美国波音飞机公司、德国西门子电器公司、新日本钢铁公司等企业发布的企业标准都是在国际上有影响的先进公司标准。我国对已有国家标准、行业标准和地方标准的，鼓励企业制定严于国家标准、行业标准和地方标准的企业标准在企业内部适用。

我国的企业标准表示方法：用Q加企业代号及顺序号和颁布年代号组成，如Q/GDW 121—2005《750kV架空送电线路工程施工质量检验及评定规程》（国家电网企业标准）。

（二）对象分类法

按照标准对象的名称归属分类，可以将标准划分为产品标准、工程建设标准、方法标准、工艺标准、安全标准、卫生标准、环境保护标准、服务标准、包装标准、过程标准、数据标准等和接口标准等。

1. 产品标准

产品标准是规定产品应满足的要求，以确保其适用性。产品技术要求除了适用性方面的要求外，可以直接包括或引用术语、抽样、试验方法、包装和标签方面的规定，还可包括工艺方面的要求。

2. 工程建设标准

工程建设标准是对基本建设中各类工程的勘察、规划、设计、施工、安装、验收等需要协调统一的事项所制定的标准。

3. 方法标准

方法标准是以试验、检查、分析、统计、计算、测定、作业等各种方法为对象制定的标准。

4. 安全标准

安全标准是以保护人和物的安全为目的制定的标准。

5. 卫生标准

卫生标准是为保护人的健康，对食品医药及其他方面的卫生要求制定的标准。

6. 环境保护标准

环境保护标准是为了保护环境和有利于生态平衡，对大气、水、土壤、噪声、振动等环境质量、污染源等检测方法以及其他事项制定的标准。

7. 服务标准

服务标准是规定服务应满足的要求以确保其适用性的标准。又称服务规范。

8. 包装标准

包装标准是为保障物品在储藏、运输和销售中安全和科学管理的需要，以包装的有关事项所拟订的标准。

9. 数据标准

数据标准是包含有特性值和数据表的标准，它对产品、过程或服务的特性值或其他数据作出规定。

10. 过程标准

过程标准是规定过程应满足的要求，以确保其适用性的标准。

11. 接口标准

接口标准是规定关于产品或系统在其互连部位与兼容性有关要求的标准。

(三) 性质分类法

按照标准的属性分类，可以将标准划分为基础标准、技术标准、管理标准、工作标准等。

1. 基础标准

基础标准是在一定范围内作为其他标准的基础并普遍使用、具有广泛指导意义的标准，也就是具有广泛适用范围，或包含一个特定领域的通用规定的标准。例如，术语标准、符号、代号、代码标准、量与单位标准等都是目前广泛使用的综合性基础标准。

2. 技术标准

技术标准是对标准化领域中需要协调统一的技术事项所制定的标准。

3. 管理标准

管理标准是对标准化领域中需要协调统一的管理事项所制定的标准。企业标准化领域中需要协调统一的管理事项所制定的标准是企业管理标准。

4. 工作标准

工作标准是对标准化领域中需要协调统一的工作事项所制定的标准，操作岗位的工作标准又称作业标准。

(四) 标准实施的强制程度分类法

按照标准实施的强制程度，可以把标准划分为强制性标准、推荐标准。此外，还有试行标准和标准化指导性技术文件，严格意义上这两类标准还不是严格意义上的标准，仅是标准的雏形。

1. 强制性标准

保障人体健康，人身、财产安全的标准和法律、行政法规规定强制执行的标准是强制

性标准，强制性标准是必须执行的标准，若不执行就是违法。

2. 推荐性标准

推荐性标准是推荐采用，自愿执行的标准，国家鼓励企业自愿采用。推荐性标准的对象一般是具有指导意义，但又不宜强制执行的技术和管理要求。推荐性标准一旦纳入指令性文件或合同条款，将具有相应的约束力。

3. 试行标准

试行标准是由一个标准化机构制定并公开发布试行的文件，以使其作为一个标准，在应用中获得必要的经验。试行标准一般规定一个试行期限，试行期内达不到某些要求和指标的，可呈报有关部门酌情放宽处理。

4. 标准化指导性技术文件

近年来，为适应市场经济发展需要，对仍处于发展过程中的工程建设和产品生产技术所提供的可供参考使用的标准文件就是标准化指导性技术文件。这是因为其技术尚在发展中，需要相应的标准文件引导其发展，它采用标准阶段性成果，具有标准化价值，但暂时不能制定标准。标准化指导性技术文件在发布后一般在三年内复审，以确定是否继续有效或转化为标准或撤销。

（五）同一个标准化机构发布的标准文件分类

同一个标准化机构可以制定并发布不同名称的标准文件。如国际标准化组织（ISO）把其发布的标准文件分为国际标准（ISO)、技术规范（TS)、技术报告（TR)、指南(Guide)、可公开提供的技术规范（PAS)、国际研讨会协议（IWA)。我国在标准的名称则有标准、规范和规程。

（六）同级标准代号的分类

如中国国家标准就有不同的国家标准代号：GB是强制性国家标准代号、GB/T是推荐性国家标准代号、GB/Z是国家指导性技术文件的标准代号、GBW是国家标准物质的标准代号、GJB是国家军用标准的标准代号、GFB是国家实物标准的标准代号、JJG是国家计量检定规程的代号、GGF是国家计量校准规范的代号。

四、标准的制定、审批发布和复审

标准由主管标准化的权威机构主持制定、审批、发布和复审，各种标准都有其制定、审批发布和复审程序。《中华人民共和国标准化法》、《中华人民共和国标准化法实施条例》和《国家标准管理办法》对我国的国家标准的制定、审批、发布和审核都做了详细的规定。与国家标准类似，《行业标准管理办法》对我国的行业标准的制定、审批、发布和复审有详细的规定。我国的国家标准和行业标准的制定、审批发布和复审程序如下。

（一）标准的计划

编制国家标准的计划项目以国民经济和社会发展计划、国家科技发展计划、标准化发展计划等作为依据。国务院标准化行政主管部门在每年6月提出编制下年度国家标准计划项目的原则要求，下达给国务院有关行政主管部门和国务院标准化行政主管部门领导与管理全国专业标准化技术委员会。各技术委员会或技术归口单位根据编制国家标准计划项目的原则、要求，提出国家标准计划项目的建议，报其主管部门。国务院有关行政主管部门审查、协调后，于9月底提出国家标准计划项目草案和项目任务书报国务院标准化行政主管部门。国务院标准化行政主管部门对上报的国家标准计划项目草案，统一汇总、审查、协调，于12月底前将批准后的下年度国家计划下达。

国家标准由国务院标准化行政主管部门编制计划，协调项目分工，组织制定（含修订），统一审批、编号、发布。全国专业化标准技术委员会或专业标准化技术归口单位负责提出本行业标准计划的建议，组织本行业标准的起草和审查工作。全国专业化标准技术委员会或专业标准化技术归口单位提出的行业标准建议，经行业标准归口部门与有关行政主管部门进行协调、分工后，由有关行政主管部门分别下达实施。

（二）标准的制定

负责起草单位应对所订国家标准的质量及其技术内容全面负责。应按GB1《标准化工作导则》的要求起草国家标准征求意见稿，同时编写“编制说明”及有关附件。国家标准征求意见稿和“编制说明”及有关附件，经负责起草单位的技术负责人审查后，印发各有关部门的主要生产、经销、使用、科研、检验等单位及大专院校征求意见。

负责起草单位应对征集的意见进行归纳整理，分析研究和处理后提出国家标准送审稿、“编制说明”及有关附件、“意见汇总处理表”，送负责该项目的技术委员会秘书处或技术归口单位审阅，并确定能否提交审查。

国家标准送审稿的审查，凡已成立技术委员会的，由技术委员会按《全国专业标准化技术委员会章程》组织进行；未成立技术委员会的，由项目主管部门或其委托的技术归口单位组织进行。参加审查的，应有各有关部门的主要生产、经销、使用、科研、检验等单位及大专院校的代表。其中，使用方面的代表不应少于1/4。审查可采用会议审查或函审。

会议审查，原则上应协商一致。如需表决，必须有不少于出现会议代表人数的3/4同意为通过。函审时，必须有3/4回函同意为通过。会议代表出席率及函审回函率不足2/3时，应重新组织审查。

负责起草单位，应根据审查意见提出国家标准报批稿，国家标准报批稿和会议纪要应经与会代表通过。国家标准报批稿由国务院有关行政主管部门或国务院标准化行政主管部门领导与管理的技术委员会，报国家标准审批部门审批。

行业标准制定与国家标准的制定类似：按行业标准计划的安排，行业标准负责起草单位提出行业标准征求意见稿，经征求各有关方面的意见修改为送审稿，送全国专业化标准技术委员会或专业标准化技术归口单位。

行业标准送审稿，由全国专业化标准技术委员会或行业标准化技术归口部门委托专业标准化技术归口单位组织审查，审查程序和要求与国家标准基本相同。

（三）标准的审批发布

国家标准由国务院标准化行政主管部门统一审批、编号、发布，并将批准的国家标准一份退报批部门。工程建设国家标准，由工程建设主管部门审批，国务院标准化行政主管部门统一编号，国务院标准化行政主管部门和工程建设主管部门联合发布。国家标准由中国标准出版社出版，需要翻译成外文出版的国家标准，其译文由该国家标准的主管部门组织有关单位翻译和审定，并由国家标准出版社出版。

行业标准由行业标准归口部门审批、编号、发布。行业标准报批时，应有“标准报批稿”、“标准编制说明”、“标准审查会议纪要”或“函审结论”及其“函审单”、“意见汇总处理表”和其他相关附件。确定行业标准的强制性或推荐性，应由全国专业化标准技术委员会或专业标准化技术归口单位提出意见，由行业归口部门审定。

（四）标准的复审

国家标准实施后，应当根据科学技术的发展和经济建设的需要，由该国家标准的主管部门组织有关单位适时进行复审，复审周期一般不超过五年。国家标准的复审可采用会议审查或函审。国家标准的复审结果，按下列情况分别处理：不需要修改的国家标准确认继续有效；需作修改的国家标准作为修订项目列入计划；已无存在必要的国家标准予以废止。

行业标准实施后，应当根据科学技术的发展和经济建设的需要适时进行复审。复审周期一般不超过五年，确定其继续有效、修订或废止。行业标准的复审工作由行业标准归口部门组织全国专业化标准技术委员会或专业标准化技术归口单位进行。行业标准的复审也可采用会议审查或函审。

五、标准的使用

工作中涉及的标准的使用应注意以下问题：

(1) 有强制性国家和行业标准的，应该使用并执行强制性标准。强制性标准是必须执行的标准，具有法律效力，若不执行要承担相应的法律责任。

(2) 标准的使用应注意时效，要使用最新有效的版本。要及时了解各类标准修订、更新消息，在使用的过程中发生变化的，应注意新旧标准的衔接。

(3) 标准的使用应尽量采用先进的，严格的标准。国家鼓励积极采用国际标准。两个或多个规范之间发生矛盾时，应优先采用技术先进、要求严格的标准。

(4) 标准可以采用多个标准并列或交替衔接使用，如土建国际承包合同中《技术规范》往往明确使用的技术标准，这些标准往往涵盖国际标准、区域标准、国家标准、行业标准甚至企业标准，实施可以采用多个标准并列或交替衔接使用。水利水电行业标准只有试验规程，但没有评定标准或不全，可以参照国家标准的评定标准。

(5) 标准的使用应注意选择形成系列的标准，这些标准不仅专业性强且内容详尽，标准本身的表达方式也比较规范和统一。

第二节 水利水电工程标准

一、水利水电工程标准基本情况

在水利水电工程建设过程中广泛使用的水利水电工程标准属于行业标准，由于诸多的原因，存在水利和水电（电力）两套标准体系，下面介绍一下这两套标准体系的基本情况。

（一）水利水电工程标准概述

水利工程是指为控制和利用自然界的地面和地下水，达到兴利除害的目的而兴建的各种工程，包括治河防洪、灌排供水、水力发电等工程；水电工程则指利用水能进行发电的工程，它既是水利工程的一部分，又有一定的特殊性。

水利工程的行业主管部门一直是水利部，水电工程的主管部门发生过多次变化，先后有电力工业部、水电部、能源部和国家电力公司。

水利水电工程标准则由于由于水利工程和水电工程分属两个行业主管部门，形成了水利和水电（电力）两套标准体系。目前水利水电工程行业标准规范为水利工程标准（SL)、水电（电力）工程标准（DL）两套行业标准体系，此外，还存在老的水电工程标准（SDJ、SD)。

两套标准目前分别由水利部和中国电力企业联合会归口管理，此外，国家标准化管委会、建设部、国家发改委（国家经贸委）、电监会、国家技术监督局等部门负责指导。

由于两套标准体系独立不兼容，这给水利水电工程技术人员在技术标准的应用上造成一些困难，建议使用水利水电规划设计总院负责组织与制作《水利水电技术标准全文检索系统》。该系统结合水利行业特点和实际，收录了水利水电工程建设中使用的水利行业标准、水电行业标准、国家标准、相关标准、相关法律以及作为历史资料保存的作废标准。可以实现对标准的全文检索，较好地实现对标准版本的有效控制，能较及时提供与更新技术标准，为使用技术标准提供了方便。

（二）水利水电工程标准的现状

在水利行业中，水利部有关部门制定了较为完整的水利行业的标准体系。水利工程标准已形成了比较配套的体系，基本上可满足当前水利工程建设的需要，正在行业的工程建设中发挥着重要作用。

在水电（电力）行业中，中国电力企业联合会标准化中心制定了行业的标准体系，并根据这个体系，安排编制新标准，修订老标准。到目前为止，基本上完成了体系中规定的规范和标准的编制或修订工作。这些规范和标准也是电力行业标准。

水利和水电（电力）的工程标准都已形成各自的标准体系，其体系的建立遵循完整性、科学性、灵活性和实用性的原则，结构构架严密合理，在建立之后还在不断地调整、改进和完善：体系内的标准是动态管理的，不断地在制定、修订和完善，体系内的标准修订周期越来越短，不断地有新标准添加进来，也不断地有标准从体系中删除；体系内的一些标准存在一定程度的相互重复，在这些重复的内容中，难免会出现标准内容上的差异，甚至会出现矛盾，所以需要对其内容的合并统一，保证标准的严肃性和权威性；体系内的有些标准内容过于庞大，或随着技术的进步，有些标准的内容得到了很大的丰富和充实，一个标准已经难以全面涵盖，就会出现标准的分立，在体系内由一个标准分裂成几个标准。

（三）水利工程标准和水电工程标准的异同

1. 相同点

这两套标准的相同之处在于都属于我国行业标准，地位相同，标准名称和内容相似，都在水电建设领域被广泛采用。例如，SL 303—2004《水利水电工程施工组织设计规范》和 DL/T 5397—2007《水电工程施工组织设计规范》都是行业标准，其名称和内容非常相似，都是在 SDJ 338—1989《水利水电工程施工组织设计规范》的基础上修订而来，都是适用于编制大中型水利水电工程初步设计阶段施工组织设计文件的。

2. 不同点

不同之处是这两套标准的制定、审批、发布和审核单位完全不同，体系和标准代号不同，内容又有所区别，从而造成同一行业有两套技术标准，使有限的资源得不到充分利用。同样，SL 303—2004《水利水电工程施工组织设计规范》和 DL/T 5397—2007《水电工程施工组织设计规范》的标准体系分别属于水利行业标准和电力行业标准。《水利水电工程施工组织设计规范》，其标准代号为 SL 303—2004，由水利部水利水电规划设计管理局主持，水利部水利水电规划设计总院解释，中华人民共和国水利部批准、发布，是强制性行业标准；《水电工程施工组织设计规范》，其标准代号为 DL/T 5397—2007，由中国电力企业联合会提出，电力行业水电规划设计标准化技术委员会归口并负责解释，中华人民共和国国家发展和改革委员会批准发布，是推荐性标准。

（四）水利水电工程标准与国外同类标准的差别

我国现行的水利水电工程标准，是新中国成立以来在工程实践的基础上，吸取并总结国内外先进经验逐步形成的。随着我国经济建设的发展和对外开放的深入，一些先进国家的标准越来越受到重视。在新标准的制定和老标准的修改中，都参考了国际先进国家的标准，有的标准甚至基本上套用了国外的标准。水利水电工程标准与国外同类标准的存在以下差别：

1. 标准的涵盖范围与设置差别

国外标准涵盖的范围较宽，几乎包括了项目的勘探、设计、施工和试验等工程实施过程的各个环节，我国的标准，基本上将设计和施工分开编制，涵盖面较窄。国外标准是多种技术的综合性标准，而我国基本上是单项技术标准。国外标准虽然是在某行业标准委员会指导下编写，但均由国家标准管理部门或机构批准执行，并也可在该行业以外的其他行业应用。而我国的行业标准存在大量重复设置的问题，在行业标准的设置、编制、批准等方面，缺乏统一的归口管理部门。

2. 标准内容上的差别

国外根据成熟的、实践性很强的技术编制的标准，往往有详细的表述，其内容可包括技术原理、工艺流程、技术要求、试验检验等。我国类似的标准中，虽然内容很多，很详细，但叙述过于原则化，缺乏必要的原理阐述，叙述过于详细，把施工细则的内容写入标准。对一些需要在工程进行过程中验证的技术指标，国外的标准既作出一些具体规定，又有一定的灵活性。我国同类标准对工程中的技术细节规定得很具体，但有的指标却没有一个范围值，标准使用缺乏必要的灵活性。我国标准选择的技术指标，有些低于国外同类标准的水平。

3. 安全技术措施的不同

国外标准特别注重有针对性的安全技术措施。标准除了在章节的条款中有具体的叙述外，还专门集中一章写安全措施。其内容包括针对性的安全技术措施，以及法定安全要求、预防措施、环境危害等内容。我国水利水电标准体系中，虽然有安全方面的专门标准，但在一般性标准中写安全技术措施的内容较少，这在使用上不是很方便。没有将法定安全要求列入规范，很少把安全问题提高到法律的层面上。

二、水利标准体系及新标准

（一）水利技术标准体系

1. 水利技术标准体系的总体结构框架

水利技术标准体系的总体结构框架由专业门类、专业序列和标准层次构成三维框架结构。其中专业门类包括综合、水文水资源、水利工程三个门类；专业序列包括综合技术、规划、建设、管理、材料及试验、装备六个序列；层次包括基础标准、通用标准、专用标准三个层次。水利技术标准体系结构框架见图 6－1，专业门类体系结构见图 6－2，专业序列体系结构见图 6－3，专业层次体系结构见图 6－4。对列入体系的每一项技术标准，均赋予唯一的标准体系号。

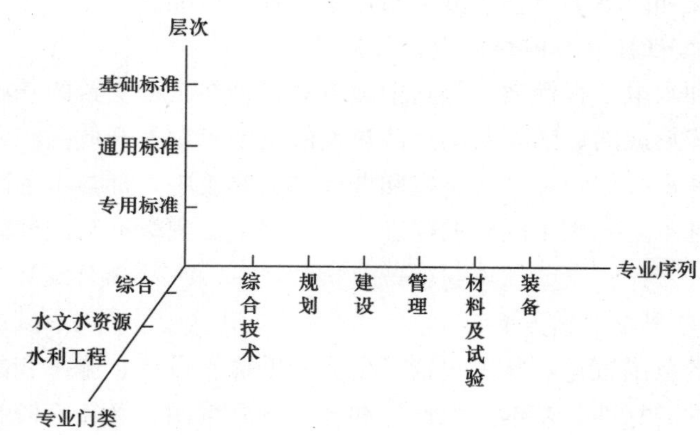

图 6－1 水利技术标准体系结构框架

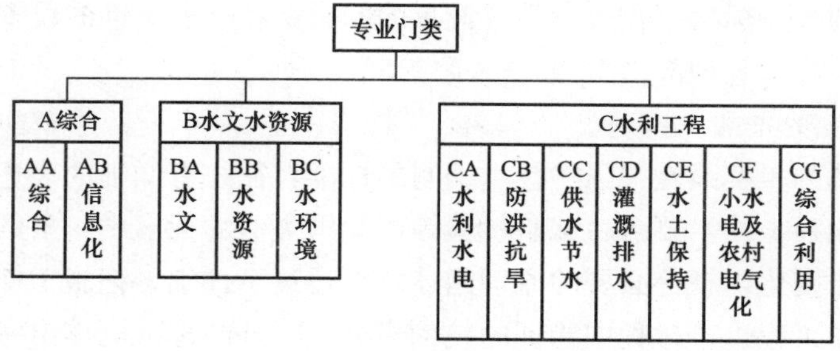

图 6－2 专业门类体系结构

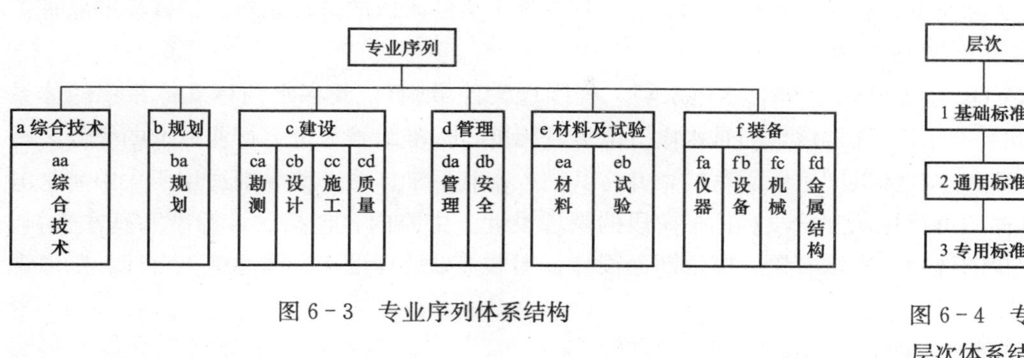

图 6-3　专业序列体系结构

层次

1 基础标准

2 通用标准

3 专用标准

图 6-4　专业层次体系结构

2. 水利标准的编制状态

水利技术标准的编制状态分已遍、在编（包括修订、起草、征求意见、审查、报批）、拟编三种。

（二）水利技术新标准

水电工程施工中涉及的水利技术标准主要是水利工程专业门类的水利水电（CA），工程建设这一专业序列中的施工（cc）和质量（cd），标准层次中的通用标准（2）和专用标准（3），这些标准在水利水电工程质量管理和控制中有着极其重要的作用。下面按照水利行业技术标准体系分别介绍一些在水利水电施工中常用的水利工程施工、验收及质量评定标准。

1. 施工技术标准

这类标准主要是各种类型的水利水电工程的施工技术标准、安全标准、施工测量和验收标准：

（1）SD 267—1988《水利水电建筑安装安全技术工作规程》，其在水利标准体系中的体系号为 CAcc1-02。该规程颁布较早，主要包括一般规定、高处作业、机电设备、工业卫生、季节施工、防火等内容。该规程由原水电二、三、四、六、十二、葛洲坝、闽江工程局和富春江水工厂主编，原能源部和水利部批准，适用于水利水电施工、勘测设计、水工厂、中外合资、承发包等单位及其下属的集体单位、其他外来施工单位和个人。

（2）SL 223—2008《水利水电建设工程验收规程》，其在水利标准体系中的体系号为 CAcc2-02。该规程是在 1999 版的基础上修订的，该规程适用于由中央、地方财政全部投资或部分投资建设的大中型水利水电建设工程（含 1～3 级堤防工程）的验收，其他水利水电建设工程的验收可参照执行。主要内容有：验收工作的分类、验收工作的组织程序、验收应具备的条件和验收成果性文件、验收所需要报告和资料的制备、验收后工程的移交和验收遗留问题处理。

（3）SL 288—2003《水利工程建设项目施工监理规范》是于 2004 年 1 月 1 日实施的水利行业标准。该规范适用于我国境内大中型水利工程建设项目的施工监理，小型水利工程建设项目的施工监理可参照执行。主要内容包括监理组织及监理人员、施工监理工作程序、方法和制度、施工准备阶段的监理工作、施工实施阶段的监理工作、保修期的监理工作等。

(4) DL/T 5087—1999《水电水利工程围堰设计导则》，其在水利标准体系中的体系号为 CAcc2-03。注意该导则是水电（电力）标准，标准编号为电力行业标准的编号，是原能源部和水利部共同组织编写的，并将其纳入水利标准体系。该导则适用于大中型水电水利工程的可行性研究阶段和招标阶段的围堰设计。主要内容包括设计标准和基本资料、围堰型式的选择、围堰布置、围堰断面设计、围堰基础处理设计、围堰施工设计、围堰观测与拆除设计。

(5) SL 52—1993《水利水电工程施工测量规范》，其在水利标准体系中的体系号为 CAcc3-02。该规范适用于水利水电工程的施工阶段的测量工作。主要内容包括总则、控制测量、放样的准备与方法、开挖工程测量、立模与填筑放样、金属结构与机电设备安装测量、地下洞室测量、辅助工程测量、施工场地地形测量、疏浚及渠堤施工测量、施工期间外部变形监测、竣工测量。水电标准体系对应的是 DL/T 5173—2003《水电水利工程施工测量规范》。

(6) SL 27—1991《水闸施工规范》，其在水利标准体系中的体系号为 CAcc3-03。该规范适用于平原区大中型工程中的 1～3 级水闸施工。山区、丘陵区的水闸、平原区 4、5 级水闸施工可参照使用。对特别重要的大型水闸施工，应专门研究制定补充规定。主要内容包括总则、施工测量、施工导流、土方开挖和填筑、地基处理、混凝土和钢筋混凝土、混凝土构件的预制装配、砌石、防渗、导渗和永久缝、钢闸门安装、启闭机安装、观测设施和施工期观测。

(7) SL 32—1992《水工建筑物滑动模板施工技术规范》，其在水利标准体系中的体系号为 CAcc3-04。该规范适用于水工建筑物中的混凝土坝，闸门井、调压井（塔）、闸墩、面板（堆石坝、溢流面等）以及斜洞等混凝土工程的滑动模板施工。主要内容包括总则、滑模施工对工程设计的要求、施工准备、各类建筑物的滑模装置设计、各类建筑物的滑模施工、质量检查等。水电标准体系对应的是 DL/T 5400—2007《水工建筑物滑动模板施工技术规范》。

(8) SL 46—1994《水工预应力锚固施工规范》，其在水利标准体系中的体系号为 CAcc3-05。该规范适用于水利水电工程中的地基、边坡、地下洞室的岩体及水工混凝土的预应力锚固施工。主要内容包括总则、一般规定、造孔、锚束制作与安放、张拉、防护、试验与观测、质量与安全、验收等。

(9) SL 377—2007《水利水电工程锚喷支护技术规范》，该规范是在 SDJ 57—1985《水利水电地下工程锚喷支护施工技术规范》的基础上修订的，其在水利标准体系中的体系号为 CAcc3-06。该规范适用于水利水电工程中各种地下洞室的锚喷支护设计与施工，或由锚喷支护参与组合而成的其他类型的支护设计与施工。采用锚喷支护的边坡、基础和其他建筑物的加固可参照执行。主要内容包括总则、引用标准、术语、锚喷支护设计、锚杆施工、喷射混凝土施工、联合支护施工、锚喷支护施工监测、安全技术与防尘、质量检查等。水电标准体系对应的是 DL/T 5181—2003《水电水利工程锚喷支护施工规范》。

(10) SL 47—1994《水工建筑物岩石基础开挖工程施工技术规范》，其在水利标准体系中的体系号为 CAcc3 - 07。该规范适用于 1～3 级水工建筑物岩石基础开挖工程。主要内容包括总则、开挖、排水和出渣运输、钻孔爆破、基础检查处理与验收等。水电标准体系对应的是 DL/T 5389—2007《水工建筑物岩石基础开挖工程施工技术规范》。

(11) SL 49—1994《混凝土面板堆石坝施工规范》，其在水利标准体系中的体系号为 CAcc3 - 08。该规范适用于 1～3 级混凝土面板堆石坝（含砂砾石填筑的坝）的施工。4、5 级混凝土面板堆石坝施工，可参照执行。对于坝高超过 70m 的混凝土面板堆石坝，不论工程等级均应按该规范执行。内容包括导流与度汛、坝基与岸坡处理、筑坝材料、堆石坝填筑、面板与趾板、施工止水设施、观测仪器埋设、质量控制等。水电标准体系对应的是 DL/T 5128—2001《混凝土面板堆石坝施工规范》。

(12) SL 53—1994《水工碾压混凝土施工规范》，其在水利标准体系中的体系号为 CAcc3 - 09。该规范适用于大中型水利水电工程岩基上 1～3 级坝的碾压混凝土施工；其他碾压混凝土施工可参照执行。主要内容包括总则、材料、配合比设计、施工、质量管理与评定等。水电标准体系对应的是 DL/T 5112—2009《水工碾压混凝土施工规范》。

(13) SL 62—1994《水工建筑物水泥灌浆施工技术规范》，其在水利标准体系中的体系号为 CAcc3 - 10。该规范适用于 1～3 级水工建筑物基岩灌浆、水工隧洞灌浆和混凝土坝接缝灌浆工程。4、5 级水工建筑物灌浆工程可参照使用。主要内容包括总则、灌浆材料、制浆和灌浆设备、坝基岩石灌浆、水工隧洞灌浆、混凝土坝接缝灌浆、竣工资料和工程验收等。水电标准体系对应的是 DL/T 5148—2001《水工建筑物水泥灌浆施工技术规范》。

(14) SL 174—1996《水利水电工程混凝土防渗墙施工技术规范》，其在水利标准体系中的体系号为 CAcc3 - 11。该规范适用于水工建筑物松散透水地基或土石坝体内深度小于 70m、墙厚为 60～100cm 防渗墙的施工，深度或厚度超过上述范围，应通过试验作出补充规定。主要内容包括总则、施工准备、造孔、泥浆、墙体材料及其施工、墙段连接、槽孔内钢筋笼及埋设件、特殊处理、质量检查和工程验收、施工记录和观测工作等。

(15) DL/T 5129—2001《碾压式土石坝施工规范》，其在水利标准体系中的体系号为 CAcc3 - 15。该规范是纳入水利标准体系的水电标准，适用于 1～3 级碾压式土石坝的施工，4、5 级土石坝应参照执行。坝高超过 70m 的碾压式土石坝，不论等级均应按本标准执行。对于 200m 以上的高坝及特别重要和复杂的工程应作专门研究。主要内容包括范围、引用标准、总则、测量、导流与度汛、坝基与岸坡处理、坝料复查与使用规划、施工试验与坝料加工、坝料的开采与运输、填筑、结合部位处理、反滤排水设施与护坡、安全监测、施工质量控制。

(16) SD 266—1988《土坝坝体灌浆技术规范》，其在水利标准体系中的体系号为 CAcc3 - 16。该规范适用于坝高 50m 以下的均质土坝和宽心墙坝，土堤可参照执行。内容包括总则、灌浆前的准备工作、灌浆设计、灌浆施工、灌浆观测工作、灌浆质量检查和验收等。

(17) DL/T 5070—1997《水轮机金属蜗壳安装焊接工艺导则》，其在水利标准体系中的体系号为 CAcc3-25。该导则是纳入水利标准体系的水电标准，主编单位是水利水电第七工程局和水利水电工程总公司。规定了大中型竖轴式水轮机金属蜗壳现场组合安装、焊接及检验的基本工艺方法、技术要求和操作（施工）程序，适用于以低合金结构钢为基本材料的金属蜗壳，其抗拉强度等级小于或等于 600MPa，小型水轮机金属蜗壳的安装和焊接可参照执行。主要内容包括范围、引用标准、术语定义、一般技术要求、蜗壳管节的拼装与焊接、蜗壳安装、蜗壳焊接、蜗壳焊接检验、蜗壳加固与变形监测、蜗壳水压试验等。

(18) DL/T 5071—1997《混流式水轮机分瓣转轮组装焊接工艺导则》，其在水利标准体系中的体系号为 CAcc3-26。该导则是纳入水利标准体系的水电标准，主编单位是水利水电第七工程局和水利水电工程总公司。该导则规定了水电站混流式水轮机分瓣转轮组装、焊接、热处理及加工的工艺方法、技术要求、操作程序和检验的一般规则。适用于混流式水轮机分瓣数为两瓣、材质为低合金钢及镍铬不锈钢的转轮在现场组装、焊接的工艺过程，不适用于上冠、下环及叶片分件制造并在现场组装、焊接的组焊方式。主要内容包括范围、引用标准、转轮组装前的准备与检查、分瓣转轮组合、转轮焊接、焊缝局部热处理、下环及叶片焊缝探伤检查、止漏环安装及加工、转轮静平衡、水轮机轴及附件安装等。

(19) DL 490—1992《大中型水轮发电机静止整流励磁系统及装置安装、验收规程》，其在水利标准体系中的体系号为 CAcc3-27。该规程是纳入水利标准体系的水电标准，该规程适用于额定容量为 10MW 及以上水轮发电机的静止整流励磁系统（以下简称励磁系统）及装置。主要内容包括适用范围、引用标准、术语、总则、安装与调试、验收等。

2. 质量技术标准

这类标准主要是各类单元工程的质量等级评定标准、施工质量检验与评定标准：

(1) SL 176—2007《水利水电工程施工质量检验与评定规程》，其在水利标准体系中的体系号为 CAcd2-03。该规程是在 1996 版的基础上修订的，适用于大中型水利水电工程及坝高 30m 以上的水利枢纽工程、4 级以上的堤防工程、总装机容量在 10MW 以上的水电站、小（1）型水闸工程等小型水利水电工程施工质量检验与评定，其他小型工程可参照执行。主要内容包括总则、术语、项目划分、施工质量检验、施工质量评定等。

(2) SDJ 249.1—1988《水利水电基本建设工程单元工程质量等级评定标准（一）（试行）》，其在水利标准体系中的体系号为 CAcd3-02。该评定标准是老的水电标准，主要适用于大中型水利水电工程的水工建筑工程，小型工程和其他工程亦可参照执行。主要内容包括土石方开挖、混凝土工程、水泥灌浆、基础排水、锚喷支护、地基加固、河道疏浚工程等。水电标准体系对应的是 DL/T 5113.1—2005《水电水利基本建设工程单元工程质

量等级评定标准 第1部分：土建工程》。

(3) SDJ 249.2—1988《水利水电基本建设工程单元工程质量等级评定标准 金属结构及启闭机械安装工程（试行）》，其在水利标准体系中的体系号为CAcd3-03。该评定标准是老的水电标准，主要适用于水利水电建设工程中的金属结构制作安装和启闭机安装。这部分内容包括压力钢管、平面闸门、弧形闸门、人字闸门、拦污栅制造与安装工程以及桥式启闭机、门式启闭机、固定卷扬式启闭机、螺杆式启闭机、油压启闭机安装工程等。

(4) SDJ 249.3—1988《水利水电基本建设工程单元工程质量等级评定标准 水轮发电机组安装工程（试行）》，其在水利标准体系中的体系号为CAcd3-04。该评定标准是老的水电标准，主要适用于单机容量为3MW及其以上的机组；水轮机为轴流式、斜流式、贯流式，转轮名义直径在1.4m及其以上；水轮机为混流式、冲击式时，转轮名义直径在1.0m及其以上的水轮发电机组安装工程，小型水轮发电机组安装工程亦可参照执行。主要内容包括立式反击式水轮机安装、贯流式水轮机安装、冲击式水轮机安装、调速器及油压装置安装、立式水轮发电机安装、卧式水轮发电机安装、灯泡式水轮发电机组安装、主阀及附属设备安装、机组管路安装及水轮发电机组试运行检查试验等。

(5) SDJ 249.5—1988《水利水电基本建设工程单元工程质量等级评定标准 水力机械辅助设备安装工程（试行）》，其在水利标准体系中的体系号为CAcd3-05。该评定标准是老的水电标准，适用于总装机容量在25MW及其以上、单机容量为3MW及其以上的水力机械辅助设备安装工程，总装机容量在25MW以下的水力机械辅助设备安装工程可参照执行。主要内容包括辅助设备安装及系统管路安装工程。

(6) SL 38—1992《水利水电基本建设工程单元工程质量等级评定标准（七） 碾压式土石坝和浆砌石坝工程》，其在水利标准体系中的体系号为CAcd3-08。该标准适用于大中型碾压土石坝和浆砌石坝工程，小型工程亦可参照执行。主要内容包括碾压土石坝工程的坝基及岸坡处理、防渗体工程、坝体填筑工程、细部工程以及浆砌石坝的砌筑体、防渗体、砂浆勾缝、溢流面砌筑和浆砌石墩墙工程等。

三、水电标准体系及新标准

（一）水电（电力）技术标准体系

水电技术标准体系属于电力技术标准体系，其基本框架为以下两大板块。

(1) 通用板块：基本的、适用电力行业全局的标准，主要包括DL01（基础通用标准）、DL02（安全环保标准）和DL03（管理标准）三大类，各类下面不分层次。DL01包含有术语、图形、符号、代码、编码、计量、制图、信息、计算机、电能质量、文体格式、图书馆、档案、文献与情报工作、教育、编辑、出版等内容；DL02包含综合性电力行业的安全、事故调查、环保、劳动卫生等内容；DL03包含标准化、劳动人事、物资管理、项目管理、电力市场管理、可靠性管理、定额标准等内容。

(2) 属于电力工业某一环节的标准，由DL1（勘探设计）、DL2（施工安装）、DL3（生产安全电网调度）、DL4（电力设备）、DL5（检修调试）、DL6（安全）、DL7（管理）

七个环节组成。每个环节有三个层次：第一层次为该环节的基础通用标准；第二层次分为DL×.1（水电）、DL×.2（火电）、DL×.3（电网和调度）、DL×.4（核电）、DL×.5（新能源）（×代表环节编号）等门类的基础通用标准；第三层次为专业的个性标准，即每一专业包含的具体标准。

每一板块和层次都是开口的，以便增加新内容。电力行业标准体系结构见图6-5。

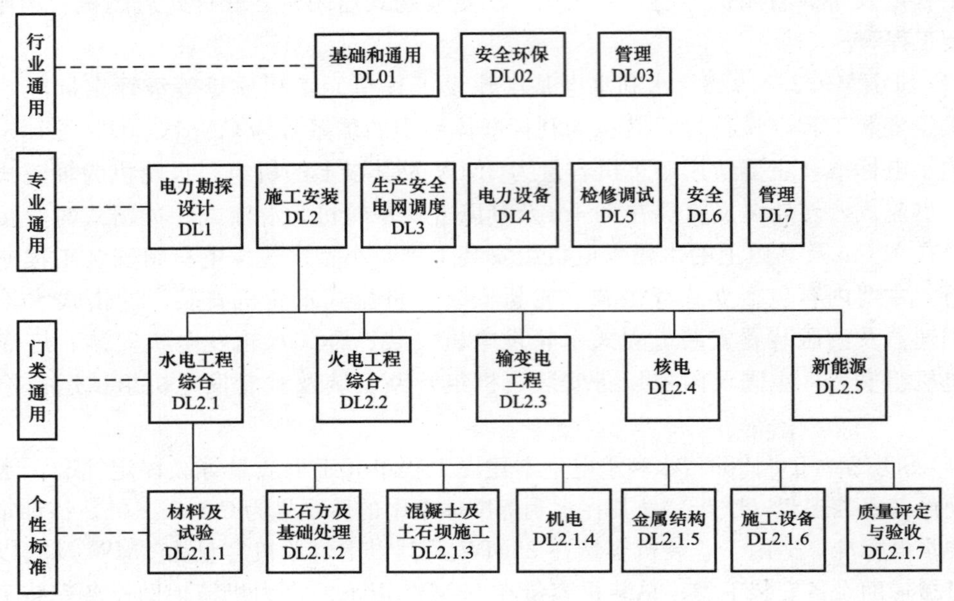

图6-5　电力行业标准体系结构

水电技术标准体系构架属于经典的树状结构，是按类别和专业逐级细分的。水电技术标准体系构架见图6-6。

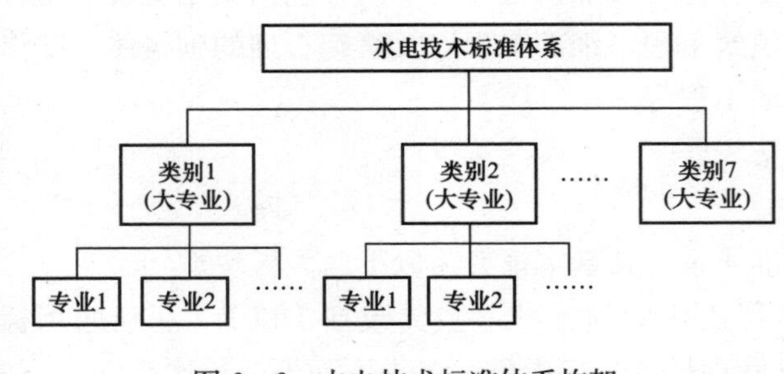

图6-6　水电技术标准体系构架

此构架体系还是存在一定的问题。例如，在大的类别的划分既有按技术专业的，又有按结构物类型的，使得某一项标准的归类不能做到唯一而存在多重性；大类别和小专业之间未能做到一一对应，现有标准存在内容交叉重合，需要进行调整重组，而添加新的标准进入体系也有一定困难。

（二）水电技术新标准

在水利水电工程施工质量管理和控制过程中常用到的标准属于DL2（施工安装环节）的DL2.1（水电工程门类），涉及DL2.1.1（材料及试验）、DL2.1.2（土石方及基础处理）、DL2.1.3（混凝土及土石坝施工）、DL2.1.4（机电）、DL2.1.5（金属结构）、DL2.1.6（施工设备）、DL2.1.7（质量评定与验收）。下面按技术专业分综合、试验、基

础处理灌浆防渗、土石方开挖、土石方填筑、混凝土、施工企业、质量检查评定验收进行分类，介绍最常用的水电施工标准。

1. 综合

这一类标准在电力标准体系中的体系号属于DL2.1，主要涉及水电工程施工监理、测量、安全、卫生和环保等内容：

(1) DL/T 5111—2000《水电水利工程施工监理规范》，该规范适用于大中型水电水利工程项目实施阶段的监理，小型水电水利工程项目的工程建设施工监理可参照执行。主要内容包括一般规定、监理工作准备、工程质量控制、工程进度控制、施工安全与环境保护、工程合同费用控制、合同商务管理、工程信息管理、监理协调、合同工程验收、工程移交与缺陷责任期监理工作等，并附有监理程序框图和监理常用表格。

(2) DL/T 5173—2003《水电水利工程施工测量规范》，该规范适用于中型及中型以上水电水利工程的施工测量工作，小型水电水利工程的施工测量工作可参照执行。标准规定了水电水利工程施工测量的基本内容与技术标准，主要内容包括范围、规范性引用文件、总则、术语和定义、平面控制测量、高程控制测量、地形测量、测量放样的准备、开挖填筑及混凝土工程测量、金属结构与机电设备安装测量、地下工程测量、疏浚及渠堤测量、附属工程测量、施工期间变形监测、竣工测量、资料整理等。

(3) DL/T 5162—2002《水电水利工程施工安全防护设施技术规范》，该标准规定了在水电水利建筑安装工程中设置安全防护设施的基本要求，适用于大中型水电水利建筑安装工程及其附属工程，其他水电水利建筑安装工程及其附属工程参照执行。主要内容包括范围、引用标准、总则、基本规定、施工风水电、土石方工程、基础处理、砂石料生产、混凝土工程、工地运输、金属结构制作安装、水轮机组安装与调试等。

(4) DL/T 5370—2007《水电水利工程施工通用安全技术规程》，该规程规定了水利水电工程施工的通用安全技术要求，适用于大、中型水利水电工程施工安全技术管理、安全防护与安全施工，小型水利水电工程可参照执行。主要内容包括总则、术语、施工现场、施工用电、供水、供风及通信、安全防护设施、大型施工设备安装与运行、起重与运输、爆破器材与爆破作业、焊接与气割、锅炉及压力容器、危险物品管理等。

(5) DL/T 5371—2007《水电水利工程土建施工安全技术规程》，该规程规定了水电水利工程土建施工安全的技术要求，适用于大中型水电水利工程土建施工的安全技术管理、安全防护与安全施工，小型水电水利工程土建施工工程可参照执行。主要内容包括范围、规范性引用文件、术语和定义、总则、土石方工程、地基与基础工程、砂石料生产工程、混凝土工程、沥青混凝土、砌石工程、堤防工程、疏浚与吹填工程、渠道、水闸与泵站工程、房屋建筑工程、拆除工程等。

(6) DL/T 5373—2007《水电水利工程施工作业人员安全技术操作规程》，该规程规定了参加水电水利工程施工作业人员安全、文明施工的行为规范，适用于大中型水电水利工程施工现场作业人员的安全技术管理、安全防护与安全、文明施工，小型水电水利工程可参照执行。主要内容包括范围、规范性引用文件、总则、基本规定、施工供风、供水、用电、起重、运输各工种、土石方工程、地基与基础工程、砂石料工程、混凝土工程、金属结构与机电设备安装、监测及试验、主要辅助工种等。

2. 试验

这一类标准在电力标准体系中的体系号属于 DL2.1.1，主要涉及土工、混凝土、沥青混凝土、施工设备等专业的试验、材料检验等内容：

(1) DL/T 5102—1999《土工离心模型试验规程》，该规程规定了土工模型实验中，试验设备的主要部件、模型制作方法、试验操作程序和试验数据采集与资料整理的要求，适用于各类岩土工程构筑物的模型试验，如土石坝、路堤、开挖边坡、挡土构筑物、地下隧道和厂房，以及其他模拟原构筑物重力的试验。主要内容包括范围、引用标准、术语、总则、试验设备、模型制作、试验步骤、试验资料、试验表格等。

(2) DL/T 5150—2001《水工混凝土试验规程》，该规程规定了检验水工混凝土拌和物性能和水工混凝土物理、力学、耐久性能的试验方法，以及现场检验水工建筑物混凝土质量的测试方法，适用于水利水电工程水工混凝土的室内、现场科学试验以及对施工混凝土质量的控制、检验。主要内容包括范围、引用标准、混凝土拌和物、混凝土、全级配混凝土、现场混凝土质量检查、砂浆等。

(3) DL/T 5117—2000《水下不分散混凝土试验规程》，该规程规定了水下不分散混凝土的试验方法。对试验用原材料的试验方法、试件的成型与养护方法及其性能试验均作出规定，并对现场取样方法也作了规定，适用于室内试验和现场取样试验。主要内容包括范围、引用标准、术语和符号、水下不分散混凝土原材料试验方法、实验室水下不分散混凝土拌和物的制备方法、新拌水下不分散混凝土现场取样方法、水下不分散混凝土试件的成型与养护方法、新拌水下不分散混凝土性能试验、硬化的水下不分散混凝土性能试验、水下不分散混凝土配合比参数等。

(4) DL/T 5126—2001《聚合物改性砂浆试验规程》，该规程规定了聚合物改性水泥砂浆、聚合物改性水泥砂浆原材料及拌和物的试验方法、技术要求等内容，适用于聚合物改性水泥砂浆的性能试验，其中包括原材料试验、拌和物的制备及试验、试件成型与养护、砂浆各项物理力学性能的试验方法。主要内容包括范围、引用标准、术语和符号、聚合物改性水泥砂浆原材料试验、聚合物改性水泥砂浆拌和物试验、聚合物改性水泥砂浆试验等。

(5) DL/T 5151—2001《水工混凝土砂石骨料试验规程》，该规程规定了砂、石骨料质量检验方法，适用于水工混凝土砂、石骨料的选用和检验。主要内容包括范围、引用标准、细骨料、粗骨料、骨料碱活性等。

(6) DL/T 5152—2001《水工混凝土水质分析试验规程》，该规程规定了水的主要成分分析方法和主要化学性质检验方法，适用于水工混凝土拌和及养护用水的水质分析和水工建筑物环境水侵蚀性的检验。主要内容包括范围、水样的采集与保存、水的 pH 值、碱度和硬度测定、水的主要成分分析等。

(7) DL/T 454—2005《水利电力建设用起重机检验规程》，该规程规定了水利水电建设用起重机检验的内容和保证检验质量的技术要求，适用于水利电力建设用门式、门座式、塔式、桥式及缆索起重机，不适用于汽车、轮胎式、履带式及浮式起重机，其他类型的起重机可参照执行。主要内容包括范围、规范性引用文件、基本规定、外观检查、性能参数检测、载荷试验、安全装置试验、结构应力测试、结构变位测量、司机室的测试、结构无损检测、试验报告等。

3. 基础处理灌浆防渗

这一类标准在电力标准体系中的体系号属于 DL2.1.2，主要涉及水电工程的灌浆、防渗等基础处理内容：

(1) DL/T 5199—2004《水电水利工程混凝土防渗墙施工规范》，该规程规定了水电水利工程混凝土防渗墙施工的技术要求和工程质量检验、评定方法，适用于水电水利工程松散透水地基或土石坝（堰）体内深度小于 70m，墙厚为 300～1000mm 的混凝土防渗墙工程。深度和厚度超出上述范围的混凝土防渗墙和其他建筑物其他用途的地下连续墙工程可参考使用。主要内容包括范围、规范性引用文件、术语和定义、一般规定、施工平台与导墙、泥浆、槽孔建造、墙体材料及成墙施工、墙段连接、钢筋笼及预埋件、特殊情况处理、质量检查和竣工资料等。

(2) DL/T 5200—2004《水电水利工程高压喷射灌浆技术规范》，该规范规定了水电水利高压喷射灌浆防渗工程的技术要求和工程质量检验、评定方法，适用于淤泥质土、粉质黏土、粉土、砂土、砾石、卵（碎）石等松散透水地基或填筑体内的防渗工程的高压喷射灌浆。对含有较多漂石或块石的地层，应进行现场高压喷射灌浆试验，以确定其适用性。高压喷射灌浆用于水工建筑物的地基加固时，可参照本标准的有关规定，并应符合国家其他相关标准的要求。主要内容包括范围、规范性引用文件、术语和定义、一般规定、高喷墙的结构形式、浆液、机具、钻孔、高喷灌浆、工程质量检查和验收等。

(3) DL/T 5148—2001《水工建筑物水泥灌浆施工技术规范》，该规范规定了水工建筑物水泥灌浆的施工技术要求和工程质量检验、评定方法，适用于 1～3 级水工建筑物基岩灌浆、隧洞灌浆、混凝土坝接缝灌浆等工程，4、5 级水工建筑物灌浆工程可参照使用。主要内容包括范围、引用标准、名词和术语、总则、灌浆材料、设备和制浆、坝基岩体灌浆、隧洞灌浆、混凝土坝接缝灌浆、岸坡接触灌浆、竣工资料和工程验收等。

(4) DL/T 5363—2006《水工碾压式沥青混凝土施工规范》，该规范规定了水工碾压式沥青混凝土施工行为和质量要求，适用于大中型水电水利工程的碾压式沥青混凝土施工，其他类似工程可参照执行。主要内容包括范围、规范性引用文件、术语和定义、总则、材料、配合比选定、沥青混合料的制备与运输、沥青混凝土面板铺筑、沥青混凝土心墙铺筑、沥青混凝土低温季节与雨季施工、安全监测、施工质量控制等。

4. 土石方开挖

这一类标准在电力标准体系中的体系号属于 DL2.1.2，主要涉及水电工程土石方的明挖、洞挖及支护等内容：

(1) DL/T 5135—2001《水电水利工程爆破施工技术规范》，该规范适用于大中型水电水利工程地面，地下、水下岩石开挖以及拆除工程的钻孔爆破，不涉及集中药包爆破施工。小型水电水利工程可参照执行，其他工程岩石开挖钻孔爆破可参考使用。主要内容包括适用范围、引用标准、名词术语、总则、火工材料、明挖钻孔爆破、地下洞室钻孔爆破、水下钻孔爆破、拆除工程钻孔爆破、爆破试验与观测、质量与安全等。但此规范与下面的两个规范内容上存在较多的重复。

(2) DL/T 5389—2007《水工建筑物岩石基础开挖工程施工技术规范》，该规范适用于1～3级水工建筑物岩石基础开挖工程。主要内容包括范围、规范性引用文件、术语和定义、总则、地质、测量、开挖、钻孔爆破、爆破试验、施工期安全监测、临时支护、排水和出渣运输、基础检查处理与验收等。

(3) DL/T 5099—1999《水下建筑物地下开挖工程施工技术规范》，该规范给出了水电工程地下开挖过程中各环节的技术要求、施工方法和质量检查、验收规定，适用于水电水利工程中水工建筑物地下开挖工程钻爆破法施工。主要内容包括范围、引用标准、总则、地质、测量、开挖、钻孔爆破、出渣运输、临时支护、不良工程地质段施工、监测、通风与防尘、辅助工程、质量检查与验收等。

(4) DL/T 5181—2003《水电水利工程锚喷支护施工规范》，该规范规定了水电水利工程锚喷支护施工的材料、机具、施工工艺、安全技术的基本要求以及质量检查与工程验收的标准，适用于大中型水电水利工程锚杆（索）、喷射混凝土支护以及由锚杆（索）、喷射混凝土组合而成的各种支护形式的施工，小型水电水利工程施工可参照执行。主要内容包括范围、规范性引用文件、术语和定义、总则、锚杆施工、预应力锚索施工、喷射混凝土施工、锚喷联合支护施工、安全技术与防尘、质量检查等。

(5) DL/T 5198—2004《水电水利工程岩壁梁施工规程》，该规程规定了地下洞室岩壁梁部位开挖方法、岩壁梁锚杆私岩壁梁钢筋混凝土施工，以及对岩壁梁的保护、荷载试验和观测法等，适用于水电水利工程地下厂房、主变压器室、尾水门室及其他地下洞室的岩壁锚杆吊车梁（以下简称岩壁梁）的施工，不适用于预应力锚索锚固的吊车梁。主要内容包括范围、规范性引用文件、总则、岩壁梁部位的开挖、岩壁梁锚杆的施工、岩壁梁混凝土的施工、岩壁梁的保护和监测 岩壁梁的荷载试验及观测等。

(6) DL/T 5083—2004《水工隧洞预应力混凝土衬砌锚束施工导则》，该导则主要适用于水工隧洞预应力混凝土衬砌锚束施工，适用于引水式水电站的调压井，斜、直井预应力混凝土衬砌锚束施工，坝后式水电站的压力管道和电站厂房蜗壳预应力混凝土锚束施工可参照执行，可供其他圆形筒体预应力混凝土锚束施工参考。主要内容包括范围、引用标准、名词术语、总则、一般规定、预应力钢绞线与锚具、成孔与成槽、锚束制作与安装、张拉、防护、试验与观测、质量与安全、验收等。

5. 土石方填筑

这一类标准在电力标准体系中的体系号属于DL2.1.3，主要涉及水电工程各类土石坝的填筑施工等内容：

(1) DL/T 5129—2001《碾压式土石坝施工规范》，该规范适用于1～3级碾压式土石坝的施工，4、5级土石坝应参照执行。坝高超过70m的碾压式土石坝，不论等级均应按该标准执行。对于200m以上的高坝及特别重要和复杂的工程，应作专门研究。主要内容包括范围、引用标准、总则、测量、导流与度汛、坝基与岸坡处理、坝料复查与使用规划、施工试验与坝料加工、坝料的开采与运输、填筑、结合部位处理、反滤排水设施与护坡、安全监测、施工质量控制等。

(2) DL/T 5128—2001《混凝土面板堆石坝施工规范》，该规范规定了混凝土面板堆石坝的施工技术要求，对施工导流、坝基和岸坡处理、坝体填筑与面板、接缝施工，以及相应质量控制都给出了明确规定，适用于1～3级及3级以下坝高70m以上的混凝土面板堆石坝（含砂砾石填筑的坝）的施工。4、5级的中低混凝土面板堆石坝可参照使用。对于200m以上高坝及特别重要和复杂的工程，应进行专门研究。主要内容包括范围、引用标准、总则、导流与度汛、坝基与岸坡处理、筑坝材料、坝体填筑、面板与趾板施工、接缝止水施工、安全监测、质量控制等。

(3) DL/T 5115—2008《混凝土面板堆石坝接缝止水技术规范》，该规范规定了混凝土面板堆石坝的接缝止水技术要求，适用于水电水利工程中1～3级和高度50m以上的4、5级混凝土面板堆石坝，其他面板坝可参照使用。对于坝高200m以上的混凝土面板堆石坝，或有特殊情况和要求的混凝土面板堆石坝，其接缝止水的结构形式、构造、止水材料和施工应专门研究。主要内容包括范围、规范性引用文件、术语和定义、总则、接缝止水结构、接缝止水材料、接缝止水施工、质量控制标准等。

6. 混凝土

这一类标准在电力标准体系中的体系号属于DL2.1.3，主要涉及水电工程混凝土坝施工，包括模板、钢筋、预埋、掺合料、外加剂、碾压混凝土、水下混凝土和抗冲耐磨混凝土等内容：

(1) DL/T 5110—2000《水电水利工程模板施工规范》，该规范规定了水工建筑物混凝土施工所用模板的材料、设计、制作、安装和拆除的基本要求，适用于大中型水电水利工程混凝土施工。小型水电水利工程混凝土施工用应参照执行。主要内容包括范围、引用标准、术语、总则、材料、设计、制作、安装与维护、拆除与维修、特种模板等。

(2) DL/T 5400—2007《水工建筑物滑动模板施工技术规范》，该规范规定了水工建筑物滑动模板施工的技术要求、施工质量控制以及施工安全技术要求，适用于水电水利工程的滑动模板施工。主要内容包括范围、规范性引用文件、术语和定义、总则、施工准备、滑动模板设计、滑动模板施工、质量控制、安全技术等。

(3) DL/T 5169—2002《水工混凝土钢筋施工规范》，该规范规定了水工混凝土钢筋的材料、加工、接头和安装的有关标准，适用于水工混凝土钢筋和锚筋的施工及质量检验。主要内容包括范围、规范性引用文件、总则、钢筋材料、钢筋的加工、钢筋的接头、钢筋的安装等。

(4) DL/T 5144—2001《水工混凝土施工规范》，该规范规定了水工混凝土施工行为和质量的基本要求，适用于大中型水电水利工程中1～3级水工建筑物的混凝土和钢筋混凝土的施工。主要内容包括范围、引用标准、总则、术语、符号、材料、配合比选定、施工、温度控制、低温季节施工、预埋件施工、质量控制与检查等。

(5) DL/T 5055—2007《水工混凝土掺粉煤灰技术规范》，该规范规定了水工混凝土中粉煤灰掺合料的技术要求、试验方法、标识、验收和保管，以及水工混凝土掺用粉煤的技术要求、质量控制和检验方法，适用于各类水电水利工程掺用粉煤灰的混凝土，水工砂浆掺用煤灰可参照执行。主要内容包括范围、规范性引用文件、术语和定义、总则、粉煤灰的技术要求、水工混凝土掺用粉煤灰的技术要求、掺粉煤灰混凝土的质量控制与检查等。

(6) DL/T 5100—1999《水工混凝土外加剂技术规程》，该规范规定了掺外加剂混凝土的性能、质量检验和工程应用要求等内容，适用于水电水利工程混凝土中掺用以下外加剂的选用和检验：引气剂、普通减水剂、早强减水剂、缓凝减水剂、引气减水剂、高效减水剂、缓凝高效减水剂、缓凝剂、高温缓凝剂、泵送剂、速凝剂、防冻剂、水中不分离剂。主要内容包括范围、引用标准、名词术语、质量要求、质量检验、工程应用要求等。

(7) DL/T 5112—2000《水工碾压混凝土施工规范》，该规范适用于大中型水电水利工程中1～3级水工建筑物的碾压混凝土施工，其他工程的碾压混凝土施工可参照执行。主要内容包括范围、规范性引用文件、术语和定义、总则、材料、配合比设计、施工、质量控制和评定等。

7. 施工企业

这一类标准在电力标准体系中的体系号属于DL2.1.6，主要涉及水电工程的施工设备等内容：

(1) DL/T 456—2005《混凝土搅拌楼用搅拌机》，该标准规定了周期式混凝土搅拌机的分类、主要参数、搅拌筒的最小容积界限及主要技术要求与制作质量要求，适用于混凝土搅拌楼配套的公称容积为6000L以下的周期式混凝土搅拌机，公称容积小于350L的单独使用的混凝土搅拌机也可参照使用。主要内容包括范围、规范性引用文件、术语和定义、分类与参数、技术性能、制造与装配质量、试验方法与检验规则、标志、包装、运输与储存等。

(2) DL/T 945—2005《周期式混凝土搅拌楼》，该规范规定了周期式混凝土搅拌楼的分类、技术要求、试验方法、检验规则及标志、包装、储运的要求，适用于生产率为$30m^3/h$（包含）以上生产水工混凝土、商品混凝土、温控混凝土和碾压混凝土的周期式混凝土搅拌楼以及船载混凝土搅拌楼。主要内容包括范围、规范性引用文件、术语和定义、分类与型号、技术要求、检验规则、试验方法、标志、包装、储运等。与其相对应的水利标准为SL/T 242—1999《周期式混凝土搅拌楼（站）》。

8. 质量检查评定验收

这一类标准在电力标准体系中的体系号属于DL2.1.7，主要涉及水电工程质量检查、评定与验收等内容：

(1) DL/T 5113.1—2005《水电水利基本建设工程单元工程质量等级评定标准 第1部分：土建工程》，该标准规定了水电水利工程开挖工程（含疏浚工程）、地基基础工程、混凝土工程（含混凝土预制构件吊装、坝体接缝灌浆工程）的单元工程质量评定标准，适用于大中型水电水利工程单元工程质量等级评定，小型水电水利工程可参照执行。主要内容包括范围、规范性引用文件、总则、岩石边坡开挖工程、岩石地基开挖工程、岩石地下开挖工程、软基和岸坡开挖工程、疏浚工程、岩石地基灌浆工程、回填灌浆工程、基础排水工程、锚喷支护工程、预应力锚固工程、振冲法地基处理工程、混凝土防渗墙工程、钻孔灌注桩工程、高压喷射灌浆工程、混凝土工程、钢筋混凝土预制构件安装工程、坝体接缝灌浆工程等。

(2) SL 38—1992《水电水利基本建设工程单元工程质量等级评定标准（七） 碾压式土石坝和浆砌石坝工程》，适用于大中型碾压土石坝和浆砌石坝工程，小型工程亦可参照执行。主要内容包括碾压土石坝工程的坝基及岸坡处理、防渗体工程、坝体填筑工程、细部工程以及浆砌石坝的砌筑体、防渗体、砂浆勾缝、溢流面砌筑和浆砌石墩墙工程等。

(3) DL/T 5113.8—2000《水电水利基本建设工程单元工程质量等级评定标准（八） 水工碾压混凝土工程》，该标准适用于大中型水电水利工程中水工碾压混凝土的单元工程质量等级的评定。主要内容包括范围、引用标准、总则、坝基及岸坡处理、中间产品、坝体碾压混凝土铺筑工程、防渗体工程、原型观测仪器埋设、碾压混凝土质量评定等。

(4) DL/T 5123—2000《水电站基本建设工程验收规程》，该标准适用于列入国家建设计划或在国家登记备案的水电站基本建设工程（以下简称水电工程）。水利枢纽等工程中的大型水电厂（总装机容量在250MW及以上）机组启动验收也应按该标准的要求进行，列入地方建设计划或在地方登记备案的水电工程可参照执行。主要内容包括范围、引用标准、总则、工程截流验收、工程蓄水验收、机组启动验收、单项工程竣工验收、工程竣工验收等。

第三节 工程建设标准强制性条文

一、概述

（一）《工程建设标准强制性条文》的产生

《工程建设标准强制性条文》简称《强制性条文》，顾名思义，就是在工程建设标准中必须严格执行的强制条款。它是从现行工程建设国家标准和行业标准中摘取，在我国各类工程建设中必须严格执行的条文，将它们按一定逻辑关系组合而成的，区别已颁布的单个强制性标准的集合型强制性标准。

1998年3月，《中华人民共和国建筑法》颁布实施，对建筑施工许可、发包与承包、安全管理、质量管理等方面作出了原则规定。2000年1月30日，朱镕基总理签发第279号国务院令，发布《建设工程质量管理条例》（简称《条例》），规定凡在中华人民共和国境内从事建设工程的新建、扩建、改建等有关活动及实施质量监督管理的单位和个人必须遵守。这是我国专门针对市场经济条件下建立新的建设工程质量监督管理制度第一部行政法规。《条例》涉及各方面，对执行强制性标准有具体要求，《条例》规定，不执行工程建设强制性技术标准就是违法，就要给予相应的处罚。

为促使各部门尽快落实《条例》，2000 年 8 月 25 日，建设部以第 81 号令发布建设部《实施工程建设强制性标准监督规定》，对工程建设行政主管部门和国务院有关主管部门的职责、各有关部门的监督责任做了规定；明确了行政主管部门及建设、设计、施工、监理等单位违反强制性条文的处罚；规定了强制性标准监督检查的内容等。该条例的出台对整个工程建设强制性标准工作具有重要意义：落实了工程建设强制性标准工作的三大任务，即制定标准、实施标准和对标准实施的监督；规划了标准体制改革的方向；对违反强制性标准的处罚有了明确的、具体的规定。

为使政府能根据法律、法规和强制性标准对建设工程质量进行监督管理，使《条例》在各行业更具操作性，建设部组织各部委编写各行业的强制性条文。《工程建设标准强制性条文》基本涵盖了工程建设的各个领域，共包括城乡规划、城市建设、房屋建筑、工业建筑、水利工程、电力工程、信息工程、水运工程、公路工程、铁道工程、石油和化工建设工程、矿山工程、人防工程、广播电影电视工程、民航机场工程 15 部分。

（二）强制性条文的必要性

我国沿用的是强制性标准和推荐性标准相结合的技术控制体制。虽然我国的强制性标准具有技术法规的特性和作用，但强制标准的数量过多、范围过宽、内容混杂，毕竟无法等同于技术法规，在市场经济不断发展、完善的今天，越发显现出这种体制的局限性。同时，在强制性标准中，混存着某些非强制性条款，推荐性标准中混存着某些强制性条款。这些使监督检查困难，处罚上也很难严格区分，尺度难以把握。

目前，世界上大多数国家对建设市场的控制是通过技术法规与技术标准来实现的。技术法规是强制性的，是把那些涉及建设工程安全、人体健康、环境保护和公共利益的技术要求，用法规的形式规定下来，在工程建设工作中严格贯彻执行。不执行技术法规就是违法，就要受到处罚。而技术标准是自愿采用的。这种管理体制，由于技术法规的数量相对较少，是政府部门需要管理的内容，重点突出因而便于监督，不仅能够满足建设市场运行管理的需要，同时也不会给工程建设的发展、技术的进步造成障碍。在我国加入 WTO 后，工程建设标准管理体制与国际惯例接轨已是客观的要求。可以说，改革工程建设标准化管理模式，建立起技术法规与技术标准相结合的管理体制，已是十分迫切的需要。

强制性条文的编制与发布，为我国工程建设标准的现行体制向“强制性技术法规——推荐性技术标准”体制转变，与国际接轨，创造了初步条件。但是，由于目前直接形成技术法规，按照技术法规与技术标准相结合的管理体制运作还需要有一个法律的准备过程，在形成技术法规的过程中还有许多工作要做，因此作为过渡，有必要把必须要强制执行的，政府必须管的工程建设标准相关条文独立出来。这是编制《强制性条文》的背景。

《强制性条文》已经具备了技术法规的基本内容，形成了技术法规的雏形。

强制性条文是向技术法规过渡的文件，是便于质量管理、质量监督的一个法规性文件，它是执法的依据，其层次比技术标准高。不过，《强制性条文》虽初步形成了水利技术法规的雏形，但这毕竟不是完善的水利技术法规，在实施过程中仍存在诸多问题，还不能完全适应 WTO 要求，必须尽快完善技术法规体系，以适应 WTO 运行规则要求。

（三）强制性条文的编写原则

强制性条文的编写遵循以下原则：

(1) 强制性条文必须是直接涉及工程建设安全、卫生和其他公众利益的、必须严格执行的强制性条款。同时，要考虑到保护资源、节约投资、提高经济效益和社会效益。

(2) 强制性条文直接从现行工程建设标准中摘录章、节、条的内容或编号，按照工程分类、内容联系和逻辑关系，排列汇总。

(3) 强制性条文必须体现强制性的最高程度，对强制性标准的实施监督具有较强的可操作性。

(4) 现行标准中，明确为“必须”执行的条款，强制性条文大部分应摘录；明确为“应”执行的条款，强制性条文应从严摘录；明确为“宜”、“可”执行的条款，强制性条文一般不摘录。其反面用词同等对待。

(5) 正在编制的工程建设标准，对强制性条款，印刷时在其条款下方加黑线注明。

(6) 摘录条文一般不引用标准，避免了标准套标准，以利于实施。

(7) 编写工作采用分散研究、集中编制、广泛征求意见、专家充分论证、统一批准发布的原则。

（四）强制性条文的性质

《建设工程质量管理条例》是国务院通过行政立法程序公布的法令，具备法律性质，对整顿建筑市场，规范建筑市场中的竞争行为，起到了重要作用。《建设工程质量管理条例》规定，不执行工程建设强制性技术标准就是违法，同时，根据违反强制性标准所造成后果的严重程度，规定了相应的处罚措施。强制性条文作为《建筑工程质量管理条例》的配套文件，是该条例的延伸和补充，它从技术的角度来保证建设工程的质量，同样具备某些法律的属性；强制性条文是向技术法规过渡的文件，是质量管理和质量监督的一个法规性文件，它是执法的依据，其层次比技术标准高。

（五）强制性条文的作用

作为《工程建设标准强制性条文》的具体条文，最主要的考虑因素是人民生命财产安全、人身健康、环境保护和公众利益。尽管单靠强制性条文并不能完全解决安全、人身健康、环境保护等问题，但是相对而言，入选的强制性条文都具有重大影响性。许多事故，尤其是恶性事故，证实了强制性条文的重要性。在工程建设过程中，所有条款对安全可靠、人身健康、环境保护等问题的影响却并不完全是一致的。从现行标准、规范中摘录出其中对安全有直接和决定性影响的少数关键条款，以强制性条文的形式强制执行，对确保安全、人身健康、环境保护等方面可以起到有效控制的作用。

二、水利工程建设标准强制性标准

（一）水利工程建设标准强制性标准概况

最早的《工程建设标准强制性条文》（水利工程部分）于2000年开始实施。后经过修订，2004年版《工程建设标准强制性条文》（水利工程部分）由建设部以建标〔2004〕103号文批准发布，自2004年10月1日起施行，原2000年版《工程建设标准强制性条文》（水利工程部分）同时废止。目前正在进行第二次修订。

2004年版《工程建设标准强制性条文》（水利工程部分）由七篇组成，即第一篇设计文件编制、第二篇水文测报与工程勘测、第三篇水利工程规划、第四篇水利工程设计、第五篇水利工程施工、第六篇机电与金属结构、第七篇环境保护、水土保持和征地移民，共涉及现行有效的国家标准和行业标准136本，摘录出强制性条文共559条。其中，水利工程施工部分摘录出强制性条文共136条。

《工程建设标准强制性条文》（水利工程部分）中的所有条款都必须严格执行。各级水行政主管部门以及参与水利工程建设的勘测设计、施工、监理、管理等部门，应本着对国家、对人民高度负责的原则，切实提高对贯彻实施《工程建设标准强制性条文》（水利工程部分）的认识，高度重视《工程建设标准强制性条文》（水利工程部分）的实施与监督，保证和提高水利工程建设质量。

作为工程技术人员，在水利水电工程的质量管理与控制中，应根据工程涉及的具体工程内容，掌握与工程相关的《工程建设标准强制性条文》（水利工程部分）的所有内容，彻底贯彻国务院《建设工程质量管理条例》和《实施工程建设强制性标准监督规定》，全面执行《工程建设标准强制性条文》（水利工程部分）。

（二）水利工程施工强制条文简介

在水利水电工程的质量管理与控制中使用最多的是《工程建设标准强制性条文》（水利工程部分）第五篇水利工程施工，现对2004年版的这一部分作简要介绍。

1. 安全与卫生

《工程建设标准强制性条文》“安全与卫生”引入SD 267—1988《水利水电建筑安装安全技术工作规程》的条文共24条，内容涉及伤亡事故的处理原则、警示性标志、爆破安全警戒、爆破器材保管及运输、爆破器材仓库、施工用电、施工人员安全及卫生要求等。SD 267—1988《水利水电建筑安装安全技术工作规程》标准条文总数为4969条，安全方面引用条款为20条。处理安全事故的原则和要求引用第一篇中第0.0.9条；警示性标志要求引用第二篇中第1.0.4、1.0.5条；爆破安全警戒要求引用第二篇中第1.0.15条；施工用电安全要求引用第二篇中第1.0.16条；施工人员的安全规定引用第二篇中第1.0.1、2.1.2、2.1.4、2.1.6、2.1.8、2.1.15条；拆除工作的安全要求引用第二篇中第1.0.18条；机电安装和运行管理安全要求引用第二篇中第3.1.4、3.2.8条；施工防火安全要求引用第二篇中第6.2.2条；爆破器材保管要求引用第五篇中第1.0.6条；爆破器材仓库要求引用第五篇中第2.1.2、2.2.1、2.2.2条；爆破器材运输要求引用第五篇中第3.2.2条。卫生方面引用条款为4条，作业场所的卫生要求引用第二篇中第4.1.1、4.1.10条；

保护地下水源的卫生要求引用第二篇中第 4.1.8 条；特殊工种人员定期身体检查的要求引用第二篇中第 4.3.1 条。

2004 年颁布的《中华人民共和国安全生产法》、2003 年颁布的《建设工程安全生产管理条例》等为工程安全生产进一步规范化、法制化提供了法律依据。目前，SD 267—1988《水利水电建筑安装安全技术工作规程》已被以下标准所替代：SL 398—2007《水利水电工程施工通用安全技术规程》、SL 399—2007《水利水电工程土建施工安全技术规程》、SL 400—2007《水利水电工程金属结构与机电设备安装安全技术规程》、SL 401—2007《水利水电工程施工作业人员安全操作规程》。

2. 土石方工程

《工程建设标准强制性条文》的“土石方工程”引入 4 本标准的条文，共 14 条：SL 47—1994《水工建筑物岩石基础开挖工程施工技术规范》中 1 条，SDJ 212—1983《水工建筑物地下开挖工程施工技术规范》中 7 条，SL 46—1994《水工预应力锚固施工规范》中 3 条，SDJ 57—1985《水利水电地下工程锚喷支护施工技术规范》中 1 条。内容涉及开挖与锚固支护等要求，开挖包括露天开挖和地下开挖，锚固支护包括锚喷支护和预应力锚固。

关于开挖，《工程建设标准强制性条文》引入 2 本标准，共 10 条，其中 SL 47—1994《水工建筑物岩石基础开挖工程施工技术规范》标准条文总数为 63 条，明挖工程对钻爆的要求引用其第 1.0.8 条，明挖工程的安全保护要求引用第 2.1.2、3.2.6 条。SDJ 212—1983《水工建筑物地下开挖工程施工技术规范》标准条文总数为 151 条，地下洞室洞脸施工作业的要求引用第 4.2.1 条和 4.2.4 条，自上而下开挖竖井施工的要求引用第 4.4.2 条，特大断面洞室开挖要求引用第 4.5.5 条，洞室开挖对爆破安全的要求引用第 5.3.2、5.3.4、5.3.7 条。

关于锚固与支护，《工程建设标准强制性条文》引入 2 本标准，共 4 条，其中 SL 46—1994《水工预应力锚固施工规范》标准条文总数为 126 条，锚束防护的质量要求引用第 2.0.8 条，预应力钢材的临时防护要求引用第 6.1.3 条，预应力锚杆（索）的安全施工引用第 8.3.2 条。SDJ 57—1985《水利水电地下工程锚喷支护施工技术规范》标准条文总数为 86 条，锚喷施工中的安全引用第 5.1.12 条。

3. 砌石工程

《工程建设标准强制性条文》的“砌石工程”引入 4 本标准，共 10 条：SL 260—1998《堤防工程施工规范》中 1 条；SL 234—1999《泵站施工规范》中 1 条，SL 172—1996《小型水电站施工技术规范》中 3 条，SD 120—1984《浆砌石坝施工技术规定（试行）》中 5 条。内容涉及一般干砌石与浆砌石施工及砌石坝的施工要求。

SL 260—1998《堤防工程施工规范》标准条文总数为 160 条，干砌石的质量控制要求引用第 6.4.5 条。SL 234—1999《泵站施工规范》标准条文总数为 380 条，浆砌石的质量控制要求引用第 6.5.3 条。SL 172—1996《小型水电站施工技术规范》标准条文总数为 607 条，浆砌石的质量控制要求引用第 7.6.3、10.2.7、10.2.8 条。SD 120—1984《浆砌石坝施工技术规定（试行）》标准条文总数为 132 条，浆砌石材质要求引用第 2.1.5 条，胶结材料配合比的质量控制要求引用第 3.4.2 条，浆砌石坝的质量控制要求引用第 4.2.11、6.1.2、6.3.2 条。

4. 混凝土工程

《工程建设标准强制性条文》的“混凝土工程”引入 2 本标准，共 24 条：SDJ 207—1982《水工混凝土施工规范》中 22 条；SL 32—1992《水工建筑物滑动模板施工技术规范》中 2 条。水利系统新的水工混凝土施工规范正在修编中。内容涉及模板、钢筋、浇筑和温度控制。

SL 32—1992《水工建筑物滑动模板施工技术规范》标准条文总数为 119 条，滑模牵引系统的设计规定引用第 4.5.8 条，陡坡滑模施工安全引用第 5.4.6 条。SDJ 207—1982《水工混凝土施工规范》标准条文总数为 317 条，其中重要模板的设计制造质量要求引用第 2.3.2 条，竖向内倾模板安装的质量要求引用第 2.3.7 条，拆除模板的期限引用第 2.6.1 条，钢筋材质的控制要求引用第 3.1.3、3.1.6 条，钢筋安装质量的控制要求引用第 3.4.1 条，水泥的质量要求引用第 4.1.5 条，混凝土拌和用水和养护用水的质量要求引用第 4.1.15 条，混凝土配合比的控制质量要求引用第 4.2.2 条，混凝土拌和质量的控制要求引用第 4.3.1 条，岩基清理的质量控制要求引用第 4.5.2 条，混凝土平仓作业的质量要求引用第 4.5.8、4.5.9 条，不合格的混凝土处理引用第 4.5.10 条，浇筑连续性的要求引用第 4.5.11 条，工作缝处理的强度要求引用第 4.5.12 条，浇筑时表面泌水处理要求引用第 4.5.13 条，浇筑时进行温控的要求引用第 5.1.5 条，高温季节施工温控要求引用第 5.2.5 条，气温骤降及低温季节的温控要求引用第 5.2.14、5.2.16、6.0.2 条。

5. 防渗墙与灌浆工程

《工程建设标准强制性条文》的“防渗墙与灌浆工程”引入 4 本标准的条文，共 12 条：SL 174—1996《水利水电工程混凝土防渗墙施工技术规范》中 4 条，SD 220—1987《土石坝碾压式沥青混凝土防渗墙施工规范（试行）》中 4 条，SL 62—1994《水工建筑物水泥灌浆施工技术规范》中 3 条，SD 266—1988《土坝坝体灌浆技术规范》中 1 条。内容涉及混凝土防渗墙施工、沥青混凝土防渗墙施工和灌浆工程施工三个方面。

SL 174—1996《水利水电工程混凝土防渗墙施工技术规范》标准条文总数为 111 条，防渗墙的施工试验引用第 2.0.5 条，混凝土防渗墙墙体质量要求引用第 5.1.3、5.1.5 条，墙体施工中特殊情况处理的质量要求引用第 8.0.3 条。SD 220—1987《土石坝碾压式沥青混凝土防渗墙施工规范（试行）》标准条文总数为 201 条，沥青混凝土铺筑试验的要求引用第 1.0.6 条，沥青混凝土的安全生产要求引用第 8.2.3、8.2.4、8.2.7 条。SL 62—1994《水工建筑物水泥灌浆施工技术规范》标准条文总数为 234 条，现场灌浆试验的要求引用第 1.0.3 条，灌浆区防震安全的要求引用第 1.0.7 条，接缝灌浆施工顺序的要求引用第 5.1.1 条。SD 266—1988《土坝坝体灌浆技术规范》标准条文总数为 98 条，土坝坝体灌浆质量控制要求引用第 4.1.3 条。

6. 单项工程

《工程建设标准强制性条文》的“单项工程 ”引入 7 本标准的条文，共 36 条：

SL 260—1998《堤防工程施工规范》中 7 条，SDJ 213—1983《碾压式土石坝施工技术规范》中 6 条，SL 49—1994《混凝土面板堆石坝施工规范》中 10 条，SL 53—1994《水工碾压混凝土施工规范》中 4 条，SL 27—1991《水闸施工规范》中 3 条，SL 172—1996《小型水电站施工技术规范》中 4 条，SL 234—1999《泵站施工规范》中 2 条；新的《碾压式土石坝施工技术规范》和《水工碾压混凝土施工规范》正在修编中。内容涉及堤防、土石坝、混凝土面板堆石坝、碾压混凝土坝、水闸、小型水电站和泵站等单项工程。针对各单项工程的特点，分别提出关键性的要求，以确保施工质量与安全。

SL 260—1998《堤防工程施工规范》标准条文总数为 160 条，其中施工准备阶段的质量控制要求引用第 2.2.3、2.3.3 条，堤基施工的质量控制要求引用第 5.1.3、5.2.2 条，碾压土堤施工填筑作业质量控制要求引用第 6.1.1 条，碾压土堤施工铺料作业质量控制要求引用第 6.1.2 条，碾压土堤压实作业质量控制要求引用第 6.1.3 条。

SDJ 213—1983《碾压式土石坝施工技术规范》标准条文总数为 256 条，其中施工试验的要求引用第 6.1.3 条，坝体填筑作业的要求引用第 8.0.1 条，坝体压实作业的要求引用第 8.0.5 条，坝体心墙填筑作业的要求引用第 8.1.14 条，负温下填筑的要求引用第 8.3.5 条，反滤层施工的质量要求引用第 10.1.8 条。

SL 49—1994《混凝土面板堆石坝施工规范》标准条文总数为 97 条，其中混凝土面板堆石坝挡水度汛的要求引用第 2.0.3 条，碾压试验的要求引用第 5.1.2 条，碾压施工的要求引用第 5.1.3 条，填筑料、填筑质量的要求引用第 5.1.5、5.2.1、5.2.2 条，混凝土面板的质量要求引用第 6.1.2 条，趾板混凝土浇筑的质量要求引用第 6.2.1 条，面板混凝土的养护要求引用第 6.3.9 条，止水片施工的质量控制要求引用第 7.2.5 条。

SL 53—1994《水工碾压混凝土施工规范》标准条文总数为 85 条，其中现场碾压试验的要求引用第 1.0.3 条，碾压质量的控制要求引用第 4.5.5 条，碾压层间允许间隔时间的控制要求引用第 4.5.6 条，施工缝处理的质量控制要求引用第 4.7.1 条。

SL 27—1991《水闸施工规范》标准条文总数为 363 条，其中水闸工程施工准备阶段的控制要求引用第 4.2.2 条，地基处理的质量控制要求引用第 5.1.2 条，钢筋混凝土铺盖施工程序控制要求引用第 9.3.1 条。

SL 172—1996《小型水电站施工技术规范》标准条文总数为 607 条，钢管安装及预制钢筋混凝土管止水的要求引用第 16.3.1、16.5.4 条，地下厂房开挖的要求引用第 17.1.2 条，工程度汛的要求引用第 17.2.2 条。

SL 234—1999《泵站施工规范》标准条文总数为 380 条，机泵座二期混凝土强度要求引用第 4.5.13 条，缆车式泵房岸坡地基要求引用第 4.8.1 条。

7. 工程质量检查及验收

《工程建设标准强制性条文》的“工程质量检查及验收”引入 3 本标准的条文，共 16 条：SL 176—1996《水利水电工程施工质量评定规程（试行）》中 4 条，SL 239—1999《堤防工程施工质量评定与验收规程（试行）》中 2 条，SL 223—1999《水利水电建设工程验收规程》中 10 条。水利系统新的工程质量检查与评定规程已经颁布，内容涉及质量检查与工程验收两个方面。

SL 176—1996《水利水电工程施工质量评定规程（试行）》标准条文总数为 43 条，中间产品与原材料的质量检查要求引用第 4.3.3 条，水工金属结构、启闭机及机电产品的质量检查要求引用第 4.3.4 条，单元工程质量的检验要求引用第 4.3.5 条，质量评定工作的组织与管理方面的要求引用第 5.2.6 条。SL 239—1999《堤防工程施工质量评定与验收规程（试行）》标准条文总数为 112 条，重要隐蔽工程及关键部位施工的质量检查要求引用第 4.1.3 条，质量事故后工程质量的检查要求引用第 4.1.9 条。SL 223—1999《水利水电建设工程验收规程》标准条文总数为 76 条，水利工程验收分类规定引用第 1.0.3 条，工程验收时间及责任方面的规定引用第 1.0.8、1.0.10、3.1.1、3.3.1 条，机组启动验收的要求引用第 3.4.4～3.4.6 条，工程投入运用前进行验收的要求引用第 4.1.1、5.1.1 条。

三、水力发电工程建设标准强制性标准

（一）水力发电工程建设标准强制性标准概况

2006 年版《工程建设标准强制性条文》（电力工程部分）由建设部以建标〔2006〕102 号文批准发布，自 2006 年 9 月 1 日起施行，2000 年版《工程建设标准强制性条文》（电力工程部分）同时废止。

《工程建设标准强制性条文》（电力工程部分）由三篇组成，第一篇为火力发电工程，第二篇为水力发电及新能源工程，第三篇为电气输变电工程。其中，第二篇水力发电及新能源工程分为综合规定、规划勘测设计、施工及验收、新能源四章。第三章施工及验收由 350 余条组成。

作为水电工程施工技术人员，在水利水电工程实践中应根据工程涉及的具体工程内容，掌握与工程相关的《工程建设标准强制性条文》的所有内容，尤其应系统学习强制性条文中摘录的新内容，彻底贯彻国务院《建设工程质量管理条例》和《实施工程建设强制性标准监督规定》，全面执行《工程建设标准强制性条文》（电力工程部分）。

（二）水力发电工程施工及验收强制条文简介

目前，在水利水电工程的质量管理与控制中常用到的是 2006 版《工程建设标准强制性条文》（电力工程部分）中第二篇第三章的内容，现简要介绍如下：

DL/T 5109—1999《水电水利工程施工地质规程》引入 5 条，其中施工地质工作内容要求引用第 3.0.2 条，预报内容要求引用第 4.3.3 条，编录要求引用第 5.1.3 条，工程边坡可能失稳的预报要求引用第 6.3.6 条，水库下闸蓄水前的评价内容要求引用第 7.1.3 条。

SDJ 338—1989《水利水电工程施工组织设计规范》引入 12 条，其中导流建筑物的级别、洪水标准、坝体度汛洪水标准引用第 2.2.3、2.2.12、2.2.22 条，坝基开挖要求引用第 3.2.8 条，通风防尘要求引用第 3.6.15、3.6.16 条，供电安全要求引用第 6.2.5 条，场地规划、施工分区、施工布置要求引用第 6.2.5、6.2.6、6.3.3 条，封堵和拦洪度汛安全要求引用第 7.2.5、7.5.1 条。新版的 DL/T 5397—2007《水电工程施工组织设计规范》已开始实施。

DL/T 5099—1999《水工建筑物地下开挖工程施工技术规程》引入 9 条，爆破材料的

储存运输及爆破施工的安全要求引用第 7.3.1～7.3.4、7.3.6、7.3.7 条，洞内通风、瓦斯及施工机械的安全要求引用第 12.2.7、12.3.2、12.3.3 条。

DL/T 5135—2001《水电水利工程爆破施工技术规范》引入 6 条，爆破器材的运输存放安全要求引用第 5.2.2、5.3.1、5.3.2 条，销毁爆破器材的安全要求引用第 5.5.5 条，电力起爆安全要求引用第 6.5.5 条，爆破工作人员要求引用第 11.2.4 条。

DL/T 5110—2000《水利水电工程模板施工规范》引入 12 条，模板设计的安全要求引用第 6.0.3、6.0.4、6.0.6、6.0.7 条，模板安装的要求引用第 6.0.8、6.0.9 条，上层模板支承在下层结构上的安全要求引用第 6.0.10 条，模板附件的安全要求引用第 6.0.11 条，模板承重骨架要求引用第 8.0.10 条，混凝土浇筑过程中对模板的要求引用第 8.0.11～8.0.13 条。

SL 32—1992《水工建筑物滑动模板施工技术规范》引入 6 条，对乘人电梯及罐笼等设施的安全要求引用 3.2.3 条，滑模施工动力及用电安全要求引用 3.2.5 条，防火防雷设施的安全要求引用 3.2.8 条，混凝土下料系统设计安全要求引用 4.5.13 条，沿斜洞上下交通运输系统布置安全要求引用 4.5.14 条，陡坡滑模施工安全要求引用第 5.4.6 条。2006 版《工程建设标准强制性条文》（电力工程部分）和 2004 版《工程建设标准强制性条文》（水利工程部分）都引用此规范：水利版引入第 4.5.8、5.4.6 条，水电版引入第 3.2.3、3.2.5、3.2.8、4.5.13、4.5.14、5.4.6 条，两部《工程建设标准强制性条文》引用的条文并不完全相同。

DL/T 5207—2005《水工建筑物抗冲磨防空蚀混凝土技术规范》引入 4 条，重要的泄水建筑物设计安全要求引用第 5.1.4 条，混凝土抗冲耐磨试验要求引用第 5.2.10 条，泄水建筑物防空蚀部位和抗空蚀试验要求引用第 5.3.3、5.3.6 条。

DL/T 5144—2001《水工混凝土施工规范》引入 13 条，水泥的质量要求引用第 5.1.7 条，骨料料源和开采的质量要求引用第 5.2.2、5.2.3 条，配合比控制的质量要求引用第 6.0.1、6.0.8 条，混凝土拌和的质量要求引用第 7.1.4、7.1.9 条，混凝土浇筑质量要求引用第 7.3.10、7.3.13 条，混凝土施工配合比的质量要求引用第 11.3.1 条，混凝土质量检查引用第 11.4.4 条，混凝土强度取样和检验评定引用第 11.5.3、11.5.6 条。

DL/T 5129—2001《碾压式土石坝施工规范》引入 25 条，施工期间的安全要求引用第 5.4.3～5.4.5 条，防渗体的质量要求引用第 6.0.10、6.0.11、6.0.16 条，坝料的质量要求引用第 9.1.1 条，坝体填筑质量检查要求引用第 10.1.5 条，雨季和低温季节施工的质量要求引用第 10.3.10、10.4.4、10.4.6 条，与防渗体结合部位填筑的质量要求引用第 10.3.9、11.0.4～11.0.6 条，反滤层接坡接缝施工质量要求引用第 12.1.9 条，土石坝安全监测要求引用第 13.0.2 条，施工质量控制要求引用第 14.3.1、14.4.3、14.4.5～14.4.8、14.4.12、14.4.13 条。

DL/T 5112—2000《水工碾压混凝土施工规范》引入 8 条，配合比设计参数选定引用第 6.0.2 条，碾压施工质量要求引用第 7.5.5、7.5.6、7.7.3 条，质量检验与评定要求引用第 8.3.4、8.4.2～8.4.4 条。

DL/T 5128—2001《混凝土面板堆石坝施工规范》引入 14 条，坝基和岸坡处理的质量要求引用第 5.0.1、5.0.3、5.0.4 条，坝体填筑质量要求引用第 7.2.3、7.2.8、7.2.11、7.3.1 条，面板和趾板混凝土施工质量要求引用第 8.1.4、8.1.8、8.2.5、8.2.9、8.3.10、8.4.1 条。

DL/T 5115—2000《混凝土面板堆石坝接缝止水技术规范》引入 3 条，止水材料性能要求引用第 6.1.1 条，止水片问题的处理要求引用第 7.1.9 条，接缝止水验收要求引用第 8.0.7 条。

DL/T 5199—2004《水电水利工程混凝土防渗墙施工规范》引入 15 条，混凝土防渗墙施工前应具有的设计文件和资料引用第 4.0.1 条，在构筑物附近建防渗墙的安全要求引用第 4.0.4 条，防渗墙施工平台要求引用第 5.0.1 条，浇筑方案要求引用第 8.3.1 条，墙体材料的质量控制与检查要求引用第 8.6.2 条，钢筋笼吊放要求引用第 10.1.6 条，施工质量检查要求和内容引用第 12.0.1～12.0.9 条。

DL/T 5148—2001《水工建筑物水泥灌浆施工技术规范》引入 14 条，现场灌浆试验要求引用第 4.0.2 条，灌浆附近的爆破作业要求引用第 4.0.5 条，灌浆水泥质量要求引用第 5.1.2 条，坝体岩基灌浆质量要求引用第 6.1.2、6.1.3、6.1.5、6.1.8、6.5.3、6.8.4、6.9.2 条，隧洞灌浆质量要求引用第 7.1.2、7.4.6、7.4.8 条，接缝灌浆质量要求引用第 8.1.1 条。

DL/T 5181—2003《水电水利工程喷锚支护施工规范》引入 6 条，在稳定性差的围岩进行喷锚支护施工的要求引用第 8.3.1 条，喷锚支护施工安全及防护要求引用第 9.1.7、9.1.9、9.2.4 条，锚杆质量检查要求引用第 10.1.2、10.1.3 条。

DL/T 5083—2004《水利水电工程预应力锚索施工规范》引入 15 条，结构预应力混凝土浇筑过程中的要求引用第 5.0.7 条，岩锚胶结体强度要求引用第 5.0.9 条，施工操作人员要求引用第 5.0.14 条，材料和设备的质量要求引用第 6.1.6、6.2.2、6.3.1、6.3.3 条，锚索施工质量要求引用第 7.2.1、7.2.3、7.4.2、7.5.3 条，锚索试验与监测引用第 8.1.1、8.2.2 条，施工安全要求引用第 9.2.5、9.2.8 条。

GB/T 8564—2003《水轮发电机组安装技术规范》引入 19 条，安装所用材料及安装场地要求引用 3.2、3.6、3.7 条，耐水试验和煤油渗漏试验要求引用第 4.11、4.12 条，焊接及透平油要求引用第 4.14、4.15 条，安装清洁要求引用第 4.17 条，转桨式水轮机转轮叶片操作试验和严密型耐压试验要求引用第 5.2.6 条，立式水轮发电机线圈接头焊接和径向磁轭键安装要求引用第 9.3.15、9.4.9 条，管道阀门安装及耐压试验要求引用第 12.2.2、12.5.2、12.5.3 条，发电机组电气试验要求引用第 14.2、14.3、14.5 条，机组试运行要求引用第 15.1.3、15.1.4 条。

DL/T 507—2002《水轮发电机组启动试验规程》引入 33 条，机组启动试验的原则要求引用第 3.0.1、3.0.5 条，水轮发电机组启动试运行前的检查内容要求引用第 4.1.2～4.1.4、4.1.6、4.1.7、4.2.1、4.2.9、4.3.1、4.3.5、4.4.1、4.4.10、4.7.7、4.9.1～4.9.7 条，水轮发电机组充水试验要求引用第 5.1.2、5.2.2、5.3.7、5.4.2、5.4.3、5.4.6 条，水轮发电机组空载试运行要求引用第 6.1.6、6.2.6、6.4.5、6.5.4、6.5.5 条，72h 试运行要求引用第 9.0.4 条。

DL/T 827—2002《灯泡贯流式水轮发电机组启动试验规程》引入 20 条，机组启动试运行的原则要求引用第 3.5、3.6 条，灯泡贯流式水轮发电机组启动试运行前的检查要求引用第 4.1.2～4.1.5、4.3.1、4.4.1、4.4.5、4.9、4.9.1～4.9.4 条，充水试验要求引用第 5.3.2、5.3.5 条，负荷试验要求引用第 6.1.8、6.2.6、6.5.5 条，72h 试运行要求引用第 9.4 条。

GB/T 18482—2001《可逆式抽水蓄能机组启动试验规程》引入 7 条，机组启动试验的原则要求引用第 3.3、3.7、3.9 条，启动方式试验要求引用第 5.1.5 条，水泵工况空载试验要求引用第 6.5 条，机组 30d 试运行试验要求引用 11.1、11.6 条。

DL/T 5162—2002《水电水利施工安全防护设施技术规范》引入 29 条，其中施工现场安全防护要求引用第 4.1.2、4.1.4 条，作业面安全防护要求引用第 4.2.1、4.2.4、4.2.5、4.2.7、4.2.8、4.2.9、4.2.13、4.2.14 条，通道安全防护要求引用第 4.3.4 条，油库加油站安全防护要求引用第 4.4.3 条，接地装置安全防护要求引用第 4.5.4 条，环保与工业卫生安全防护要求引用第 4.6.1～4.6.5 条，土石方明挖安全防护要求引用第 6.1.2 条，洞挖安全防护要求引用第 6.3.2 条，化学灌浆施工安全防护要求引用第 7.1.2 条，木模板加工车间安全防护要求引用第 9.1.1 条，拌和站（楼）及水泥和粉煤灰罐安全防护要求引用第 9.3.3、9.3.4 条，工地运输安全防护要求引用第 10.1.1、10.2.1、10.4.1、10.5.7、10.5.8 条。

DL/T 5123—2000《水电站基本建设工程验收规程》引入 37 条，工程验收的原则要求引用第 3.1.2 条，工程截流验收应具备的条件引用第 4.1、4.1.1、4.1.2、4.1.3、4.1.4、4.1.5、4.1.6 条，工程蓄水验收应具备的条件引用第 5.1、5.1.1～5.1.10 条，机组启动验收应具备的条件引用第 6.1、6.1.1～6.1.9 条，单项工程验收应具备的条件引用第 7.1、7.1.1～7.1.6 条，枢纽工程专项竣工验收应具备的条件引用第 8.1.3 条。

DL/T 5018—2004《水电水利工程钢闸门制造安装及验收规范》引入 9 条，钢闸门所用材料质量要求引用第 3.2.1～3.2.3 条，焊接工艺、焊工资质和焊缝检查要求引用第 4.1.1、4.2.1、4.4.5 条，铸钢件和锻钢件的质量评定要求引用 7.2.10、7.2.19 条，闸门启闭试验要求引用第 8.5.1 条。

DL 5017—1993《压力钢管制造安装及验收规范》引入 14 条，压力钢管制造安装原则要求引用第 3.1.2 条，压力钢管所用材料质量要求引用第 3.2.1、3.2.4、3.2.5 条，高强钢和钢板卷板施工要求引用第 4.1.3、4.1.5 条，钢管安装质量要求引用第 5.1.5 条，钢管焊接质量要求引用第 6.1.1、6.2.1、6.3.9、6.4.2、6.5.4、6.5.6 条，热处理试验要求引用第 7.2.4 条。

DL/T 5019—1994《水利水电工程启闭机制造安装及验收规范》引入 15 条，启闭机制造安装原则要求引用第 3.2.3 条，启闭机所用材料质量要求引用第 3.3.1～3.3.3 条，固定卷扬式启闭机的制造要求引用第 5.1.2.1、5.1.4.3、5.1.4.5、5.2.1.1、5.2.1.2、5.2.1.4、5.2.2.9、5.2.2.10 条，静荷载试验和动荷载试验要求引用第 7.3.3、7.3.4 条，液压启闭机耐压试验要求引用第 8.3.3.3 条。

思 考 题

1. 技术标准具有哪些特点和性质？标准的分类方法有哪些？
2. 标准的使用应注意哪些问题？
3. 简述水利技术标准体系和水电（电力）技术标准体系。
4. 施工质量管理中常用的技术标准有哪些？
5. 工程建设强制性条文的编写原则是什么？
6.《工程建设标准强制性条文》（水利工程部分）由哪几部分组成？

第七章 水利水电工程质量控制要点

第一节　土石方开挖工程质量控制要点

一、水工建筑物岩石基础开挖工程的质量控制要点

（一）施工测量

(1) 施工单位应整理齐全施工测量资料，主要内容包括：

1) 根据施工图纸和施工控制网点，测量定线并按实际地形测放开口轮廓位置的资料；在施工过程中，测放、检查开挖断面及高程的资料。

2) 测绘（或搜集）的开挖前的原始地面线，覆盖层资料，开挖后的竣工建基面等纵、横断面及地形图。

3) 测绘的基础开挖施工场地布置图及各阶段开挖面貌图。

4) 单项工程各阶段和竣工后的土石方量资料。

5) 有关基础处理的测量资料。

(2) 开口轮廓位置和开挖断面的放样应保证开挖规格，开挖轮廓放样点的点位限差应符合表 7-1 中的要求。

表 7-1　开挖轮廓放样点的点位限差　mm

轮廓放样点位	点位限差	
	平面	高程
主体工程部位的基础轮廓点、预裂爆破孔定位点	±50	±50
主体工程部位的坡顶点、非主体工程部位的基础轮廓点	±100	±100
土、砂、石覆盖面开挖轮廓点	±150	±150

注　点位限差均是相对于邻近的基本控制点而言的。

(3) 断面测量应符合下列规定：

1) 断面测量应平行主体建筑物轴线设置断面基线，基线两端点应埋标（桩）。正交于基线的各断面桩间距，应根据地形和基础轮廓确定，一般为 10～15m。混凝土建筑物基础的断面应布设各坝段的中线、分缝线上；弧线段应设立以圆弧中心为准的正交弧线断面，其断面间距的确定，除服从基础设计轮廓外，一般应均分圆心角。

2) 断面间距用钢卷尺实量，实量各间距总和与断面基线总长（l）的差值应控制在 $l/500$ 以内。

3）断面测量需设转点时，其距离可用钢卷尺或皮卷尺实量。若用视距观测，必须进行往测、返测，其校差应不大于 $l/200$。

4）开挖中间过程的断面测量，可用经纬仪测量断面桩高程，但在岩基竣工断面测量时，必须以五等水准测定断面桩高程。

（4）基础开挖完成后，应及时测绘最终开挖竣工地形图以及与设计施工详图同位置、同比例的纵横剖面图。竣工地形图及纵横剖面图的规格应符合下列要求：

1）原始地面（覆盖层和基岩面）地形图比例一般为 1∶200～1∶1000。

2）用于计算工程量（覆盖层和基岩面）的横断面图，纵向比例一般为 1∶100～1∶200，横向比例一般为 1∶200～1∶500。

3）竣工基础横断面图纵、横比例一般为 1∶100～1∶200。

4）竣工建基面地形图比例一般为 1∶200，等高距可根据坡度和岩基起伏状况选用 0.2、0.5m 或 1.0m，也可仅测绘平面高程图。

（二）岩石基础开挖

（1）一般情况下，基础开挖应自上而下进行。当岸坡和河床底部同时施工时，应确保安全；否则，必须先进行岸坡开挖。未经安全技术论证和批准，不得采用自下而上或造成岩体倒悬的开挖方式。

（2）为保证基础岩体不受开挖区爆破的破坏，应按留足保护层的方式进行开挖。在有条件的情况下，则应先采取预裂防震，再进行开挖区的松动爆破。当开挖深度较大时，可分层开挖。分层厚度可根据爆破方式、挖掘机械的性能等因素确定。爆破对岩体破坏试验的检查标准见附录 A。

（3）基础开挖中，对设计开口线外坡面、岸坡和坑槽开挖壁面等，若有不安全的因素，均必须进行处理，并采取相应的防护措施。随着开挖高程下降，对坡（壁）面应及时测量检查，防止欠挖。避免在形成高边坡后再进行坡面处理。

（4）遇有不良的地质条件时，为了防止因爆破造成过大震裂或滑坡等，对爆破孔的深度和最大一段起爆药量，应根据具体条件由施工、地质和设计单位共同研究，另行确定，实施之前必须报监理审批。

（5）实际开挖轮廓应符合设计要求。对软弱岩石，其最大误差应由设计和施工单位共同议定；对坚硬或中等坚硬的岩石，其最大误差应符合下列规定：

1）平面高程一般应不大于 0.2m。

2）边坡规格依开挖高度而异：①8m 以内时，一般应不大于 0.2m；②8～15m 时，一般应不大于 0.3m；③16～30m 时，一般应不大于 0.5m。

（6）爆破施工前，应根据爆破对周围岩体的破坏范围及水工建筑物对基础的要求，确定垂直向和水平向保护层的厚度。

爆破破坏范围应根据地质条件、爆破方式和规模以及药卷直径诸因素，至少用两种方法通过现场对比试验综合分析确定。若不具备对比试验条件时，爆破破坏范围可参照表 7－2 和类似工程实例确定。

表 7-2　　保护层厚度与药卷直径的倍数关系

保护层名称	软弱岩石 σ<30MPa	中等坚硬岩石 σ=30～60MPa	坚硬岩石 σ>60MPa
垂直保护层	40	30	25
地表水平保护层	200～100		
底部水平保护层	150～75		

(7) 保护层的开挖是控制基础质量的关键，其垂直向保护层的开挖爆破，应符合下列要求：

1) 用大孔径、大直径药卷爆破留下的较厚保护层，距建基面 1.5m 以上部分仍可采用中（小）孔径及相应直径的药卷进行梯段毫秒爆破。

2) 对于中（小）直径药卷爆破剩下的保护层厚度，仍应不小于规定的相应药卷直径的倍数，并不得小于 1.5m。

3) 紧靠建基面 1.5m 以上的一层，采用手风钻钻孔，仍可用毫秒分段起爆，其最大一段起爆药量应不大于 300kg。

(8) 建基面上 1.5m 以内的垂直向保护层，其钻孔爆破应遵守下列规定：

1) 采用手风钻逐层钻孔（打斜孔）装药，火花起爆；其药卷直径不得大于 32mm（散装炸药加工的药卷直径，不得大于 36mm）。

2) 最后一层炮孔孔底高程的确定：①对于坚硬、完整岩基，可以钻至建基面终孔，但孔深不得超过 50cm；②对于软弱、破碎岩基，则应留足 20～30cm 的撬挖层。

(9) 预裂缝可一次爆到设计高程。预裂爆破可以采用连续装药或间隔装药结构。爆破后，地表缝宽一般不宜小于 1cm；预裂面不平整度不宜大于 15cm；孔壁表层不应产生严重的爆破裂隙。预裂爆破设计参数见附录 B。

(10) 廊道、截水墙的基础和齿槽等开挖，应做专题爆破设计。尤其对基础防渗、抗滑稳定起控制作用的沟槽，更应慎重地确定其爆破参数。

一般情况下，应先在两侧设计坡面进行预裂，后按留足垂直保护层进行中部爆破。若无条件采用预裂爆破时，则应按留足两侧水平保护层和底部垂直保护层的方式，先进行中部爆破，然后进行光面爆破。沟槽中部的爆破应符合下列要求：

1) 根据留足保护层后的剩余中部槽体尺寸决定爆破方式（梯段或拉槽）。

2) 当能采用梯段爆破时，可参照 SL 47—1994 中第 3.5.3 条和 3.5.4 条规定，但最大一段起爆药量应不大于 500kg。邻近设计建基面和设计边坡时，不得大于 300kg。

3) 当只能采用拉槽爆破时，可用小孔径钻孔、延长药包毫秒爆破，最大一段起爆药量应不大于 200kg。

4) 当留足保护层后，其剩余中部槽体尺寸不能满足梯段或拉槽爆破时，则应参照 SL 47—1994 中第 3.6.3 条规定控制。

当不采用预裂爆破和光面爆破的方式进行开挖时，则应用孔深不超过 1.0m 的电炮拉槽，尔后采用火花起爆逐步扩大。

(11) 在建筑物及其新浇混凝土附近进行爆破时，必须遵守下列规定：

1）根据建筑物对基础的不同要求以及混凝土不同的龄期，通过模拟破坏试验确定保护对象允许的质点振动速度值（即破坏标准）。若不能进行试验时，被保护对象的允许质点振动速度值，可参照类似工程实例确定。

2）再通过实地试验寻求该工程爆破振动衰减规律，即利用不同药量、测距与相应各测点的质点振动资料，根据附录 C 中式（C.1）求得。

3）采用该工程关系式和被保护对象所允许的质点振速值，规定相应的安全距离和允许装药量，并参照附录 C 中表 C.1。其中，近距离爆破用火花起爆所求得的关系式计算，远距离毫秒爆破用毫秒起爆所求得的关系式计算。

4）若无条件执行上述规定时，则应参照附录 C 中表 C.1 中的规定执行。

（12）在邻近建筑物的地段（10m 以内）进行爆破时，必须根据被保护对象的允许质点振动速度值，按工程实测的振动衰减规律严格控制浅孔火花起爆的最小装药量。当装药量控制到最小程度仍不能满足要求时，应采取打防震孔或其他防震措施。

（13）不得在灌浆完毕地段及其附近进行爆破，如因特殊情况需要爆破时，必须经监理和设计单位同意，方可进行少数量的浅孔火花爆破。并应对灌浆区进行爆前爆后的对比检查；必要时，还须进行一定范围的补灌。

（三）基础质量检查处理

（1）开挖后的建基轮廓不应有反坡（结构本身许可者除外）；若出现反坡时，均应处理成顺坡。

对于陡坎，应将其顶部削成钝角或圆滑状。若石质坚硬，撬挖确有困难时，经监理同意，可用密集浅孔装微量炸药爆除，或采取结构处理措施。

（2）建基面应整修平整。在坝基斜坡或陡崖部分的混凝土坝体伸缩缝下的岩基，应严格按设计规定进行整修。

（3）建基面如有风化、破碎，或含有有害矿物的岩脉、软弱夹层和断层破碎带以及裂隙发育和具有水平裂隙等，均应用人工或风镐挖到设计要求的深度。如情况有变化时，经监理同意，可使用单孔小炮爆破，撬挖后应根据设计要求进行处理。

（4）建基面附有的方解石薄脉、黄锈（氧化铁）、氧化锰、碳酸钙和黏土等，经设计、地质人员鉴定，认为影响基岩与混凝土的结合时，都应清除。

（5）建基面经锤击检查受爆破影响震松的岩石，必须清除干净。如块体过大时，经监理同意，可用单孔小炮炸除。

（6）在外界介质作用下破坏很快（风化及冻裂）的软弱基础建基面，当上部建筑物施工覆盖来不及时，应根据室外试验结果和当地条件所制定的专门技术措施进行处理。

（7）在建基面上发现地下水时，应及时采取措施进行处理，避免新浇混凝土受到损害。

二、水工建筑物地下开挖工程的质量控制要点

（一）施工地质

（1）地下建筑物开挖前，施工单位根据设计单位的交底，了解工程与水文地质资料（内容参照 GB 50487—2008《水利水电工程地质勘察规范》），着重注意下列问题：

1）岩石分级及围岩分类。

2）洞口段及其附近边坡、浅埋与傍山洞室的山体稳定性。

3）可能导致岩体失稳地段的岩层特性、风化程度、地质构造、岩体应力状态等及其对建筑物的影响。

4）地下水类型、含水层分布、水位、水质、水温、涌水量、补给来源、动态规律及其影响。

5）有毒气体、放射性元素的性质、含量及其分布范围。

施工期间，设计单位的地质人员应对原来提供的资料进行复核，对尚未阐明或地质条件有变化的地段，应进行补充地质勘察工作。

(2) 开挖过程中地质人员，应做好以下主要工作：

1）地质编录和测绘工作。

2）分析影响洞口安全和洞室围岩稳定的不良地质现象，判明其对建筑物的影响程度，及时配合设计、施工人员研究预防措施，必要时，提出专题报告。

3）进行工程地质、水文地质现象的观测及预报工作。

4）岩性有变化的地段应取样试验，核实原定的地质参数。

(3) 施工期间应及时总结在各类典型工程地质条件下的开挖方法、掘进速度、钻爆参数、机具效率等资料。

出现塌方时，应分析原因，记录发生、发展过程及处理经过。

(4) 岩石分级及围岩分类。

1）确定施工定额时，岩石等级的划分参照附录D。

2）根据围岩的工程地质特征，参照表7-3～表7-5确定围岩类别。

表7-3　　水利水电地下工程围岩工程地质分类

类别	名称	围岩主要工程特征		地下水活动状态	开挖面毛洞围岩稳定状况	山岩压力计算理论	临时支护措施（建议）
		岩体状况	结构面特征				
Ⅰ	稳定	岩石新鲜、完整，受地质构造影响轻微；节理裂隙不发育或稍发育，多系闭合且延不长；无或偶有软弱结面，宽度一般小于0.1m；岩体呈块状整体结构或块状砌体结构	结构面无不稳定组合，断层走向与洞线近似正交	洞壁干燥，或只有轻微潮湿现象，沿个别节理裂隙有微弱渗水	成型好，无坍塌、掉块现象	不计山岩压力	一般可不支护
Ⅱ	基本稳定	岩石新鲜或微风化，受地质构造影响一般；节理裂隙稍发育或发育，有少量软弱结构面，宽度小于0.5m，层间结合差；岩体呈块状砌体结构或层状砌体结构	结构面组合基本稳定，仅局部有不稳定组合，断层等软弱结构面走向与洞线斜交或正交	洞壁潮湿，沿一些节理裂隙或软弱结构面有渗水、滴水	开挖中局部有掉块落石现象，局部成型差，长时间暴露，局部有小坍落	须考虑部分落石荷载，可采用极限平衡理论或结构面分析法进行计算	局部支护

续表

类别	名称	围岩主要工程特征		地下水活动状态	开挖面毛洞围岩稳定状况	山岩压力计算理论	临时支护措施（建议）
		岩体状况	结构面特征				
Ⅲ	稳定性差	岩石微风化或弱风化，受地质构造影响严重，节理裂隙发育部分张开且充泥，软弱结构面分布较多，宽度小于1m，岩体呈碎石状镶嵌结构	结构面组合不利于围岩稳定者较多，断层等主要软弱结构面走向与洞线斜交或近似平行	地下水活动显著，沿节理裂隙或断层带有渗水、滴水或呈线状涌水	成型稍差，无支撑时产生小规模坍塌，高边墙侧壁有时局部失稳	结合地质分析，采用极限平衡理论或散体理论计算	一般需要支护
Ⅳ	不稳定	同第Ⅲ类岩体状态，但软弱结构面分布较多，宽度小于2m，节理裂隙局部极发育；岩体呈碎石状镶嵌结构，局部呈碎石状压碎结构	结构面组合不利于围岩稳定，断层等软弱结构面走向与洞线近似平行	地下水活动显著，沿节理裂隙或断层带有渗水、滴水或呈线状涌水	成型差，顶拱一般因坍塌而超挖，无支撑时可产生较大坍塌，边墙有失稳现象	采用散体理论	需支护
Ⅴ	极不稳定	石质围岩：岩石强风化或全风化，受地质构造影响严重；节理裂隙极发育，断层破碎宽度大于2m，以断层泥、糜棱岩、角砾岩为主；裂隙中多充泥，岩体呈角砾、泥沙，岩屑状散体结构；构散土层、砂层、滑坡堆积层及一般碎、卵、砾石土等；挤压强烈的大断层带，裂隙杂乱，呈土夹石或石夹土状	结构面呈零乱状不稳定组合；断层等主要软弱结构面走向与洞线近似平行	地下水活动强烈，有较大涌水量，常引起不断坍塌	岩极易坍塌，甚至出现地表下沉或冒顶	成型很差，围采用散体理论	加强支护

表7-4　节理发育分级

分级	1	2	3	4
间距（m）	＞2	0.5～2	0.1～0.5	＜0.1
描述	不发育	较发育	发育	极发育
完整性	整体	块状	碎裂	破碎

表7-5　节理宽度分级

分级	1	2	3	4
节理宽度（m）	＜0.2	0.2～1	1～5	＞5
描述	闭合	微张	张开	宽张

（二）施工测量

（1）水工建筑物地下工程贯通测量，其容许的误差应参照下述规定：

1）贯通测量容许极限误差应满足表7-6中的要求。

表7-6　　贯通测量容许极限误差

相向开挖长度（km）		<4	>4
贯通极限误差	横向（cm）	±10	±15
	纵向（cm）	±20	±30
	竖向（cm）	±5	±7.5

2）计算贯通误差时，可取上述极限误差的1/2作为贯通面上的容许中误差，并参照表7-7中的原则分配。

表7-7　　贯通中误差分配值　　cm

部位	贯通中误差分配					
	横向		纵向		竖向	
	1～4	4～8	1～4	4～8	1～4	4～8
洞外	3.0	4.5	5.8	8.7	1.4	2.2
洞内	4.0	6.0	8.2	12.2	2.0	3.1
全部隧洞	5.0	7.5	10.0	15.0	2.5	

3）对于上下两端相向开挖的竖井，其极限贯通误差不得大于±20cm。

（2）施工阶段的平面控制网，按以下原则设计和施测：

1）与勘测阶段的控制网有统一的平面坐标系统。

2）网中三角形的内角一般不小于30°，个别角不应小于25°。

3）无法布置三角网（锁）时，用同精度的导线代替。

4）三角网（锁）的等级，应按照相向开挖长度确定，其精度应符合表7-8中的规定。

表7-8　　各级三角网的精度指标

三角网（锁）等级	二	三	四
三角形平均边长（km）	<3	<2	<1
按三角闭合差计算的测角中误差（″）	±1.0	±1.8	±2.5
基线丈量的相对中误差（1/10 000）	1/40	1/30	1/15
扩大边相对中误差（1/10 000）	1/20	1/15	1/8
菱形基线网容许扩大倍数	<3	<3	<3
相向开挖面长度	>3	1～3	<1
相邻贯通面间三角网最弱点点位误差（cm）	<3	<3	<3

（3）地下导线的等级，应按相向开挖长度确定，其精度应符合表7-9中的规定。

表 7-9　各级地下导线的精度指标

地下导线等级	一	二	三	专门设计
相向开挖长度（km）	2.0	1.5	0.8	＞2.0
一般边长（m）	50～150	50～150	50～150	
测角中误差（″）	3	5	10	
仪器	J2 型	J2 型	J2 型	
测回数	4	3	2	
量边相对中误差	1/1.5	1/1	1/0.7	
方位角闭合差（″）	$6\sqrt{n}$	$10\sqrt{n}$	$20\sqrt{n}$	

注　n 为导线点的测站数。

1）所有洞内导线均应重复测量两次，导线点应改正到设计中心线上。

2）通过竖井进行地下建筑物的相向开挖时，在导线最大长度不变的情况下，应将导线的测角、量边精度提高 1 倍。

3）导线通过弯段时，如果轴线折角大于 30°，量边精度应提高 1 倍。

4）采用 2m 横基尺配合秒级光学经纬仪量测边长和高程时，应作专门设计。

（4）水平角及其精度指标，应符合表 7-10 中的规定。

表 7-10　地面控制网水平角观测限差

项目	二等	三等		四等	
	J1 型	J1 型	J2 型	J1 型	J2 型
光学测微器两次重合读数之差（″）	1	1	3	1	3
半测回归零差（″）	6	6	8	6	8
互差（″）	9	9	13	9	13
观测值各测回间差（″）	6	6	9	6	9
三角形最大闭合差（″）	3.5	7	7	9	9
测回数	15	9	12	6	9

（5）基线和导线边的距离，可采用铟钢基线尺、普通钢尺、横基尺、中短程红外测距仪测量，各种量具在使用前，应经过率定。

量具的技术要求，可参照相应的规范。

（6）水准测量的等级，应按照相向开挖长度确定，其精度应符合表 7-11 规定。

表 7-11　各级水准精度指标

等级		二（或专门设计）	三	四
相向开挖面长度（km）		＞3.0	1.0～3.0	洞内
往返闭合差或环线闭合差（mm）	平地	$\pm 6\sqrt{L}$	$\pm 12\sqrt{L}$	$\pm 20\sqrt{L}$
	山地		$\pm 4\sqrt{n}$	$\pm 6\sqrt{n}$
每公里高程中误差（mm）		±2	$\pm\sqrt{6}$	$\pm\sqrt{10}$
水准尺类型		因瓦尺	双面尺	双面尺

注　L 为环形或往返路线平均值长度，n 为测站数。

(7) 各级控制网应按最小二乘法原理平差。一般以隧洞的平均高程做为投影面高程，如其他工作面高程与投影面高程相差甚大，其值足以影响投影长度时，应计入投影改正。

(8) 开挖放样误差一般不大于10cm，断面测量相对于中线的误差不大于±5cm，断面间距一般为5m，对起伏差较大的部位，可适当加测断面。

洞内测量应尽量采用新技术，如光电测距、激光导向、摄影测量、激光投影等。

(三) 开挖

(1) 洞口削坡应自上而下进行，严禁上下垂直作业。同时应做好危石清理，坡面加固，马道开挖及排水等工作。

(2) 进洞前，须对洞脸岩体进行鉴定，确认稳定或采取措施后，方可开挖洞口。

(3) 在Ⅳ类围岩中开挖大、中断面隧洞时，宜采用分部开挖方法，及时做好支护工作。在Ⅴ类围岩中开挖隧洞时，宜采用先护后挖或边挖边护的方法。

(4) 地下建筑物开挖，一般不应欠挖，尽量减少超挖，其开挖半径的平均径向超挖值不得大于20cm。

不良地质条件下的容许超挖值，由设计、施工单位商定并经监理核准。

(5) 遇到下列情况时，开挖与衬砌应交叉或平行作业。

1) 在Ⅳ、Ⅴ类围岩中开挖隧洞或洞室。

2) 需要衬砌的长隧洞。

(6) 竖井采用自上而下全断面开挖方法时，应遵守下列规定：

1) 必须锁好井口，确保井口稳定，防止井台上杂物坠入井内。

2) 提升设施应有专门设计。

3) 井深超过15m时，人员上下宜采用提升设备。

4) 涌水和淋水地段，应有防水、排水措施。

5) Ⅳ、Ⅴ类围岩地段，应及时支护。挖一段衬砌一段或采用预灌浆方法加固岩体。

6) 井壁有不利的节理裂隙组合时，应及时进行锚固。

(7) 竖井采用贯通导井后，自上而下进行扩大开挖方法时，除遵守规范规定外，还应满足下列要求：

1) 由井周边至导井口，应有适当的坡度，便于扒渣。

2) 采取有效措施，防止石渣打坏井底棚架、堵塞导井和发生人员坠落事故。

(8) 在Ⅰ、Ⅱ类围岩中开挖小断面的竖井，挖通导井后亦可采用留渣法蹬渣作业，自下而上扩大开挖。最后随出渣随锚固井壁。

(9) 特大断面洞室一般可采用下列方法施工：

1) 对于Ⅰ～Ⅲ类围岩，可采用先拱后墙法。

2) 对于Ⅲ、Ⅳ围岩，可采用先墙后拱法。如采用先拱后墙法施工时，应注意保护和加固拱座岩体。

3) 对于Ⅳ、Ⅴ类围岩，宜采用肋墙法与肋拱法，必要时应预先加固围岩。

(10) 与特大洞室交叉的洞口，应在特大洞室开挖前挖完并做好支护。如必须在开挖后的高边墙上开挖洞口时，应采取专门措施。

(11) 相邻两洞室间的岩墙或岩柱，应根据地质情况确定支护措施，确保岩体稳定。

(12) 特大断面洞室（或大断面隧洞），采用先拱后墙法施工时，拱脚开挖应符合下列要求：

1) 拱脚线的最低点至下部开挖面的距离，不宜小于 1.5m。

2) 拱脚及相邻处的边墙开挖，应有专门措施。

(四) 钻孔爆破

(1) 光面爆破和预裂爆破的主要参数，应通过试验确定。试验参数可采用工程类比法或参照附录 B 选取。

(2) 光面爆破及预裂爆破的效果，应达到下列要求：

1) 残留炮孔痕迹，应在开挖轮廓面上均匀分布。炮孔痕迹保存率，一般硬岩不少于 80%，中硬岩不少于 70%，软岩不少于 50%。

2) 相邻两孔间的岩面平整，孔壁不应有明显的爆破裂隙。

3) 相邻两茬炮之间的台阶或预裂爆破孔的最大外斜值，不应大于 20cm。

4) 预裂爆破的预裂缝宽度，一般不宜小于 0.5cm。

(3) 特大断面洞室中下部开挖，采用深孔梯段爆破法时，应满足下列要求：

1) 周边轮廓先行预裂。

2) 采用毫秒雷管分段起爆。

3) 按围岩和建筑物的抗震要求，控制最大一段的起爆药量。

(4) 钻孔爆破作业，应按照爆破图进行。

(5) 钻孔质量应符合下列要求：

1) 钻孔孔位应依据测量定出的中线、腰线及开挖轮廓线确定。

2) 周边孔应在断面轮廓线上开孔，沿轮廓线调整的范围和掏槽孔的孔位偏差不应大于 5cm，其他炮孔的孔位偏差不得大于 10cm。

3) 炮孔的孔底，应落在爆破图所规定的平面上。

4) 炮孔经检查合格后，方可装药爆破。

(6) 炮孔的装药、堵塞和引爆线路的连接，应由经过训练的炮工，按爆破图的规定进行。

(五) 锚喷支护

(1) 锚杆参数及布置。

1) 锚杆参数应根据施工条件，通过工程类比或试验确定。一般可参照下列规定选取：

① 系统锚杆，锚入深度 1.5～3.5m，其间距为锚入深度的 1/2，但不得大于 1.5m；单根锚杆锚固力不低于 5t；局部布置的锚杆，须锚入稳定岩体，其深度和间距，根据实际情况而定。

② 大于 5m 的深孔锚杆和预应力锚索，应结合永久支护作出专门设计。

③ 锚杆直径一般为 16～25mm。

2) 锚杆布置应与岩体主要结构面成较大的角度。当结构面不明显时，可与周边轮廓线垂直。

3）为防止掉块，锚杆间可用钢筋、型钢或金属网联结，其网格尺寸宜为5cm×5cm～8cm×8cm。

(2) 敷设金属网（或钢筋网）时，应按下列规定控制质量：

1）金属网应随岩面敷设，其间隙不小于3cm。

2）喷混凝土的金属网格尺寸宜为20cm×20cm～30cm×30cm，钢筋直径宜为4～10mm。

3）金属网与锚杆联结应牢固。

(3) 锚杆的质量检查。

1）楔缝式锚杆安装后24h应再次紧固，并定期检查其工作状态。

2）锚杆锚固力可采用抽样检查，抽样率不得少于1%，其平均值不得低于设计值，任意一组试件的平均值不得低于设计值的90%。

3）施工中，应对其孔位、孔向、孔径、孔深、洗孔质量、浆液性能及灌入密度等分项进行检查。

(4) 砂浆锚杆的安设应符合下列质量要求：

1）砂浆：

① 砂子宜用中细砂，最大粒径不大于3mm；

② 水泥宜选用强度等级不低于42.5普通硅酸盐水泥；

③ 水泥和砂的质量比宜为1∶1～1∶2，水灰比宜为0.38～0.45。

2）安设工艺：

① 钻孔布置应符合设计要求，孔位误差不大于20mm，孔深误差不大于5mm；

② 注浆前，应用高压风、水冲洗干净；

③ 砂浆应拌和均匀，随拌随用；

④ 应用注浆器注浆，浆液应填塞饱满；

⑤ 安设后应避免碰撞。

(5) 喷混凝土的材料及性能应符合下列质量要求：

1）强度等级不低于C20。

2）宜选用强度等级不低于42.5的普通硅酸盐水泥。

3）选用中、粗砂，小石粒径为5～15mm。骨料的其他要求，应按DL/T 5144—2001《水工混凝土施工规范》的有关规定执行。

4）速凝剂初凝时间不大于5min，终凝时间不大于10min。

5）配合比可按下列经验数值确定。

① 水泥和砂石的质量比宜为1∶4～1∶4.5；

② 砂率为45%～55%；

③ 水灰比为0.4～0.5；

④ 速凝剂掺量为水泥用量的2%～4%。

(6) 喷射混凝土的工艺要求。

1）喷射前，应将岩面冲洗干净，软弱破碎岩石应将表面清扫干净。

2）喷射作业，应分区段进行，长度一般不超过6m，喷射顺序应自下而上。

3）后一次喷射，应在前一次混凝土终凝后进行，若终凝后 1h 以上再次喷射，应用风水清洗混凝土表面。

4）一次喷射厚度：边墙 4～6cm，拱部 2～4cm。

5）喷射 2～4h 后，应洒水养护，一般养护 7～14 天。

6）混凝土喷射后至下一循环放炮时间，应通过试验确定，一般不小于 4h，放炮后应对混凝土进行检查，如出现裂纹，应调整放炮间隔时间或爆破参数。

7）正常情况下的回弹量，拱部为 20%～30%，边墙为 10%～20%。

（7）喷混凝土的质量标准，应按下列要求控制：

1）喷混凝土表面应平整，不应出现夹层、砂包、脱空、蜂窝、露筋等缺陷。如出现上述情况，应采取补救措施。

2）结构接缝、墙角、洞形或洞轴急变等部位，喷层应有良好的搭接。

3）不存在贯穿性裂缝。

4）出现过的渗水点已作妥善处理。

5）强度：

① 每喷 $50m^3$ 混凝土，应取一组试件，当材料或配合比改变时，应增取一组，每组三个试块，取样要均匀；

② 平均抗压强度不低于设计强度等级，任意一组试件的平均值不得低于设计强度等级的 85%；

③ 宜采用切割法取样；

④ 喷射厚度应满足设计要求。

第二节　水工混凝土工程质量控制要点

一、对原材料的质量控制要点

（一）水泥

（1）水泥品质应符合现行的国家标准及有关部颁标准的规定。

（2）大型水工建筑物所用的水泥，可根据具体情况对水泥的矿物成分等提出专门要求。

每一工程所用水泥品种以 1～2 种为宜，并宜固定厂家供应。有条件时，应优先采用散装水泥。

（3）选择水泥品种的原则如下：

1）水位变化区的外部混凝土、建筑物的溢流面和经常受水流冲刷部位的混凝土、有抗冻要求的混凝土，应优先选用硅酸盐大坝水泥和硅酸盐水泥，或普通硅酸盐大坝水泥和普通硅酸盐水泥。

2）环境对混凝土有硫酸盐侵蚀性时，应选用抗硫酸盐水泥。

3）大体积建筑物的内部混凝土、位于水下的混凝土和基础混凝土，宜选用中热硅酸盐水泥或低热矿渣硅酸盐大坝水泥，也可选用矿渣硅酸盐水泥、粉煤灰硅酸盐水泥和火山灰质硅酸盐水泥。

(4) 选用水泥强度等级的原则如下：

1) 选用的水泥强度等级应与混凝土设计强度等级相适应。

2) 水工混凝土选用的水泥强度等级不低于 42.5。建筑物外部水位变化区、溢流面和经常受水流冲刷部位的混凝土，以及受冰冻作用其抗冻等级大于 F100 的混凝土，其水泥强度等级不宜低于 52.5。

(5) 运至工地的水泥，应有制造厂的品质试验报告；试验室必须进行复验，必要时还应进行化学分析。

(6) 应经常检查了解工地水泥运输、保管和使用情况。水泥的运输、保管及使用，应符合下列要求：

1) 水泥的品种、强度等级不得混杂。

2) 运输过程中应防止水泥受潮。

3) 大中型工程应专设水泥仓库或储罐，水泥仓库宜设置在较高或干燥地点并应有排水、通风措施。

4) 堆放袋装水泥时，应设防潮层，距地面、边墙至少 30cm，堆放高度不得超过 15 袋。

5) 袋装水泥到货后，应标明品种、强度等级、厂家、出厂日期，分别堆放，并留出运输通道。

6) 散装水泥应及时倒罐，一般可一个月倒罐一次。

7) 先到的水泥应先用。

8) 袋装水泥储运时间超过 3 个月，散装水泥储运时间超过 6 个月，使用前应重新检验。

9) 对大坝中、低热水泥的技术要求：

① 水泥熟料中的铝酸三钙含量，中热水泥不超过 6%，低热水泥不超过 8%；中热水泥熟料的硅酸三钙含量不超过 55%；水泥熟料中氧化镁含量应在 3.5%～5.0%范围内，如水泥经压蒸合格，可放宽至 6%；中热水泥熟料中游离氧化钙含量不超过 1%，低热水泥熟料中含量不超过 1.2%；中热水泥碱含量以 Na_2O 当量计，不超过 0.6%；中热水泥熟料中碱含量以 Na_2O 当量计，不超过 0.5%；低热水泥熟料碱含量以 Na_2O 当量计，不超过 1.0%；水泥中的 SO_3 含量不超过 3.5%。

② 细度：0.08mm 方孔筛筛余不超过 12%，水泥细度小，早期发热快，不利于温控，若有温控要求，细度宜控制在 3%～6%范围内。

③ 凝结时间：初凝不早于 60min，终凝不迟于 12h。

④ 水泥安定性必须合格。

⑤ 对水泥的强度要求：中热 42.5 水泥抗压强度 3 天为 12.0MPa，7 天为 22.0MPa，28 天为 42.5MPa；抗折强度 3 天为 3.0MPa，7 天为 4.5MPa，28 天为 6.5MPa。低热 42.5 水泥抗压强度 7 天为 13.0MPa，28 天为 42.5MPa；抗折强度天为 3.5MPa，28 天为 6.5MPa。

⑥ 对水泥水化热的要求：中热 42.5 水泥 3 天水化热不超过 251kJ/kg，7 天不超过 293kJ/kg；低热 42.5 水泥 3 天水化热不超过 230kJ/kg，7 天不超过 260kJ/kg。

（二）骨料

(1) 骨料应根据优质条件、就地取材的原则进行选择。可选用天然骨料、人工骨料，或两者互相补充。有条件的地方，宜采用石灰岩质的人工骨料。

(2) 骨料的勘察按照 SL 251—2000《水利水电工程天然建筑材料勘察规程》中的有关规定进行。

(3) 冲洗、筛分骨料时，应控制好筛分进料量、冲洗水压和用水量、筛网的孔径与倾角等，以保证各级骨料的成品质量符合要求，尽量减少细砂流失。

人工砂生产中，应保持进料粒径、进料量及料浆浓度的相对稳定性，以便控制人工砂的细度模数及石粉含量。

(4) 骨料的堆存和运输应符合下列要求：

1) 堆存骨料的场地，应有良好的排水设施。

2) 不同粒径的骨料必须分别堆存，设置隔离设施，严禁相互混杂。

3) 应尽量减少转运次数。粒径大于 40mm 的粗骨料的净自由落差不宜大于 3m，超过时应设置缓降设备。

4) 骨料堆存时，不宜堆成斜坡或锥体，以防产生分离。

5) 骨料储仓应有足够的数量和容积，并应维持一定的堆料厚度。砂仓的容积、数量还应满足砂料脱水的要求。

6) 应避免泥土混入骨料和骨料的严重破碎。

(5) 砂料的质量技术要求如下：

1) 砂料应质地坚硬、清洁、级配良好；使用山砂、特细砂时，应经过试验论证。

2) 砂的细度模数宜在 2.4～2.8 范围内。天然砂料宜按料径分成两级，人工砂可不分级。

3) 砂料中有活性骨料时，必须进行专门试验论证。

4) 其他质量技术要求应符合表 7-12 中的规定。

表 7-12　　细骨料（砂）的质量技术要求

项目	指标		备　注
	天然砂	人工砂	
石粉含量（%）	—	8～17	指粒径小于 0.15mm 的颗粒
含泥量（%）	≤2	≤2	指粒径小于 0.08mm 的细屑、淤泥和黏土的总量
泥块含量（%）	≤1	≤1	指砂中粒径大于 1.25mm，但水洗、手捏后变成小于 0.63mm 的颗粒的含量
坚固性（%）	≤8	≤8	有抗冻要求的混凝土
	≤10	≤10	无抗冻要求的混凝土
表观密度（kg/m^3）	≥2500	≥2500	
硫化物及硫酸盐含量（%）	≤1	≤1	折算成 SO_3，按质量计
有机质含量	浅于标准色	不允许	
云母含量（%）	≤2	≤2	
轻物质含量（%）	≤1	—	指表观密度小于 $2000kg/m^3$

(6) 粗骨料的质量技术要求如下：

1) 粗骨料的最大粒径：不应超过钢筋净间距的2/3及构件断面最小边长的1/4，素混凝土板厚的1/2。对少筋或无筋结构，应选用较大的粗骨料粒径。

2) 施工中，宜将粗骨料按粒径分成下列几个粒径级：

① 当最大粒径为40mm时，分成5～20mm和20～40mm两级；

② 当最大粒径为80mm时，分成5～20、20～40mm和40～80mm三级；

③ 当最大粒径为150（或120）mm时，分成5～20、20～40、40～80mm和80～150（或120）mm四级。

3) 应严格控制各级骨料的超、逊径含量。以原孔筛检验，其控制标准：超径小于5%，逊径小于10%。当以超、逊径筛检验时，其控制标准：超径为0，逊径小于2%。

4) 采用连续级配或间断级配，应由试验确定。如采用间断级配，应注意混凝土运输中骨料的分离问题。

5) 粗骨料中含有活性骨料、黄锈等，必须进行专门试验论证。

6) 粗骨料力学性能的要求和检验，可按JGJ 53—1992《普通混凝土用碎石或卵石质量标准及检验方法》中的有关规定进行。

7) 其他质量技术要求应符合表7-13中的规定。

表7-13 粗骨料的质量技术要求

项目	指标		备注
	卵石	碎石	
含泥量（%）	D20、D40粒径级：≤1	D20、D40粒径级：≤1	粒径小于0.08mm的颗粒的含量
	D80、D150（D120）粒径级：≤0.5	D80、D150（D120）粒径级：≤0.5	
泥块含量（%）	≤0.5	≤0.5	指集料中粒径大于5mm，但水洗、手捏后变成小于2.5mm的颗粒的含量
坚固性（%）	≤5	≤5	有抗冻要求的混凝土
	≤12	≤12	无抗冻要求的混凝土
硫化物及硫酸盐含量（%）	≤0.5	≤0.5	折算成SO_3
有机质含量	浅于标准色	不允许	如深于标准色，应进行混凝土强度对比试验
表观密度（kg/m^3）	≥2550	≥2550	
吸水率（%）	≤2.5	≤2.5	
针片状颗粒含量（%）	≤15	≤15	碎石经试验论证，可以放宽至25%

（三）水

(1) 凡适于饮用的水，均可用以拌制和养护混凝土。未经处理的工业污水和沼泽水，不得用以拌制和养护混凝土。

(2) 天然矿化水、如果化学成分符合表7-14中的规定，可以用来拌制和养护混凝土。

表 7-14　　拌制和养护混凝土的天然矿化水的物质含量限值

项目	预应力混凝土	钢筋混凝土	素混凝土
pH值	>4	>4	>4
不溶物（mg/L）	<2000	<2000	<5000
可溶物（mg/L）	<2000	<5000	<10 000
氯化物（以Cl^-计，mg/L）	<500	<1200	<3500
硫酸盐（以SO_4^{2-}计，mg/L）	<600	<2700	<2700
硫化物（以S^{2+}计，mg/L）	<100	—	—

注　1. 本表适用于各种大坝水泥、硅酸盐水泥、普通硅酸盐水泥、矿渣硅酸盐水泥、火山灰质硅酸盐水泥和粉煤灰硅酸盐水泥拌制的混凝土。

2. 采用抗硫酸盐水泥时，水中SO_4^{2-}离子含量允许加大到10 000mg/L。

3. 对拌制和养护混凝土的水质有怀疑时，应进行砂浆强度试验。如用该水制成的砂浆的抗压强度，低于饮用水制成的砂浆28天龄期的抗压强度的90%，则这种水不宜用以拌制和养护混凝土。

（四）掺合料

(1) 为改善混凝土的性能，合理降低水泥用量，宜在混凝土中掺入适量的活性掺合料，掺用部位及最优掺量应通过试验决定。

(2) 非成品原状粉煤灰的品质指标：

1）烧失量不得超过12%。

2）干灰含水量不得超过1%。

3）SO_3（水泥和粉煤灰总量中的）不得超过3.5%。

4）0.08mm方孔筛筛余量不得超过12%。

注：成品粉煤灰的品质指标应按GB/T 1596—2005《用于水泥混凝土中的粉煤灰》执行。

（五）外加剂

(1) 为改善混凝土的性能，提高混凝土的质量及合理降低水泥用量，必须在混凝土中掺加适量的外加剂，其掺量通过试验确定。

(2) 拌制混凝土或水泥砂浆常用的外加剂有减水剂、加气剂、缓凝剂、速凝剂和早强剂等。应根据施工需要，对混凝土性能的要求及建筑物所处的环境条件，选择适当的外加剂。

(3) 有抗冻要求的混凝土必须掺用加气剂，并严格限制水灰比。

(4) 混凝土的含气量宜采用下列数值：

1）骨料最大粒径为20mm时：6%。

2）骨料最大粒径为40mm时：5%。

3）骨料最大粒径为80mm时：4%。

4）骨料最大粒径为150mm时：3%。

(5) 如需提高混凝土的早期强度，宜在混凝土中掺加早强剂。

工业用氯化钙只宜用于素混凝土中，其掺量（以无水氯化钙占水泥质量的百分数计）不得超过3%，在砂浆中的掺量不得超过5%。

为了避免氯化钙腐蚀钢筋，在钢筋混凝土中应掺用非氯盐早强剂。

(6) 使用早强剂后，混凝土初凝将加速，应尽量缩短混凝土的运输和浇筑时间，并应特别注意洒水养护，保持混凝土表面湿润。

(7) 使用外加剂时应注意：

1) 外加剂必须与水混合配成一定浓度的溶液，各种成分用量应准确。对含有大量固体的外加剂（如含石灰的减水剂），其溶液应通过0.6mm孔眼的筛子过滤。

2) 外加剂溶液必须搅拌均匀，并定期取有代表性的样品进行鉴定。

3) 当外加剂储存时间过长，对其质量有怀疑时，必须进行试验鉴定。严禁使用变质的外加剂。

(六) 配合比选定的质量要求

(1) 为确保混凝土的质量，工程所用混凝土的配合比必须通过试验确定。

(2) 对于大体积建筑物的内部混凝土，其胶凝材料用量不宜低于140kg/m^3。

(3) 混凝土的水灰比应以骨料在饱和面干状态下的混凝土单位用水量对单位胶凝材料用量的比值为准，单位胶凝材料用量为每立方米混凝土中水泥与混合材质量的总和。

(4) 混凝土的水灰比，应根据设计对混凝土性能的要求，由试验室通过试验确定，并不应超过表7-15中的规定。

表7-15　水灰比最大允许值

混凝土所在部位	寒冷地区	温和地区
上、下游水位以上（坝体外部）	0.6	0.65
上、下游水位变化区（坝体外部）	0.5	0.55
上、下游最低水位以下（坝体外部）	0.55	0.60
基础	0.55	0.60
内部	0.70	0.70
受水流冲刷部位	0.50	0.50

注 1. 在环境水有侵蚀性的情况下，外部水位变化区及水下混凝土的最大允许水灰比应减小0.05。
2. 在采用减水剂和加气剂的情况下，经过试验论证，内部混凝土最大允许水灰比可增加0.05。
3. 寒冷地区，是指最冷月月平均气温在−3℃以下的地区。

(5) 粗骨料级配及砂率的选择，应考虑骨料生产的平衡，混凝土和易性及最小单位用水量等要求，综合分析确定。

(6) 混凝土的坍落度，应根据建筑物的性质、钢筋含量、混凝土的运输、浇筑方法和气候条件决定，尽可能采用小的坍落度。混凝土在浇筑地点的坍落度可参照表7-16中的规定。

表7-16　凝土在浇筑地点的坍落度（使用振捣器）

建筑物的性质	标准圆锥坍落度（cm）	建筑物的性质	标准圆锥坍落度（cm）
水工素混凝土或少钢筋混凝土	1～4	配筋率超过1%的钢筋混凝土	5～9
配筋率不超过1%的钢筋混凝土	3～6		

注 有温控要求或低温季节浇筑混凝土时，混凝土的坍落度可根据具体情况酌量增减。

二、混凝土拌和的质量控制要点

(1) 拌制混凝土时，必须严格遵守试验室签发的混凝土配料单进行配料，严禁擅自更改。

(2) 水泥、砂、石、掺合料、片冰均应以质量计、水及外加剂溶液可按质量折算成体积。称量的偏差不应超过表 7-17 中规定的数值。

表 7-17　　混凝土各组分称量的允许偏差　　%

材料名称	允许偏差	材料名称	允许偏差
水泥、掺合料	±1	水、片冰、外加剂溶液	±1
砂、石	±2		

(3) 施工前，应结合工程的混凝土配合比情况，检验拌和设备的性能，如发现不相适应时，应适当调整混凝土的配合比；有条件时，也可调整拌和设备的速度，叶片结构等。

(4) 在混凝土拌和过程中，应根据气候条件定时地测定砂、石骨料的含水量（尤其是砂子的含水量）；在降雨的情况下，应相应地增加测定次数，以便随时调整混凝土的加水量。

(5) 在混凝土拌和过程中，应采取措施保持砂、石、骨料含水率稳定，砂子含水率应控制在 6%以内。

(6) 掺有掺合料（如粉煤灰等）的混凝土进行拌和时，掺合料可以湿掺也可以干掺，但应保证掺合均匀。

(7) 如使用外加剂，应将外加剂溶液均匀配入拌和用水中。外加剂中的水量，应包括在拌和用水量之内。

(8) 必须将混凝土各组分拌和均匀。拌和程序和拌和时间，应通过试验决定。表 7-18 中所列最少拌和时间可参考使用。

表 7-18　　混凝土纯拌和时间　　min

拌和机进料容量（m^3）	最大骨料粒径（mm）	坍落度（cm）		
		2～5	5～8	>8
1.0	80	—	2.5	2.0
1.6	150 或（120）	2.5	2.0	2.0
2.4	150	2.5	2.0	2.0
5.0	150	3.5	3.0	2.5

注　1. 入机拌和量不应超过拌和机规定容量的 10%。
2. 掺加混合材料、减水剂、加气剂及加冰时，宜延长拌和时间，出机的拌和物中不应有冰块。

(9) 拌和设备应经常进行下列项目的检验：

1) 拌和物的均匀性。

2) 各种条件下适宜的拌和时间。

3) 衡器的准确性。

4) 拌和机及叶片的磨损情况。

(10) 如发现拌和机及叶片磨损，应立即进行处理。

三、混凝土运输的质量控制要点

(1) 选择的混凝土运输设备和运输能力，应与拌和、浇筑能力、仓面具体情况及钢筋、模板吊运的需要相适应，以保证混凝土运输的质量，充分发挥设备效率。

(2) 所用的运输设备，应使混凝土在运输过程中不致发生分离、漏浆、严重泌水及过多温度回升和降低坍落度等现象。

(3) 同时运输两种以上强度等级、级配或其他特征不同的混凝土时，应在运输设备上设置标志，以免混淆。

(4) 混凝土在运输过程中，应尽量缩短运输时间及减少转运次数。掺普通减水剂的混凝土的运输时间，不宜超过表 7－19 中的规定。因故停歇过久，混凝土产生初凝时，应作废料处理。在任何情况下，严禁中途加水后运入仓内。

表 7－19　　混凝土运输时间

气温（℃）	混凝土运输时间（min）	气温（℃）	混凝土运输时间（min）
20～30	30	5～10	60
10～20	45		

注 本表数值未考虑外加剂、掺合料及其他特殊施工措施的影响。

(5) 混凝土运输工具及浇筑地点，必要时应有遮盖或保温设施，以避免因日晒、雨淋、受冻而影响混凝土的质量。

(6) 对大体积水工混凝土应优先采用吊罐直接入仓的运输方式。当采用其他运输设备时，应采取措施避免砂浆损失和混凝土分离。

(7) 不论采用何种运输设备，混凝土自由下落高度以不大于 1.5m 为宜，超过此界限时应采取缓降措施。

(8) 用皮带机运输混凝土时，应遵守下列规定：

1) 混凝土的配合比设计应适当增加砂率，骨料最大粒径不宜大于 80mm。

2) 宜选用槽形皮带机，皮带接头宜胶结，并应严格控制安装质量，力求运行平稳。

3) 皮带机运行速度一般宜在 1.2m/s 以内。皮带机的倾角应根据所用机型经试测确定。表 7－20 中的数值可参考使用。

表 7－20　　皮带机的倾角

混凝土坍落度（cm）	倾角（°）	
	向上输送	向下输送
5 以下	16	8
5～10	15	6

4) 混凝土不应直接从皮带卸入仓内，以防分离或堆料集中，影响质量。

5) 皮带机卸料处应设置挡板、溜管和刮板，以避免骨料分离和砂浆损失。同时，还应设置储料、分料设施，以适应平仓振捣能力。

6）混凝土运输中的砂浆损失应控制在1.5%以内。

7）应装置冲洗设备，以保证能在卸料后及时清洗皮带上所黏附的水泥砂浆，并须采取措施，防止冲洗的水流入新浇的混凝土中。

8）皮带机上应搭设盖棚，以免混凝土受日照、风、雨等影响。低温季节施工时，并应有适当的保温措施。

(9) 用自卸汽车、机车、侧翻车、料罐车、搅拌车运输混凝土时，应遵守下列规定：

1）运输道路应保持平整，以避免混凝土受振后发生严重泌水现象。

2）装载混凝土的厚度不应小于40cm，车厢应严密、平滑；砂浆损失应控制在1%以内。

3）每次卸料，应将所载混凝土卸净，并应及时清洗车厢，以免混凝土黏附。

4）当以汽车运输混凝土直接入仓，应取得同意，并应有确保混凝土质量的措施。

(10) 用混凝土泵运输混凝土时，应遵守下列规定：

1）混凝土应加外加剂，并应符合泵送的要求，进泵的坍落度一般宜在8～18cm之间。

2）最大骨料粒径应不大于导管管径的1/3，并不应有超径骨料进入混凝土泵。

3）安装导管前，应彻底清除管内污物及水泥砂浆，并用压力水冲洗。安装后要注意检查，防止漏浆。在泵送混凝土之前，应先在导管内通过水泥砂浆。

4）应保持泵送混凝土工作的连续性，如因故中断时，则应经常使混凝土泵转动，以免导管堵塞。在正常温度下，如间歇时间过久（超过45min），应将存留在导管内的混凝土排出，并加以清洗。

5）混凝土泵送混凝土工作告一段落后，应及时用压力水将进料斗和导管冲洗干净。

(11) 用溜筒、溜槽运输混凝土时，应遵守下列规定：

1）溜槽（筒）内壁应光滑，开始浇筑混凝土前应用砂浆润滑槽（筒）内壁；当用水润滑时仓面应有排水措施；浇筑结束时要将槽（筒）内混凝土残料清理干净。

2）溜槽（筒）内必须平直，每节之间要连接牢固，要有防脱落的保护措施。

3）溜筒运输混凝土适用于竖井、斜管段混凝土运输，施工倾角30°～90°。溜筒落料口要有缓冲装置，连接串筒下料至仓面，最大骨料粒径不应大于溜筒直径的1/3。

4）垂直运输混凝土，溜筒高度宜在150m以内；倾斜运输混凝土，溜筒长度宜在250m以内；溜筒适宜二级配粒径以下混凝土施工，三级配可经过试验确定；混凝土的坍落度要根据试验确定，一般为8～12cm。施工要根据进入仓面的混凝土的和易性情况调整坍落度，必要时要二次搅拌后再行浇筑。

5）注意及时更换磨损严重的溜筒，要有专用卷扬吊篮处理堵管，堵料不严重时宜敲击，严重时要换管处理。

6）溜槽运输混凝土适用于倾角为30°～50°的施工范围，运输长度在100m以内。

7）溜槽上部要设保护盖，防止骨料溅出伤人。槽内要设缓冲挡板，控制混凝土的下溜速度。混凝土宜用二级配以下混凝土，需要三级配时可经过试验确定。要根据施工试验确定混凝土坍落度，并在施工中随时调整，一般坍落度宜在14～16cm。

四、混凝土浇筑的质量控制要点

(1) 建筑物地基必须验收合格后，方可进行混凝土浇筑的准备工作。

(2) 岩基上的杂物、泥土及松动岩石均应清除。岩基应冲洗干净并排净积水；如有承压水，必须由设计与施工单位共同研究，经处理后才能浇筑混凝土。

清洗后的岩基在浇筑混凝土前应保持洁净和湿润。

(3) 容易风化的岩基及软基，应作好下列各项工作：

1) 在立模扎筋以前，应处理好地基临时保护层。

2) 在软基上进行操作时，应力求避免破坏或扰动原状土壤。如有扰动，应会同设计人员商定补救办法。

3) 非黏性土壤地基，如湿度不够，应至少浸湿 15cm 深，使其湿度与此土壤在最优强度时的湿度相符。

4) 当地基为湿陷性黄土时，应采取专门的处理措施。

(4) 浇筑混凝土前，应详细检查有关准备工作：地基处理情况，混凝土浇筑的准备工作，模板、钢筋、预埋件及止水设施等是否符合设计要求，并应做好记录。

(5) 基岩面的浇筑仓和老混凝土上的迎水面浇筑仓，在浇筑第一层混凝土前，必须先铺一层 2～3cm 的水泥砂浆；其他仓面若不铺水泥砂浆，应有专门论证。

砂浆的水灰比应较混凝土的水灰比减少 0.03～0.05。一次铺设的砂浆面积应与混凝土浇筑强度相适应，铺设工艺应保证新混凝土与基岩或老混凝土结合良好。

(6) 混凝土的浇筑，应按一定厚度、次序、方向，分层进行。在高压钢管、竖井、廊道等周边浇筑混凝土时，应使混凝土均匀上升。

(7) 混凝土的浇筑层厚度，应根据拌和能力、运输距离、浇筑速度、气温及振捣器的性能等因素确定。一般情况下，浇筑层的允许最大厚度，不应超过表 7-21 中的数值；如采用低流态混凝土及大型强力振捣设备时，其浇筑层厚度应根据试验确定。

表 7-21　混凝土浇筑层的允许最大厚度

项次	振捣器类别		浇筑层的允许最大厚度
1	插入式	电动、风动振捣器	振捣器工作长度的 0.8 倍
		软轴振捣器	振捣器头长度的 1.25 倍
2	表面振捣器	在无筋和单层钢筋结构中	250mm
		在双层钢筋结构中	120mm

(8) 浇入仓内的混凝土应随浇随平仓，不得堆积。仓内若有粗骨料堆叠时，应均匀地分布于砂浆较多处，但不得用水泥砂浆覆盖，以免造成内部蜂窝。在倾斜面上浇筑混凝土时，应从低处开始浇筑，浇筑面应保持水平。

(9) 浇筑混凝土时，严禁在仓内加水。如发现混凝土和易性较差时，必须采取加强振捣等措施，以保证混凝土质量。

(10) 不合格的混凝土严禁入仓；已入仓的不合格的混凝土必须清除。

(11) 混凝土浇筑应保持连续性，如因故中止且超过允许间歇时间，则应按工作缝处理，若能重塑者，仍可继续浇筑混凝土。

浇筑混凝土的允许间歇时间（自出料时算起到覆盖上层混凝土时为止）可通过试验确

定，或参照表 7 - 22 中的规定。

表 7 - 22　　浇筑混凝土的允许间歇时间

混凝土浇筑时的气温（℃）	允许间歇时间（min）	
	普通硅酸盐水泥	矿渣硅酸盐水泥及火山灰质硅酸盐水泥
20～30	90	120
10～20	135	180
5～10	195	—

注　本表数值未考虑外加剂、混合材及其他特殊施工措施的影响。

(12) 混凝土工作缝的处理，应遵守下列规定：

1) 已浇好的混凝土，在强度尚未到达 2.5MPa 前，不得进行上一层混凝土浇筑的准备工作。

2) 混凝土表面应用压力水、风砂枪或刷毛机等加工成毛面并清洗干净，排除积水，再按本节第 5 条规定处理后，方可浇筑新混凝土。压力水冲毛时间由试验确定。

(13) 混凝土浇筑期间，如表面泌水较多，应及时研究减少泌水的措施。仓内的泌水必须及时排除。严禁在模板上开孔赶水，带走灰浆。

(14) 浇筑混凝土时，宜经常清除黏附在模板、钢筋和埋件表面的砂浆。

(15) 混凝土应使用振捣器捣固。每一位置的振捣时间，以混凝土不再显著下沉、不出现气泡，并开始泛浆时为准。

(16) 振捣器前后两次插入混凝土中的间距，应不超过振捣器有效半径的 1.5 倍。振捣器的有效半径根据试验确定。

(17) 振捣器宜垂直插入混凝土中，按顺序依次振捣，如略带倾斜，则倾斜方向应保持一致，以免漏振。

(18) 浇筑块的第一层混凝土以及两罐混凝土卸料后的接触处，应加强平仓振捣，以防漏振。

(19) 振捣上层混凝土时，应将振捣器插入下层混凝土 5cm 左右，以加强上下层混凝土的结合。

(20) 振捣器距模板的垂直距离，不应小于振捣器有效半径的 1/2，并不得触动钢筋及预埋件。

(21) 在浇筑仓内无法使用振捣器的部位，如止水、止浆片等周围，应辅以人工捣固，使其密实。

(22) 结构物设计顶面的混凝土浇筑完毕后，应使其平整，其高程符合设计要求。

(23) 浇筑低流态混凝土时，应使用相应的平仓振捣设备，如平仓机、振捣器组等，混凝土必须振捣密实。

五、混凝土养护的质量控制要点

(1) 混凝土浇筑完毕后，应及时洒水养护，以保持混凝土表面经常湿润。低流态混凝土浇筑完毕后，应加强养护，并延长养护时间。

(2) 混凝土表面的养护：

1) 混凝土浇筑完毕后，早期应避免太阳光曝晒，混凝土表面宜加遮盖。

2) 一般应在混凝土浇筑完毕后 8～16h 内即开始养护，但在炎热、干燥气候情况下应提前养护。

3) 如采用特种水泥，应按专门规定执行。

(3) 混凝土养护时间，根据所用水泥品种而定，但不应少于表 7-23 中的数值。重要部位和利用后期强度的混凝土，以及在干燥、炎热气候条件下，应延长养护时间（至少养护 28 天）。

表 7-23　　混凝土养护时间

混凝土用水泥的种类	养护时间（天）
硅酸盐水泥和普通硅酸盐水泥	14
火山灰质硅酸盐水泥、矿渣硅酸盐水泥、粉煤灰硅酸盐水泥、硅酸盐大坝水泥等	21

六、特殊气候条件下混凝土施工的质量控制要点

(一) 低温季节混凝土施工的质量控制要点

(1) 低温季节混凝土施工要密切注意天气预报，防止混凝土遭受寒潮和霜冻的侵袭，加强新老混凝土防冻裂的保护措施。

(2) 低温季节施工时，必须有专门的施工组织设计和可靠的措施，以保证混凝土满足设计规定的抗压、抗冻、抗渗、抗裂等各项指标。

在施工组织设计中，尚应包括：

1) 充分利用气象资料，科学确定低温季节施工起止日期。

2) 对拟采用的施工方法及施工各环节（加热、保温措施）要进行热工设计。

3) 广泛调查、选用合适的保温材料，降低工程造价。

4) 对施工确定使用的外加剂和配合比，要在施工前试验校核完毕。

5) 对掺用的抗冻剂、早强剂和水泥的总体含碱量要在允许范围内。

6) 要确定施工中的温度观测方法、混凝土的质量检测方法，提前准备好观测仪器及检测设备，绘制供记录用的各种图表、曲线备查。

7) 准备好计算混凝土早期强度的成熟度公式和查用曲线图表。

8) 应付气温骤降和寒潮袭击的措施。

(3) 混凝土允许受冻的临界强度，应控制在以下范围：

1) 大体积的混凝土：

① 受冻期有外来水分时，素混凝土不应低 5.0MPa（≤F150 的混凝土，F 为抗冻设计等级）或 7.0MPa（≥F200 的混凝土）；钢筋混凝土不应低于设计强度等级的 85%。

② 受冻期可能有外来水时，素混凝土和钢筋混凝土均不应低于设计强度等级的 85%。

2) 非大体积混凝土：

① 混凝土强度等级大于 C10 时，硅酸盐水泥或普通硅酸盐水泥混凝土设计强度等级的 30%，矿渣硅酸盐混凝土设计强度等级的 40%。

② 混凝土强度等级小于或等于C10时，素混凝土或钢筋混凝土均不应低于5.0MPa。

(4) 低温季节施工，尤其是严寒和寒冷地区，施工的部位不宜分散。当年浇筑的有保温要求的混凝土，在进入低温季节之前，应采取妥善保温措施，防止混凝土产生裂缝。

(5) 施工期间采用的加热、保温、防冻材料（包括早强、防冻剂）应事先准备好，并且应有防火措施。

(6) 在温和地区和日平均气温在－10～－5℃范围的严寒和寒冷地区，可采用蓄热法施工，对风沙大的地区可搭设简易防风棚；在预计日平均气温－10℃或预计最低气温－15℃以上，可采用综合蓄热法；低于上述气温时不应再在露天施工，宜采用暖棚法，对风沙大，不宜搭设暖棚地区，可采用覆盖保温被下布置供暖设备的办法。日平均气温在－20℃以下为不宜低温季节施工。

(7) 混凝土的浇筑温度应符合温控和设计要求并按下列规定执行：温和地区不宜低于3℃；严寒和寒冷地区蓄热法不宜低于5℃，暖棚法不宜低于3℃。

(8) 低温季节施工的混凝土外加剂（减水、引气、早强、抗冻型）产品质量应符合国家行业标准，除每批进场检查质量外，还要不定期随机抽检。其掺量要通过混凝土试验确定。

(9) 原材料的加热、输送、储存和混凝土的拌和、运输、浇筑设备及设施，均应根据热工计算结合实际气候条件，采取适宜的保温措施。

(10) 砂石骨料宜在进入低温季节前筛洗完毕；成品料堆应有足够的储备和堆高，要有必要的措施防止冰雪造成骨料冻结。

(11) 提高混凝土拌和物温度的方法：首先应考虑加热拌和用水；当加热拌和用水尚不能满足浇筑温度要求时，再加热砂石骨料。水泥不得直接加热。

(12) 加热拌和用水超过80℃时，应改变加料顺序，将骨料与水拌和，然后加入水泥，以免假凝。

(13) 当日平均气温稳定在－5℃以下时，宜加热骨料。骨料加热方法，宜采用蒸气排管法，粗骨料可以直接用蒸气加热，但不得影响混凝土的水灰比。

砂石骨料不需加热时，应注意不能掺混冰雪，表面不能结冰。

(14) 拌和混凝土之前，应用热水或蒸气冲洗拌和机，并将水或冰水排除。混凝土拌和时间应比常温季节适当延长，延长的时间由试验确定。加热过的骨料及混凝土，应尽量缩短运距，减少倒运次数。

(15) 在岩石基础或老混凝土上浇筑混凝土前，应检查其温度。如为负温，应将其加热成正温，以浇筑仓面边角（最不利处）表面测温为正温（>0℃）为准，经检验合格后方可浇筑混凝土。

(16) 仓面清理宜采用热风枪或机械方法，寒冷期间宜采用蒸气枪，不宜用水枪或风枪。

(17) 在软基上浇筑第一层基础混凝土时，必须确保软基没有冻涨变形。

(18) 浇筑混凝土前和浇筑过程中，应注意清除钢筋、模板和浇筑设施上附着的冰雪和冰块，严禁将冰雪、冰块带入仓内。

(19) 在浇筑过程中，应注意控制并及时调节混凝土的温度，尽量减少波动，保持浇筑温度均匀。控制方法以调节拌和水温为宜。

(20) 混凝土浇筑完毕后，外露表面应及时保温，防冻防风干。新老混凝土连接处和易受冻的边角部分应加强保温，保温层厚度应是其他面保温层厚度的 2 倍，搭接保温层除密实外长度不应少于 20cm。

(21) 当采用蒸气加热或电热法施工时，应按专门的设计文件进行。

(22) 温和地区和寒冷地区采用蓄热法施工，应注意下列事项：

1) 保温模板应严密，保温层应搭接牢靠，尤其在接头处，应特别注意施工质量。

2) 有孔洞和迎风面的部位，应增设挡风保温设施。

3) 浇筑完毕后应立即覆盖保温。

4) 使用不易吸潮的保温材料。

(23) 低温季节施工的保温模板，除应符合一般模板要求外，还必须满足保温效果的要求，所有孔洞缝隙均应填塞封堵，保温层的衔接必须严密可靠。

(24) 外挂保温层必须牢固地固定在模板上。内贴保温层的表面应平整，并有可靠措施保证其固定在混凝土表面，不因拆模脱落。

(25) 重视低温季节施工混凝土的性能质量及外观质量检查。混凝土的质量检查除按规定成型试验检测外，还要采取无破损手段或用成熟度法随时检查混凝土早期强度。拆模后混凝土结构发现受冻、低强、脱皮，应及时采取补救措施。

(26) 在低温季节施工的模板，一般在整个低温期间不宜拆除。如果需要拆除，必须遵守下列规定：

1) 混凝土强度必须大于允许受冻的临界强度。

2) 具体拆除时间及拆模后的要求，应满足温控防裂要求，并遵守内外温差不大于 20℃或表面温降不超过 6℃的规定。

3) 承重模板的拆除，抗压强度不应小于设计强度等级的 70%并遵守 DL/T 5110—2000《水电水利工程模板施工规范》中的有关拆模规定。

(27) 低温季节施工期间，应注意各项温度变化，加强测温工作（测试项目及测试方法见有关规范）。

(二) 高温季节混凝土施工的质量控制要点

(1) 应严格控制混凝土浇筑温度，混凝土最高浇筑温度不得超过 28℃。混凝土最高浇筑温度应符合设计规定。当设计文件未明确混凝土最高浇筑温度时，则施工单位应根据设计规定的混凝土允许最高温度计算最高浇筑温度。

(2) 混凝土浇筑的分段、分缝、分块高度及浇筑间歇时间等，均应符合设计规定。

(3) 在施工过程中，各坝块尽量均匀上升，相邻坝块的高差不宜超过 10～12m。如因施工特殊需要，并有专门论证，经设计、监理同意，可适当放宽高差限制。

(4) 为了防止裂缝，必须从结构设计、温度控制、原材料选择、配合比优化、施工安排、施工质量、混凝土的表面保护和养护等方面采取综合措施。

施工中严格地进行温度控制，是防止混凝土裂缝的主要措施。混凝土的浇筑温度和最高温升均应满足设计要求，否则不宜浇筑混凝土。如施工单位有专门论证，并经过设计和监理单位同意后，才能变更浇筑块的浇筑温度。在有充分论据的前提下，可使用微膨胀型水泥，对混凝土降温过程的收缩进行补偿。

(5) 为提高混凝土的抗裂能力，必须改进混凝土的施工工艺。混凝土的质量除应满足强度保证率的要求外，还应在均匀性方面符合有关规范中的良好标准。

(6) 为防止裂缝，应避免基础部位混凝土块体薄块长间歇放置，避免基础部位混凝土块体在早龄期过水；其他部位也不宜长间歇放置或过早过水。

(7) 对于设计龄期大于 28 天的混凝土，必须在混凝土配合比设计时，就考虑保证混凝土必要的早期（28 天以前）抗裂能力。

(8) 降低混凝土浇筑温度的主要措施：

1) 为降低骨料温度，料场宜采用下列措施：

① 成品料场的骨料，堆高一般不宜低于 8m，并应有足够的储备；

② 通过地垄取料；

③ 搭盖凉棚，喷水雾降温（砂子除外）等。

2) 粗骨料预冷可采用风冷法、浸水法、喷洒冷水法等措施。如用水冷时，应有脱水措施，使骨料含水量保持稳定。在拌和楼顶部料仓使用风冷法时，应采取有效措施防止骨料（尤其是小石）冻仓。

3) 为防止温度回升，骨料从预冷仓到拌和楼，应采取隔热降温措施。

4) 混凝土拌和时，可采用低温水、加冰等降温措施。加冰时，可用片冰或冰屑，并适当延长拌和时间。

5) 在高温季节施工时，应根据具体情况，采取下列措施，以减少混凝土的温度回升：

① 缩短混凝土的运输时间，入仓后对混凝土及时进行平仓振捣，加快混凝土的入仓速度，缩短混凝土的曝晒时间；

② 混凝土运输工具应有隔热遮阳措施；

③ 宜采用喷水雾等方法，以降低仓面周围的气温；

④ 混凝土浇筑应尽量安排在早晚、夜间以及阴天进行；

⑤ 当浇筑尺寸较大时，可采用台阶式浇筑法，浇块高度应小于 1.5m；

⑥ 入仓后的混凝土平仓振捣完至下一层混凝土下料之前，宜采用隔热保温被将其顶面接头部位覆盖。

6) 基础部分混凝土，宜利用有利的季节进行浇筑。如需在高温季节浇筑，必须经过充分论证，并采取有效措施，经设计、监理同意后方可进行浇筑。

(9) 减少混凝土的水化热温升的主要措施：

1) 在满足混凝土的各项设计指标的前提下，应采用加大骨料粒径、改善骨料级配、掺用掺合料、外加剂和降低混凝土坍落度等综合措施，合理地减少单位水泥用量，并尽量选用水化热低的水泥。

2) 为有利于混凝土浇筑块的散热，基础和老混凝土的约束部位，浇筑块厚以 1～2m 为宜，但若采用浇筑层间埋设冷却水管技术，浇筑块厚也可采用 3m 以上，上下层浇筑间

歇时间宜为5～10天。在高温季节，有条件时还可采用表面流水冷却的方法进行散热。

3）采用冷却水管进行初期冷却时，通水时间由计算确定，一般为15～20天。混凝土温度与水温之差，以不超过25℃为宜。对于直径为25mm的金属水管，管中流速以0.6m/s为宜；对于直径为28mm聚乙烯水管，管中流速以0.5～1.0m/s为宜；水流方向应每天改变1～2次，使坝体冷却较均匀，每天降温不超过1℃。

（10）特殊部位的温控措施：

1）岩基的塘、槽必须用混凝土回填，深度超过3m时应分层进行。当与地表齐平后，应采用通水冷却的方法将回填的混凝土温度降低到设计要求的温度，再继续浇筑混凝土。

2）预留槽必须在两侧老混凝土温度达到设计规定后，才能回填混凝土，回填混凝土应控制在有利季节进行，或采用低温混凝土施工。

3）并缝块混凝土浇筑，除应严格控制浇筑温度外，可采用薄块浇筑、短间歇均匀上升的施工方法，并尽量安排在有利的季节进行；必要时，还可采用初期通水冷却或其他措施。

4）坝体的接缝灌浆，当自然冷却不能达到设计的要求时，应埋设冷却水管进行后期冷却。

（11）表面保护和养护的质量控制要点：

1）气温骤降季节，基础混凝土、上游坝面及其他重要部位，应进行早期表面保护。在高温季节，应对收仓仓面及时进行流水养护；对1级建筑物，上、下游坝面宜做到常年流水养护，养护时间不少于设计龄期，水层厚度通过计算确定。

2）在气温变幅较大的地区，长期暴露的基础混凝土及其他重要部位，必须妥加保护。寒冷地区的老混凝土，在冬季停工前，应尽量使各坝块浇筑齐平，其表面保护措施可根据各地具体情况拟定。

3）模板拆除时间应根据混凝土已达到的强度及混凝土的内外温差而定，但应避免在夜间或气温骤降期间拆模。在气温较低的季节，当预计拆模后混凝土表面温降可能超过6℃时，应推迟拆模时间；如必须拆模，应在拆模后立即采取保护措施。

4）混凝土表面保护，应结合模板类型、材料等综合考虑，必要时应该考虑采用模板内贴保温材料或混凝土预制模板。

5）已浇好的底板、护坦等薄板建筑物，其顶面宜保温到过水前。

对于宽缝重力坝、支墩坝、空腹坝的空腔，在气温骤降频繁的季节，宜将其暴露空腔封闭或进行表面保护。

隧洞、竖井、调压井、廊道、尾水管、泄水孔及其他孔洞的进出口宜封闭，不使空气流通。浇筑块的棱角和突出部分应加强保护。

6）为降低坝体内外的温差，减少表面裂缝，宜采用坝体中期通水冷却，中期通水冷却的时间由计算而定，一般为30～60天。混凝土与水温之差，不应超过20℃，日降温幅度不超过1℃。

7）对龄期在28天内的新浇混凝土，根据气象预报，如有在2～3天内平均气温下降6～8℃的气温骤降情况，应在气温下降之前进行表面保护，保护时间至气温骤降结束后或上层混凝土开仓之前。

8）混凝土表面保护的保护层厚度，应根据不同部位、结构，不同保温材料和气候条件计算确定。

（12）在混凝土施工过程中，应每1～3h测量一次混凝土原材料的温度、机口混凝土温度以及坝体冷却水的温度和气温，并应有专门记录。

（13）混凝土浇筑温度的测量，每100m^{2}仓面面积应不少于1个测点，每一浇筑层应不少于3个测点。测点应均匀分布在浇筑层面上。

（14）浇筑块内部的温度观测，除按设计规定进行外，应根据混凝土温度控制的需要，补充埋设仪器进行观测。

（三）雨季混凝土施工的质量控制要点

（1）雨季施工应做好下列工作：

1）砂石料场的排水设施应畅通无阻。

2）运输工具应有防雨及防滑措施。

3）浇筑仓面应有防雨措施并备有不透水覆盖材料。

4）增加骨料含水率的测定次数，及时调整拌和用水量。

（2）中雨、大雨、暴雨天气不得进行混凝土施工，有抗冲、耐磨和有抹面要求的混凝土不得在雨天施工。

（3）在小雨进行浇筑时，应采取下列措施：

1）适当减少混凝土拌和用水量。

2）加强仓内排水和防止周围雨水流入仓内。

（4）在浇筑过程中，如遇中雨、大雨、暴雨，应将已入仓混凝土振捣密实，立即停止浇筑，并遮盖混凝土表面，雨后必须先排除仓内积水，对受雨水冲刷的部位就立即处理，如停止浇筑的混凝土尚未超过允许间歇时间或还能重塑时，应加铺少量与混凝土同强度等级砂浆后方可恢复浇筑，否则应停仓并按施工缝处理。

（5）注意天气预报，加强坝区气象观测，合理安排施工。

第三节　水工碾压混凝土工程质量控制要点

一、对原材料的质量控制要点

（1）碾压混凝土所采用的原材料品质应符合DL/T 5144—2001《水工混凝土施工规范》、DL/T 5100—1999《水工混凝土外加剂技术规程》的要求。

（2）凡适用于水工混凝土使用的水泥均可用于碾压混凝土。其品质应符合现行国家标准及部颁标准。

（3）碾压混凝土应选用级配适当、细度模数在2.3～3.0的细骨料。如采用人工砂，其微粒（≤0.15mm颗粒）含量宜控制在15%以内。

（4）选择碾压混凝土粗骨料的级配及最大粒径时，应进行技术经济比较。一般情况下以80mm为宜。

(5) 施工前应做好掺合料料源的调查研究和品质试验。如使用不合标准的活性掺合料，应有试验论证。

二、配合比选定的质量要求

(1) 碾压混凝土的配合比应满足工程设计的各项指标及施工工艺要求。

(2) 碾压混凝土的稠度，以 *VC* 值表示，其出机口值以 5～15s 为宜。

(3) 碾压混凝土必须掺用粉煤灰或其他活性掺合料。粉煤灰掺量以 30%～60%（质量比）为宜。

(4) 碾压混凝土必须掺用外加剂，以满足可碾性、缓凝性及其他特殊要求。

(5) 对于大体积建筑物内部的碾压混凝土，其总胶凝材料用量（水泥、粉煤灰或其他有活性的材料之和）一般不宜低于 $130kg/m^3$。

(6) 为了确保工程质量，碾压混凝土的水胶比宜小于 0.8。

(7) 碾压混凝土易产生离析，其粗骨料宜采用连续级配，砂率一般比同材料常态混凝土大 3%～6%。

(8) 配合比设计。

1) 原则：碾压混凝土配合比设计的原则与常态混凝土基本相同，即根据工程要求的物理力学指标选择水灰比；在满足施工稠度及压实表观密度的条件下选择单位用水量。

2) 方法：用于常态混凝土的配合比设计方法均可用于碾压混凝土，但应结合碾压混凝土掺用大量粉煤灰和超干硬性的特点，对常态混凝土配合比设计中所推荐的参数作适当调整。

3) 设计参数选定：

① 水胶比选定：根据设计要求的强度和耐久性，选定水胶比。在水泥、粉煤灰用量一定的条件下，通过试验建立水胶比和 90 天龄期抗压强度的关系，根据配制强度查算所需水胶比。在无试验资料时，可参照式（7-1）计算水胶比，即

$$R_{90} = AR_{cf28}\left(\frac{C+F}{W} - B\right) \tag{7-1}$$

式中 R_{90}——混凝土 90 天龄期抗压强度，MPa；

R_{cf28}——水泥、粉煤灰混合料 28 天胶结强度，MPa；

W、C、F——每立方米混凝土中水、水泥、粉煤灰的用量，kg；

A、B——回归系数，其值参见表 7-24。

表 7-24　　系数参考值

骨料类别	*A*	*B*
卵石	0.733	0.789
碎石	0.811	0.581

② 用水量选定：根据施工要求的稠度、粗骨料最大粒径和砂率等选定单位用水量，参见表 7-25。用水量除以选定的水胶比，得出胶凝材料用量，再根据粉煤灰掺量，求出水泥用量。

表 7-25　　用水量（W）参考值　　kg/m³

粗骨料最大粒径（mm）	20	40	80
天然砂石料	100～120	90～115	80～110
人工砂石料	110～125	100～120	90～115

③ 砂率选定：在满足碾压混凝土施工工艺要求的前提下，选择最佳砂率。最佳砂率的评定标准为：骨料分离少；在固定水胶比及用水量条件下，拌和物 VC 值小，混凝土表观密度大、强度高。碾压混凝土砂率一般为：如用天然砂石料，三级配为 28%～32%，二级配为 32%～37%；如用人工砂石料，砂率应增加 3%～6%。

三、碾压混凝土拌和的质量控制要点

（1）拌和前应对搅拌设备的各种称量装置进行检定，达到称量精度后，方可投入使用。

（2）碾压混凝土应充分搅拌均匀，其投料顺序和拌和时间由现场试验选定。当采用倾翻自落式搅拌机时，拌和时间一般需比常态混凝土延长 1min 左右。

（3）搅拌楼应有快速测定细骨料含水量的装置。

（4）搅拌过程中应经常观察灰浆在搅拌机叶片上的黏结情况，若黏结严重，应及时清理。

（5）卸料斗之出料口与运输工具之间的落差应尽量缩小，并不宜大于 2m。

四、碾压混凝土运输的质量控制要点

（1）适用于运输常态混凝土的机具，一般都适用于碾压混凝土运输，但不得采用溜槽作为直接运输碾压混凝土的机具。

（2）混凝土运输车辆行走的道路必须平整。

（3）运输机具在使用前应进行全面检修和清洗；自卸卡车入仓前应将轮胎清洗干净，并防止将水带入仓内。

（4）在仓面行驶的车辆应尽量避免急刹车、急转弯以及其他有损于混凝土质量的操作。

五、铺筑前准备的质量控制要点

（1）碾压混凝土铺筑前，基岩面上应先浇筑一层常态混凝土。

（2）碾压混凝土铺筑用的模板，宜采用悬臂钢模板或其他便于振动碾作业的模板。

六、卸料与摊铺的质量控制要点

（1）碾压混凝土宜均衡、连续地铺筑。铺筑层的高度一般由混凝土的拌制及铺筑能力、温度控制、坝体分块形状和尺寸，细部结构等因素确定。

（2）当采用自卸汽车直接进仓卸料时，宜采用退浇法依次卸料；其摊铺方向一般与坝轴线方向垂直。卸料堆旁出现的分离骨料，应用其他机械或人工将其均匀地摊铺到未碾压的混凝土面上。

（3）严禁不合格的混凝土进入仓内；已进入的应作处理，直到施工监督人员认可后，方可继续进行混凝土铺筑。

(4) 碾压混凝土应采用薄层平仓法，平仓厚度宜控制在 17～34cm，如经试验论证，能保证质量，也可适当放宽。

(5) 混凝土应在卸料处就地摊铺开，用平仓机平仓并辅以少量人工拉锹将其摊平。平仓机操作手应按“少刮、浅推、快提、快下”的操作要领进行作业，并避免急转弯。

(6) 平仓方向的选择，主要以减少分离为原则，避免在行车路线之间造成沟槽。平整过的仓面应平整、无坑洼、高程一致。

(7) 碾压混凝土铺筑宜在日平均气温 5～25℃条件下进行。

七、碾压施工的质量控制要点

(1) 适合于压实堆石的振动碾均可用于碾压混凝土。选择振动碾机型时，应考虑压实效率、外形尺寸、操纵灵活性、监测仪表齐全程度及运行可靠性等因素。

(2) 在坝体迎水面 3m 范围区，碾压方向宜与水流方向垂直，其他范围不限。

(3) 碾压时，先无振碾压两遍，然后按要求的振动碾压遍数进行碾压；各碾压条带应重叠 20cm 左右。碾压遍数依振动压实设备的型号和尺寸、碾压层厚度以及混凝土的配比，经现场试验确定，一般情况下有振碾压不少于 8 遍。

(4) 碾压过程中用表面型核子密度仪测得的表观密度值已达到规定指标时，则表明该部位的混凝土已充分压实，无须再增加压实遍数。

(5) 振动碾的行走速度宜采用 1km/h 左右；如经论证，也可适当提高。

(6) 混凝土拌和物从拌和到碾压完毕的历时以不超过两小时为宜。

(7) 碾压层的允许间隔时间（系指从下层拌和物出机时起到上层混凝土碾压完毕止）宜控制在混凝土的初凝时间以内。

(8) 建筑物边角部位的碾压混凝土，可采用小型振动碾或振动夯压实。

(9) 压实过程中应注意：

1) 当混凝土表面出现裂纹时，须在有振碾压后增加两遍无振碾压。

2) 当混凝土表面出现不规则，不均匀回弹或塑性迹象时，须检查拌和的均匀性，运输和平仓过程中的分离程度，及时采取措施（包括修改配合比等），予以纠正。

八、缝面处理的质量控制要点

(1) 碾压混凝土坝施工一般不设纵缝，横缝可采用振动切缝机等造缝。

(2) 切缝一般采用“先切后碾”，也可“先碾后切”。填缝材料可用 0.2mm 厚的镀锌铁片或其他材料。

(3) 施工缝或冷缝层面必须进行刷毛或冲毛，以清除表面上的乳皮和松动骨料，再辅 1.5cm 厚、高于混凝土设计强度等级的砂浆或同强度等级小骨料配合比的碾压混凝土后，方可摊铺新的混凝土。

(4) 刷毛或冲毛时间可依施工季节和混凝土强度等级等条件，通过试验确定。

(5) 冲毛或刷毛的质量标准以清除混凝土表面灰浆和露出石子为准。已处理好的施工缝或冷缝层面应保持洁净和湿润状态，不得有污染、干燥面和积水。

(6) 因施工计划、降雨或其他原因而停止铺筑混凝土时，其施工接缝表面应做成斜坡，坡度以采用 1∶4 为宜。

(7) 正在铺筑或铺筑完但未到终凝时间的仓面，应防止外来的水流入。

九、异种混凝土浇筑的质量控制要点

(1) 在靠近模板、廊道、止水设施和基岩面等处，一般采用常态混凝土。如在靠近模板、廊道处采用碾压混凝土，粗骨料的最大粒径不宜大于40mm。

(2) 同一仓号内常态混凝土与碾压混凝土的浇筑顺序，可依施工条件而定；但两者必须连续地进行，相接部位的压实工作必须在先浇的混凝土初凝前完成，其结合部位的处理方法见图7-1。

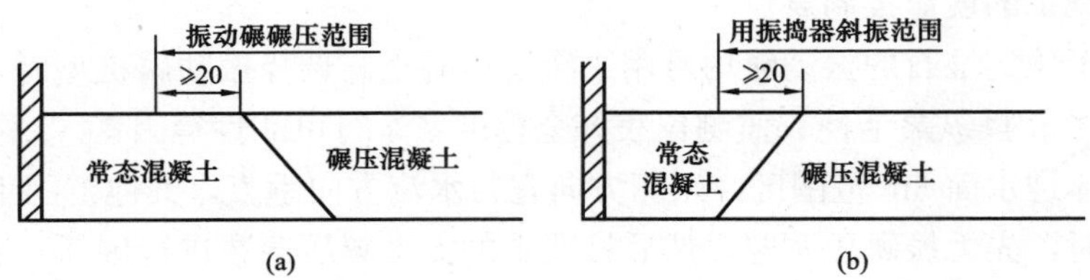

图7-1 异种混凝土结合部位的处理方法（单位：cm）
(a) 先常态混凝土后碾压混凝土；(b) 先碾压混凝土后常态混凝土

十、养护和防护的质量控制要点

(1) 碾压混凝土的铺筑仓面宜保持湿润。

(2) 碾压混凝土的养生期应比常态混凝土略长，对于永久暴露面一般应维持3周以上；对于水平施工层面应维持到上一层碾压混凝土开始铺筑为止。

(3) 碾压混凝土冬季施工时，应采取保温措施。拆模时间应适当延长。

第四节 灌浆工程质量控制要点

一、岩石基础灌浆

(一) 关于工序的质量控制要点

(1) 岩石基础灌浆必须按先固结后帷幕的顺序进行。

(2) 帷幕钻孔灌浆必须按分序加密的原则进行。由三排孔组成的帷幕，一般应先进行边排孔的钻孔和灌浆，然后进行中排孔的钻孔和灌浆；由两排孔组成的帷幕，一般宜先进行下游排的钻孔和灌浆，然后进行上游排的钻孔和灌浆。

同一排的灌浆孔一般应分三个次序施工，在岩石特别好的情况，也可分两个次序施工。

(3) 固结灌浆宜在有混凝土覆盖的情况下进行。钻孔灌浆必须在相应部分混凝土达到50%设计强度后，方可施工。

(4) 为确保固结灌浆的施工质量，设计、施工单位应在施工总进度上合理安排，并采取有效措施，保证固结灌浆的顺利进行。

(5) 施工过程中，不得在帷幕线上进行可能导致不良后果的灌浆试验工作。

(6) 在灌浆地区，宜安设变形观测装置，灌浆过程中应随时观测。当发现异常情况时，应立即降压，报告监理人员，并作详细记录。

(7) 坝基排水孔、扬压力观测孔必须在相应部位灌浆检查合格后方可施工。

(二) 钻孔的质量控制要点

(1) 所有钻孔应统一编号，并注明施工次序。钻孔开孔位置与设计位置的偏差不得大于 10cm。实际孔位应有记录。

(2) 灌浆孔的直径，在保证灌浆质量的前提下，宜优先选用小口径。

(3) 钻孔的终孔深度应符合设计规定。每段结束后，孔内残留岩芯和沉淀不应超过 20cm。

(4) 钻帷幕灌浆孔时，应保证孔向准确。一般宜埋孔口管，孔口管的方向必须符合设计要求。

钻孔过程中必须进行孔向测量，如发现偏斜超过要求时，应及时纠正。对于孔深超过 20m 的孔，应特别注意控制上部 20m 范围内的偏斜。终孔段必须测斜。

(5) 垂直的或顶角小于 5°的帷幕孔，其孔向的偏差值不得大于表 7－26 中的规定。

表 7－26　　允许偏差值

孔深 (m)	20	30	40	50	60
最大允许偏差值 (m)	0.25	0.50	0.80	1.15	1.50

孔深大于 60m 时，最大允许偏差值应按工程实际情况具体确定，一般不宜大于孔深的 2.5%，包括因顶角和方位角偏移而发生的偏差值。

顶角大于 5°的倾斜孔，其孔向的偏差值可根据实际情况适当放宽。钻孔时，应特别注意控制方位角，其偏差值不宜大于 5°。

经孔斜资料分析，对于不符合上述要求的部位，应结合透水率和灌浆单耗等全面分析，认为将影响帷幕质量时，应采取补救措施。

(6) 钻孔时，应根据设计要求对孔内各种情况，如混凝土厚度、涌水、漏水、断层、洞穴、破碎、换层、掉块等进行详细记录，作为分析钻孔情况的依据。

(7) 钻孔穿过松软岩层或遇有塌孔掉块时，应先进行灌浆处理，然后再继续钻进；如发现集中漏水，应立即停钻，查明漏水部位、原因，处理后，再行钻进。

(8) 钻孔结束待灌或灌浆结束待加深时，孔口均应妥加保护。

(三) 钻孔冲洗与压水试验的质量控制要点

(1) 灌浆孔在灌浆前应进行孔壁冲洗与裂隙冲洗，以提高灌浆效果。

(2) 孔壁冲洗可采用风水联合冲洗或由导管通入大流量水流从孔底向孔外冲洗的方法，直至回水澄清 10min 为止。

(3) 帷幕灌浆孔裂隙冲洗，可根据不同地质条件选用压水冲洗、脉冲冲洗、风水联合冲洗等方法，直至回水澄清，延续 10min 即可结束，但总的冲洗时间不宜少于 30min。

冲洗压力不宜大于本段灌浆压力的 80%。

岩溶、断层、大裂隙等地质条件复杂的地区，帷幕灌浆孔的裂隙冲洗方法应根据灌浆试验确定；如不进行裂隙冲洗，应有专门论证。

当采用自下而上分段灌浆法时，钻孔裂隙冲洗的方法应根据具体情况确定。

(4) 固结灌浆孔裂隙冲洗，当钻孔互不串通时，可采用帷幕灌浆孔的冲洗方法进行；多孔串通时，应采用风水联合群孔冲洗的方法。冲洗要求不应低于帷幕灌浆孔。

设计对岩石裂隙冲洗有特殊要求时，冲洗方法应根据试验确定。

冲洗压力不宜大于灌浆压力的 80%。

(5) 帷幕灌浆孔的压力试验应在岩石裂隙冲洗结束后进行。先导孔必须逐段做压水试验。其他孔段如何安排，可根据工程实际情况确定，原则上以多做一些为宜。压水试验的压力值应视工程具体情况确定，但为便于成果分析对比，所采用的压力标准应尽量一致。

压水试验压力值一般宜采用 1MPa；当灌浆压力小于 1MPa 时，宜用 0.3MPa。

(6) 固结灌浆孔的压水试验应在岩石裂隙冲洗结束后进行，试验孔数一般不少于总孔数的 5%。

压水试验的压力值宜采用 0.3MPa，如此值大于灌浆压力，则应采用灌浆压力值。

(7) 帷幕灌浆孔压水试验吸水量的稳定标准：将压力调到规定数值并保持稳定后，每 5min（或 10min）测读一次压入流量。当试验成果符合下列标准之一时，试验工作即可结束，以最终流量读数作为计算流量。

1) 当流量大于 5L/min 时，连续四次读数，其最大值与最小值之差小于最终值的 10%。

2) 当流量小于 5L/min 时，连续四次读数，其最大值与最小值之差小于最终值的 20%。

3) 连续四次读数，流量均小于 0.5L/min。

(8) 固结灌浆孔压水试验吸水量的稳定标准，可按帷幕灌浆孔适当放宽。

(9) 透水率 (q) 是在试验压力下，平均每兆帕压力、每米试验段长度、每分钟内的压入流量，其计算公式如下

$$q=\frac{Q}{PL} \tag{7-2}$$

式中 q——透水率，Lu；

Q——压入流量，L/min；

P——试验压力，MPa；

L——试验段长度，m。

(四) 灌浆的质量控制要点

(1) 灌浆孔的灌浆可采用下列方法：

1) 自上而下分段灌浆法。

2) 自下而上分段灌浆法。

3) 综合灌浆法。

4) 全孔一次灌浆法。

5) 小口径钻孔孔口封闭灌浆法。

一般应优先选用自上而下分段灌浆法。如采用小口径钻孔孔口封闭灌浆法时，必须通

过试验论证。

(2) 帷幕灌浆时，每一个灌浆段的长度，一般宜采用 5m；如遇特殊情况，可视需要适当缩短或加长，但段长不得大于 10m。

(3) 固结灌浆孔的基岩段长小于 6m 者，可全孔一次灌浆；大于 6m 者，应分段灌浆。

(4) 帷幕灌浆时，坝体混凝土与基岩接触段应单独先行灌浆并待凝 24h 后，方可进行以下各段的钻孔灌浆工作。接触段段长不得大于 2m，灌浆塞应塞于基岩面以上 0.5m 左右。

(5) 采用自上而下分段灌浆时，孔口无涌水的孔段，在灌浆结束后，一般可不待凝，但断层、破碎带等地质条件复杂的地区，则宜待凝，其待凝时间应根据工程具体情况确定。

(6) 帷幕灌浆应优先采用孔内循环法灌浆，其射浆管距离孔底不宜大于 0.5m。

(7) 固结灌浆宜采用孔内循环法灌浆，其进浆管距离孔底不宜大于 0.5m。当吸浆量大时，宜一泵一孔灌注；吸浆量小时，可采用群孔并联灌注，严禁串联。并联灌浆的孔数不宜多于 3 个。群孔灌浆时，应注意控制压力，防止抬动。

(8) 采用自上而下分段灌浆法灌浆时，灌浆塞应塞在已灌段底 0.5m 以上，以防漏灌。

(9) 灌浆浆液的浓度，应遵循由稀到浓的原则，逐级改变。浆液的水灰比可采用 5∶1、3∶1、2∶1、1∶1、0.8∶1、0.6∶1、0.5∶1（质量比）七个比级；开灌水灰比一般可用 5∶1。

(10) 灌浆时，当灌浆压力保持不变，吸浆量均匀减少时；或当吸浆量不变，压力均匀升高时，灌浆工作应持续下去，不得改变水灰比。

(11) 帷幕灌浆中，当某一级水灰比浆液的灌入量已达 300L 以上，而灌浆压力及吸浆量均无改变或改变不显著时，应改浓一级灌注。

(12) 帷幕灌浆，当其注入量大于 30L/min 时，可根据具体情况适当越级变浓。

(13) 灌浆时，当改变浆液水灰比后，如灌浆压力突增或吸浆量突减，应立即查明原因，进行处理。

(14) 单孔固结灌浆变浆标准可参照帷幕灌浆的变浆标准确定。群孔固结灌浆的变浆标准应考虑一次灌注的总段长等因素确定。

(15) 帷幕灌浆，在设计规定的压力下，如灌浆段吸浆量不大于 0.4L/min，继续灌注 60min（自下而上分段灌浆时采用 30min），灌浆工作即可结束。如灌浆接近结束而发生回浆变浓，不能达到结束标准时，应查清原因，并采取措施，根据具体情况确定结束标准。

(16) 固结灌浆，在设计规定的压力下，如灌浆段的吸浆量不大于 0.4L/min，继续灌注 30min，灌浆工作即可结束。群孔灌浆，其结束标准应考虑一次灌注的总段长等因素确定。

(17) 帷幕灌浆孔采用自上而下分段灌浆法或综合灌浆法时，在全孔灌浆结束后，宜将全孔作为一段或分为数段进行复灌，其施工工艺与要求应根据工程具体情况确定。

(18) 全孔灌浆工作完成后，必须及时做好封填工作。封填前，应尽量将孔内污物冲洗干净，并测量孔深。

封孔应采用机械封孔，排除孔内稀浆，将全孔封填密实。孔深小于5m者，排除孔内积水后，可直接用干硬性水泥砂浆封填。

（五）特殊情况处理的质量控制要点

（1）灌浆过程中，发现冒浆时，应根据具体情况采用嵌缝，表面封堵，加浓浆液，降低压力等方法加以处理。

（2）灌浆过程中，发生串浆时，应采取下述方法处理：

1）如被串孔正在钻进，则应立即停钻。

2）如串浆量不大，可在灌浆的同时，在被串孔内通入水流，使水泥浆不致充填孔内。

3）串浆量大时，如条件许可，可与被串孔同时灌浆，但应防止岩层抬动。

4）串浆量大，且无条件同时灌浆时，可用灌浆塞塞于被串孔串浆部位上方1～2m处，对灌浆孔继续进行灌浆。灌浆结束后，应立即将被串孔内的灌浆塞取出，并扫孔洗净，待后再灌。

（3）灌浆工作必须连续进行，若因故中断，应按下列原则进行处理：

1）尽可能缩短中断时间，及早恢复灌浆。

2）中断时间超过30min，应立即设法冲洗钻孔；如冲洗无效，则应在重新灌浆前进行扫孔。

3）恢复灌浆时，开始应使用最大水灰比的浆液灌注，如吸浆量与中断前相近似，即可采用中断前的水灰比；如吸浆量较中断前减少较多，则浆液应逐渐加浓。

4）恢复灌浆后，如吸浆量较中断前减少很多，且在极短时间内停止吸浆，则认为该灌浆段不合格。

（4）在有涌水的孔段灌浆时，当涌水压力超过0.2MPa时，一般应采取下列措施：

1）灌浆前应测定涌水压力和涌水量。

2）应采用自上而下分段灌浆法。

3）灌浆结束后应有闭浆措施。

4）闭浆时间不少于1h。

5）待凝时间不得少于48h。

6）宜采用内管能转动的灌浆塞。

7）必要时可在浆液中掺用速凝剂。

8）必须采用机械封孔。

当涌水压力小于0.2MPa时，可参照上述措施处理。

（5）在基岩吸浆量大，灌浆难于结束时，一般可采用下列措施：

1）限流、间歇灌浆等。

2）浆液中掺速凝剂。

3）灌注水泥砂浆、水泥水玻璃等。

（6）灌浆过程中如回浆变浓，应改稀后继续灌注。若无效，再次改稀灌注。如回浆仍变浓，即可结束灌浆。

(7) 在大溶洞部位灌浆，可先用混凝土或水泥砂浆回填，然后再进行灌浆。

(六) 工程质量检查要点

(1) 岩石基础灌浆的质量应以分析压水试验成果，灌浆前后物探成果，灌浆有关施工资料为主，结合钻孔取芯，大口径钻孔观测，孔内摄影，孔内电视资料等综合评定。

(2) 帷幕灌浆检查孔应按下列原则布置：

1) 在帷幕中心线上。

2) 岩石破碎，有断层、洞穴及耗灰量大的部位。

3) 钻孔偏斜过大，灌浆不正常和灌浆过程中出现过事故等经资料分析认为对帷幕质量有影响的部位。

4) 沿帷幕轴线 20m 左右的范围内，应有一个检查孔。

(3) 帷幕灌浆检查孔的数量，一般应按灌浆孔总数 10%左右布置。

(4) 帷幕灌浆质量检查，应在该部位灌浆结束 14 天后进行。

(5) 对帷幕检查孔应进行压水试验和采取岩芯。对岩芯应加以描述，并根据需要确定是否保留。

压水试验压力应与先导孔所用压力相同，或采用 1.5 倍设计水头值。压水试验吸水量的稳定标准应与帷幕灌浆孔相同。检查孔压水试验结束后，应按设计要求进行灌浆和封孔。

(6) 帷幕灌浆的质量检查应以透水率为主，检查孔接触段及其下一孔段的合格率应为100%；以下孔段的合格率应在 90%以上，其余不足 10%孔段的指标值，亦不应超过设计所规定数值的 100%（如设计值为 0.01，则不应超过 0.02)，且不应集中，即可认为合格。否则，应由设计、监理、施工单位商定方案处理，直至合格为止。如个别孔段的指标值大于设计所规定数值的 100%，经灌浆后是否需要再作处理，由设计、监理单位商定。

(7) 固结灌浆质量检查，宜采用直接测量岩石弹性模量的方法。岩石弹性模量的改善程度应符合设计要求。检查工作宜在该部位灌浆结束 14 天后进行。

(8) 固结灌浆质量检查，也可采用压水试验的方法。检查工作宜在该部位灌浆结束 3、7、14、28 天后进行。检查孔的数量应为灌浆孔总数的 5%左右。其孔段合格率应在 80%以上，其余孔段的指标值，亦不应超过设计所规定数值的 50%（如设计值为 0.01，则不应超过 0.015)，即可认为合格。否则，应由设计、监理、施工单位商定方案处理，直至合格为止。如个别孔段的指标值大于设计所规定数值的 50%，经灌浆后是否需要再作处理，由设计、监理单位商定。

二、水工隧洞灌浆

(一) 关于工序的质量控制要点

(1) 水工隧洞灌浆应按先回填灌浆，后钢衬接触灌浆，最后固结灌浆的顺序进行。

(2) 回填灌浆工作，应在衬砌混凝土达到 70%设计强度后尽早进行。

回填灌浆必须按分序加密的原则进行，一般应分两个次序施工，各次序灌浆的间隔时间不得少于 48h。

(3) 固结灌浆，应在回填灌浆结束 7 天后按环间分序，环内加密的原则进行。

(4) 钢衬接触灌浆一般宜在衬砌混凝土浇筑 60 天后进行。在特殊情况下，不得少于 28 天。

(5) 当隧洞轴线具有 10°以上的坡度时，灌浆应从最低一端开始，在同一断面上应由下而上对称地进行。

(6) 钻孔冲洗和灌浆过程中，应注意观测隧洞衬砌的变形，若发现异常，应立即降压，报告有关人员，并作详细记录。

(二) 钻孔的质量控制要点

(1) 回填和固结灌浆，在钢筋混凝土衬砌和钢板衬砌中应预留孔（管），其内径应大于 50mm。钢衬接触灌浆孔的位置，应由设计、施工单位在现场经锤击检查后确定，每个独立的脱空区至少应布置两个孔，孔径不小于 12mm。

(2) 所有钻孔应统一编号，并注明施工次序。

(3) 回填灌浆孔的位置与设计孔位的偏差不得大于 20cm，钻孔应深入岩石 10cm。

(4) 固结灌浆孔的位置与设计孔位的偏差不得大于 20cm，开孔角度误差不宜大于 5°。钻孔的开孔直径不宜小于 50mm，终孔深度应满足设计要求。

(5) 对预留孔（管）和已钻好的钻孔应妥善保护，不得损坏丝扣并防止污物进入。

(三) 钻孔冲洗与压水试验的质量控制要点

(1) 固结灌浆前应对钻孔进行孔壁冲洗和裂隙冲洗。孔壁冲洗回水澄清后即可结束。裂隙冲洗可采用压水冲洗、脉冲冲洗、风水联合冲洗等方法，直到回水澄清，延续 10min 为止。冲洗压力不宜大于本段灌浆压力的 80%。

(2) 固结灌浆孔，当设计对岩石裂隙冲洗有特殊要求时，冲洗方法及其可能性应根据试验确定。

(3) 固结灌浆前，应选择有代表性的钻孔作压水试验。压水孔数可占灌浆孔总数的 5%左右。压水试验的压力宜采用 0.3MPa。

(4) 固结灌浆的压水试验吸水量的稳定标准，应与帷幕灌浆相同。

(四) 灌浆施工的质量控制要点

(1) 灌浆压力、压力表安装部位及读数方法，应符合设计规定。

(2) 固结灌浆，应优先采用单孔灌浆；当吸水情况相近和排浆量允许时，也可采用多孔并联灌浆，但孔数不宜多于 4 个。

(3) 回填灌浆可采用填压式灌浆法。浆液水灰比分为 1∶1、0.8∶1、0.5∶1、0.5∶1（质量比）四个比级。如需灌注水泥砂浆，掺砂量不宜大于水泥质量的 200%。

(4) 钢衬接触灌浆宜采用循环式灌浆法。浆液水灰比分为 3∶1、1∶1、0.6∶1（质量比）三个比级。

(5) 固结灌浆应优先采用循环式灌浆法。浆液水灰比分为 5∶1、3∶1、2∶1、1∶1、0.8∶1、0.6∶1、0.5∶1 七个比级。

(6) 固结灌浆时，当灌浆压力保持不变，吸浆量均匀减少时，或当吸浆量不变，压力均匀升高时，灌浆工作应持续下去，不得改变水灰比。

(7) 固结灌浆中，当某一级水灰比浆液的灌入量已达到 300L 以上，而灌浆压力及吸浆量均无改变或改变不显著时，应改浓一级灌注。

(8) 固结灌浆，当其吸浆量大于300L时，可根据具体情况适当越级变浓。

(9) 固结灌浆时，当改变浆液水灰比后，如灌浆压力突增或吸浆量突减，应立即查明原因，进行处理。

(10) 固结灌浆采用多孔并联灌浆时。其变浆标准可参照单孔固结灌浆标准，根据具体情况加以确定。

(11) 钢衬接触灌浆浆液浓度应视脱空情况选用。在脱空范围较大，排气管出浆良好的情况下，应以最浓级浆液结束。

(12) 回填灌浆，在设计规定压力下，灌浆孔停止吸浆，即可结束。

(13) 钢衬接触灌浆，在设计规定压力下，灌浆孔停止吸浆，继续灌注15min即可结束。

(14) 固结灌浆，在设计规定压力下，灌浆段的吸浆量不大于0.4L/min，再继续灌注30min即可结束。群孔灌浆，其结束标准应考虑一次灌注的总段长等因素确定。

(15) 隧洞上部倒孔灌浆结束时，应先将孔口闸阀关闭后再停机，待孔内无返浆时，才可拆除孔口闸阀。

(16) 钢衬接触灌浆结束时，应先关闭闸阀再停机，孔口无返浆后，才可拆除闸阀。

(17) 回填和固结灌浆结束后，应排除孔内积水和污物，采用机械封孔并抹平。

(五) 特殊情况处理及其质量控制要点

(1) 回填灌浆过程中如发现漏浆，应根据具体情况采用嵌缝，表面封堵，加浓浆液，降低压力，间歇灌浆等方法处理。

(2) 回填灌浆时，如发生串浆，应待被串孔排出浓浆时将其堵塞，灌浆孔继续灌注。若被串孔是Ⅰ序孔，可不必重新灌浆；若是Ⅱ序孔，宜重新钻开进行灌浆。

(3) 固结灌浆时，如发生串浆，应尽可能与被串孔同时灌注。若无条件，可将被串孔塞住，对灌浆孔单独进行灌注。灌注结束后，应立即清除被串孔内浆液，洗孔后再灌。

(4) 回填灌浆因故中断时，应及早恢复灌注；如中断时间较长，则应重新钻开进行灌注。

(5) 固结灌浆因故中断时，应按下列原则进行处理：

1) 尽可能缩短中断时间，及早恢复灌浆。

2) 中断时间超过30min，应设法处理至原孔深，恢复灌浆。

3) 恢复灌浆时，开始应使用最大水灰比的浆液灌注，如吸浆量与中断前相近似，即可采用中断前的水灰比；如吸浆量较中断前减少较多，则浆液应逐渐加浓。

4) 恢复灌浆后，如吸浆量较中断前减少很多，且在极短时间内停止吸浆，则认为该灌浆段不合格。

(六) 工程质量检查要点

(1) 回填灌浆质量检查，宜在该部位回填灌浆结束7d后进行，检查孔的数量应不少于灌浆孔总数的5%，其布置由设计、施工单位商定。

回填灌浆检查孔合格标准：在设计规定的压力下，在起始10min，孔内注入水灰比为 2∶1 的浆液不超过 10L，即可认为合格。

(2) 固结灌浆质量检查，宜采用直接测量岩石弹性模量的方法。岩石弹性模量的改善程度应符合设计要求。检查工作宜在该部位灌浆结束 14 天后进行。

(3) 固结灌浆质量检查也可采用压水试验的方法。检查工作宜在该部位灌浆结束 3 天后进行。检查孔的数量应不少于灌浆孔总数的 5%，其孔段合格率应在 80%以上，其余孔段的指标值，亦不应超过设计所规定数值的 50%（如设计值为 0.03，则不应超过 0.045)，即可认为合格。

(4) 钢衬接触灌浆经检查，其脱空范围和程度应满足设计要求。

三、混凝土坝接缝灌浆

(一) 关于工序的质量控制要点

(1) 混凝土坝接缝灌浆，必须按设计规定的程序进行。

(2) 混凝土坝接缝灌浆，各灌区应同时具备下列条件，并取得准灌证后方可进行。

1) 灌缝两侧及顶层盖重混凝土的温度，必须达到设计规定的数值。

2) 接缝的张开度不宜小于 0.5mm。

3) 除顶层外，灌区上部宜有 9m 以上的混凝土盖重。

4) 混凝土龄期应大于 6 个月。

5) 灌区密封，管路畅通。

(3) 混凝土坝坝块内应埋设必要的测温、测缝仪器。

(4) 同一坝缝，上一层灌区灌浆工作应待下一层灌区灌浆结束 14 天后进行。同一高程，各相邻灌区应尽可能采用多缝同时灌浆方式，但也可采用逐区连续灌浆和逐区间歇灌浆方式。逐区间歇灌浆的间歇时间应不少于 3 天。当逐区连续灌浆时，如灌区间的中断时间超过 8h，则间歇时间也应不少于 3 天。

(5) 岸坡接触灌浆可采用钻孔法或预埋管法，其要求可参照本节有关规定执行。

(二) 灌浆系统布置的质量控制要点

(1) 为保证接缝灌浆质量，各条缝面应划分成若干个封闭的灌区。一个灌区的高度以 9～12m，面积以 200～300m^2 为宜。

(2) 灌浆管路布置，应遵循下列原则：

1) 便于浆液均匀地、自下而上地灌注到整个缝面上。

2) 灌浆管路与缝面畅通。

3) 管口尽量集中。

4) 管路最短，弯头最少。

(3) 每个灌区的灌浆系统，由进浆管、升浆管、配浆管、出浆盒（出浆槽)、回浆管、排气槽、排气管以及止浆片组成。灌浆管路可采用塑料拔管或预埋塑料管、铁管。

(4) 缝面预埋出浆槽或出浆盒，应布置在键槽面易于张开的一边。出浆槽的间距以 1.5m 为宜。出浆盒应呈梅花型布置，每盒担负灌浆面积宜为 5m^2。灌区底部一排出浆盒可适当加密。

（三）灌浆系统加工、安装与埋设的质量控制要点

（1）灌浆管路的型式、尺寸应按设计图纸加工，要求管子顺直、管路畅通。

（2）采用塑料拔管或预埋塑料管时，加工应满足下列要求：

1）拔管应用软管，埋管应用硬管。

2）三通、弯头可采用厂方标准件或自行焊制。管间连接采用塑料焊接器焊接，焊后应进行受力检查，防止假焊。

3）充气拔管封头采用热压模具加工成圆锥形，充气接头应用压紧联结方式。

4）拔管充气 24h 后检查，无漏气现象时方可使用。

（3）采用预埋铁管时，加工应符合下列要求：

1）当混凝土浇筑块的尺寸有变更时，管路应按现场放样尺寸进行加工。

2）管上开孔必须使用电钻，所有焊口应严密，无砂眼，并应清除管内渣屑。

3）进、回浆管、升浆管弯曲段的加工，不得烧焊，应用弯管机加工或用弯管接头、三通、丝扣连接。

（4）止浆片，出浆槽（盒）及其盖板、排气槽及其盖板所用材料的质量、规格应符合设计要求。

止浆片宜优先采用塑料板，也可采用镀锌铁板、黑铁板，其宽度为 25～30cm，塑料板厚度 3～5mm，镀锌铁板厚度不应小于 8mm，黑铁板厚度不应小于 1.0mm。止浆片搭接长度不得小于 4cm，并应双面焊接。金属止浆片应作防锈处理。

出浆槽（盒）盖板和排气槽盖板上，应焊细拉筋与后浇混凝土连成整体。

（5）灌浆系统所有管路、部件加工完成后，均应记录，经检查合格，方可运送现场安装。

（6）采用预埋铁管时，安装、埋设应符合下列要求：

1）安装灌浆管路、出浆槽（盒）、排气槽、止浆片等，应在模板立好之后，先浇块混凝土浇筑之前完成；出浆槽（盒）盖板、排气槽盖板则在后浇块内安设。工序不得颠倒。灌浆管路应尽量避免穿过接缝，否则必须加伸缩节。

2）出浆槽（盒），排气槽四周应与模板紧贴，安装牢固，以防先浇块浇筑时砂浆流入。槽（盒）盖与槽（盒）应完全吻合，并加以固定，四周应予封闭，防止后浇块浇筑时砂浆流入槽（盒）中。

（7）为保证基础灌区底部密封，应特别注意底层止浆片的埋设质量。

（8）预埋铁管管路系统安装完毕，应通水检查，合格后方可浇筑先浇块混凝土；先浇块浇后应立即通水检查，拆模后应对出浆系统作检查，合格后方可浇筑后浇块混凝土；后浇块浇后 3 天，应对该灌区预埋灌浆系统作全面通水检查，直至合格为止。

（9）为防止管内锈蚀和冰冻，通水检查后，应以压缩空气（去油）将水吹出。进口处风压不得超过 0.2MPa。

（10）灌浆系统外露管口长度不宜小于 15cm，离宽缝或廊道底板高度不宜小于 80cm；管口应有丝扣并加堵密封，防止污物进入或压住管口。

为防止管口名称混乱，应将管口标注清楚并记录编号，且宜统一选择不同管径和涂

色，以示区别。

(11) 在混凝土浇筑过程中，应督促施工单位设专人值班，负责下列检查及工作：

1) 保护仓面中的灌浆管路不受损坏。

2) 确保止浆片四周混凝土振捣的密实性。

3) 防止混凝土振捣时出浆槽（盒）产生错位。

4) 后浇块浇筑前，应将灌区先浇块的缝面用风水冲洗干净，并宜在振捣部位上方60cm高的范围内采取措施，防止沾污缝面。

(四) 灌浆前准备工作的质量控制要点

(1) 灌浆前应测定灌区的缝面张开度，并作记录。

(2) 为查明灌区密封情况，应通水进行灌区封闭检查，通水压力一般为灌浆压力的80%。

(3) 为查明灌浆管路及缝面通畅情况，可采用"单开通水检查"办法。通水压力一般为灌浆压力的80%。当管路单开流量小于25L/min时，应根据具体情况加以处理。

(4) 各灌区灌浆前，管路及缝面必须充水浸泡24h，然后用风（去油）、水轮番冲洗，直至各管口回水澄清为止。冲洗水压力不宜超过灌浆压力的80%，风压力一般不宜大于0.2MPa。

(5) 灌浆前应进行一次预灌性压水检查，其压力等于灌浆压力，并记录灌区渗漏、缝面张开度和灌缝容积等情况。

(6) 有关缝面应根据需要装设变形观测仪表。

(7) 在需要通水平压的灌区，应做好通水平压的准备工作。

(8) 在管路缝面冲洗过程中，止浆片漏水或混凝土局部漏水时，应采取嵌缝等有效措施加以补救。

(9) 一个灌区中，两根排气管不通或其中一根不通，均应补钻排气孔，恢复排气通路。

(10) 当进浆管，回浆管堵塞或局部堵塞时，应用风水联合冲洗，力争恢复。若无效，可采用打孔、掏洞，重新接管等方法，恢复管路畅通。

(11) 当全部管路系统堵塞，难以疏通时，应全面补孔。钻孔布置应由设计与施工单位根据现场具体情况商定。斜交缝面的钻孔深度应穿过缝面30～50cm。

(五) 灌浆施工的质量控制要点

(1) 灌浆压力或灌浆过程中缝面允许的张开度必须符合设计规定。灌浆压力以排气管管口压力为准。灌浆过程中，如排气管被堵塞，应以回浆管管口相应压力控制。

(2) 在灌浆过程中，处于相应高程的未灌浆的邻缝灌区应根据需要观测变形。如需通水平压，平压的部位及压力应符合设计规定。灌浆压力消除后平压即可结束。

(3) 接缝灌浆浆液的水灰比分为3∶1、1∶1、0.6∶1（质量比）三级，有条件时可采用0.5∶1的浓浆。

(4) 浆液水灰比变换原则：开始灌注3∶1浆液，排气管出浆后即转入1∶1浆液灌注。当排气管出浆浓度等于或接近进浆浓度时，或当1∶1浆液已灌入一定数量（约等于缝面容量）时，改用最浓级浆液灌注，直至结束。通常情况下，一个灌区的总灌浆时间不宜超过 6h。

当缝面张开度大，管路畅通时，可用最浓级浆液灌注。

(5) 为了尽快使浓浆充填缝面，灌注过程中，排气管应间断放浆。原则上要求稀浆多放，浓浆少放。放浆时，应经常测定浆液比重，对于弃浆数量也应记录。

(6) 当最浓级浆液灌注一定时间后，排气管出浆浓度达到最浓级浆液，排气管口压力或缝面张开度达到设计数值，缝面吸浆量小于 0.4L/min 时，持续 20min，灌浆即可结束。

(7) 当排气管出浆不畅或灌浆过程中被堵塞时，在顺灌结束后，应立即用最浓级浆液对排气管进行倒灌，其结束标准与 6 相同。

(8) 灌浆结束停机前，应先关闭各管闸阀，然后停机。闭浆时间不宜小于 8h。

(9) 灌浆过程中如发生外漏，轻微者，可任其自行封堵，严重者应堵塞处理。如堵塞无效，可采用浓浆、降低压力等措施加以处理。

(10) 灌注中，发现上层灌区串浆时，可采取并灌措施。在无条件并灌时，上层灌区应通低压循环水，持续到灌浆结束，循环回水澄清为止。

(11) 灌注中，进浆管路堵塞时，宜先打开所有管路放浆，然后在控制张开度不超过设计允许值的前提下尽量提高灌浆压力进行灌注。若无效，应立即换用其他管路进行灌注。

(12) 灌浆过程中，因停水、停电、机械故障等原因被迫停灌将影响灌浆质量时，应立即用清水和压缩空气冲洗管路、缝面，直至回水澄清为止，并再作一次压水检查，然后重新灌注。

(六) 工程质量检查要点

(1) 各灌区的接缝灌浆质量应根据施工记录，质量检查成果，从下列十个方面综合评定：

1) 灌浆时坝块温度是否满足设计要求。

2) 灌浆管路及缝面通畅情况。

3) 灌浆作业情况。

4) 灌浆结束时的排气管出浆浓度、灌浆压力或张开度是否达到设计要求。

5) 缝面耗灰情况。

6) 使用的水泥材料细度、强度是否满足要求。

7) 灌浆前、后接缝张开度的大小及其变化。

8) 钻孔取芯和压水检查成果，孔内探缝，孔壁摄影和孔内电视成果。

9) 缝面槽检成果。

10) 灌浆前后物探成果。

(2) 钻孔取芯、压水检查和槽检工作，应选择在有代表性的灌区进行，重点放在质量可能较差的灌区。具体检查部位、标准由设计、施工单位共同确定。

(3) 检查工作应在灌浆结束 28 天以后进行。孔检、槽检结束后应回填密实。

(4) 钻孔或槽检的岩芯，应做有关力学试验。对于质量检查资料，包括孔内探缝、孔壁摄影及孔内电视资料，应妥加保存。

(5) 坝体接缝灌浆工程的灌区合格率应在80%以上（为避免不合格的灌区过分集中，对于纵缝，每一坝段的灌区合格率不应低于70%），即可认为合格。其余不足20%的灌区，其合格标准可适当放宽，如用压水检查，其指标值不宜超出设计标准的100%。

第五节　土石坝工程质量控制要点

一、碾压式土石坝

(一) 施工质量控制要点

(1) 施工单位在土石坝施工中积极推行全面质量管理，并加强人员培训，建立健全各级责任制，以保证施工质量达到设计标准、工程安全可靠与经济合理。

(2) 施工人员必须对质量负责，做好质量管理工作，实行自检、互检、交接班检查的制度。施工单位必须建立健全施工质量保证体系，并设立在施工主要负责人领导下的专职质量检查机构。不断检查质量保证体系落实情况及人员、仪器设备等情况。

(3) 教育质检人员和施工人员都必须树立“预防为主”和“质量第一”的观点；双方必须密切配合，控制每一道工序的操作质量，防止发生质量事故。

(4) 施工单位在制定施工技术措施、确定施工方法和施工工艺时，应根据现场实际情况同时制定每一工序的质量指标。施工中必须使前一工序向下一工序提交合格的产品，从而保证成品的总体质量。施工单位应组织施工、质检以及设计、地质等有关人员逐项落实施工技术措施后，方可开工。

(5) 质量控制应按国家和部颁发的有关标准、工程的设计和施工图、技术要求以及工地制定的施工规程进行。质量检查部门对所有取样检查部位的平面位置、高程、检验结果等均应如实记录，并逐班、逐日填写质量报表，分送有关部门和负责人。质检资料必须妥善保存，防止丢失，严禁自行销毁。

(6) 施工单位质量检查部门应在有业主、监理单位代表参加的验收小组领导下，参加施工期的分部验收工作，特别是隐蔽工程，应详细记录工程质量情况，必要时照相或取原状样品保存。

(7) 在施工过程中，施工单位对每班出现的质量问题、处理经过及遗留问题，在现场交接班记录本上详细写明，并由值班负责人签字。针对每一质量问题，在现场作出的决定，必须由主管技术负责人签署，作为施工质控的原始记录。

发生质量事故时，施工单位查清原因，提出补救措施，及时处理，并提出书面报告。

(8) 质量检验的仪器及操作方法，应按照DL/T 5355—2006《水电水利工程土工试验规程》进行。规程中未列入的快速含水量测定、现场表观密度试验以及其他试验方法，如测量精度能满足要求，施工单位技术负责人批准后也可使用。

(9) 试验及仪器使用应建立责任制，仪器应定期检查与校正，并作如下规定：

1) 环刀每半月校核一次质量和容积，发现损坏时应即停止使用。

2) 铝盒每月检查一次质量，检查时应擦洗干净并烘干。

3）天平等衡器每班应校正一次，并随时注意其灵敏度。

4）灌砂法使用的砂料应保证其级配与表观密度稳定，并每隔一定时间校正一次。

5）工地使用的测量黏性土和砂表观密度的环刀体积应为 $500cm^3$ 以上，环刀直径应不小于 100mm，高度不小于 64mm。

（10）在质量分析时，宜应用数理统计方法，定出质量指标，用质量管理图进行质量管理，以提高质量管理水平。

（二）坝基处理质量控制要点

（1）坝基处理过程中，必须严格按设计和有关规范要求，认真进行质量控制，并在事先明确检查项目和方法。

（2）坝体填筑前，应按规范 DL/T 5129—2001《碾压式土石坝施工技术规范》规定对坝基进行认真检查。

（三）料场质量控制要点

（1）必须加强料场的质量控制，并在料场设置质控站。

（2）料场质量控制应按设计要求与规范有关规定进行，主要内容包括：

1）是否在规定的料区范围内开采，是否已将草皮、覆盖层等清除干净。

2）开采、坝料加工方法是否符合有关规定。

3）排水系统、防雨措施、负温下施工措施是否完善。

4）坝料性质、含水量（指黏性土壤、砾质土）是否符合规定。

5）负温下施工应检查土温、冻土含量、开采方法等。

（3）设计应对各种坝料提出一些易于现场鉴别的控制指标与项目，见表 7-27。每班试验次数可根据现场情况确定。试验方法应以目测、手试为主，并取一定数量的代表样进行试验。

表 7-27　　现场鉴别项目与指标

坝料类别		控制项目与指标	备注
防渗土料	黏性土	含水量、下限值	
		黏粒含量下限值	当土料渗透系数接近 1×10^{-5}cm/s 时，应提出对黏性土粒含量下限值的控制要求
	砾质土	允许最大粒径	
		含水量的上、下限值，砾石含量的上、下限值	
反滤料		级配、含泥量上限值、风化软弱颗粒含量	
过渡料		级配、允许最大粒径、含泥量	
坝壳砾质土		粒径小于 5mm 的土粒含量的上、下限值，含水量的上、下限值	
坝壳砂砾料		含泥量及砾石含量	
堆石		允许最大块径、粒径小于 5mm 的石粒含量、风化软弱颗粒含量	

（4）反滤料铺筑前应取样检查，规定每 200～$400m^3$ 应取样一组，检查颗粒级配、含

泥量。如不符合设计要求和规范规定时，应重新加工，经检查合格后方可使用。

（四）坝体填筑质量控制要点

（1）坝体填筑质量应重点检查以下项目是否符合要求：

1）各填筑部位的坝料质量。

2）防渗体每层铺土前，压实土体表面刨毛、洒水湿润情况。

3）铺土厚度和碾压参数。

4）碾压机具规格、质量、气胎压力等。

5）随时检查碾压情况，以判断含水量、碾重是否适当。

6）有无层间光面、剪力破坏、弹簧土、漏压或欠压土层、裂缝等。

7）坝体与坝基、岸坡、刚性建筑物等的结合；纵横向接缝的处理与结合；土砂结合等的压实方法及施工质量。

8）与防渗体接触的岩面上之石粉、泥土以及混凝土表面的乳皮等杂物的清除情况。

9）与防渗体接触的岩面或混凝土土面上是否涂刷浓泥浆或黏土水泥砂浆等。

10）坝坡控制情况。

（2）施工前应检查碾压机具的规格、质量。施工期间对碾重应每半年检查一次；气胎碾的气胎压力每周检查1～2次。

（3）施工单位对碾压、平土操作人员进行培训，统一施工操作方法，经考试合格后，方可操作。

（4）防渗体压实控制指标采用干表观密度、含水量；反滤层、过渡层、砂砾料、堆石等的压实控制指标应用干表观密度，必要时应进行相对密度校核。

（5）坝体压实检查项目及取样试验次数见表7-28，取样试坑必须按坝体填筑要求回填后，始可填筑。

表7-28　坝体压实检查项目及取样试验次数

坝料类别及部位			试验项目	取样试验次数
防渗体	黏性土	边角夯实部位	干表观密度、含水量	2～3次/每层
		碾压部位	干表观密度、含水量、结合层描述	1次/(100～200m^3)
		均质坝	干表观密度、含水量	1次/(200～400m^3)
	砾质土	边角夯实部位	干表观密度、含水量、砾石含量	2～3次/(m^3·每层)
		碾压部位	干表观密度、含水量、砾石含量	1次/(200～400m^3)
反滤料及过渡料			干表观密度、砾石含量	1次/1000m^3
			颗粒分析、含泥量	1次/(1～2m厚)
坝壳砂砾料			干表观密度、砾石含量	1次/(400～2000m^3)
			颗粒分析、含泥量	1次/5m厚
坝壳砾质土			干表观密度，含水量，粒径<5mm的颗粒含量上、下限值	1次/(400～2000m^3)
碾压堆石			干表观密度、粒径<5mm的颗粒含量	1次/(10 000～50 000m^3)
			颗料分析	1次/(5～10m厚)

(6) 防渗体压实质量控制除在每个压实段有代表性地点取样检查外，还必须在所有压实可疑处（如土料含水量过高过低、土质可疑、碾压不足、铺土厚度不匀等）及坝体所有结合处（如坝与基础、岸坡、刚性建筑物结合处、坝体纵横向接缝、观测仪器埋设处等）抽查取样，测定干容量、含水量。这类样品的试验结果应标明“可疑”或“结合”字样，但不作为数理统计和质量管理图的资料。

(7) 防渗体填筑时，一般每层经压实和取样测定干表观密度合格后（当压实土层厚度大于 40cm，应沿深度每 20cm 取样一组，最后一组样应深入至结合层为止），方可继续铺土填筑，否则应补压至合格为止。个别情况，经采取措施，如补压无效，但符合（11）中有关规定，经监理同意可不作处理，否则应进行返工，必要时，可挖坑复查。

(8) 反滤层、过渡层、坝壳等无黏性土的填筑，除按表 7-27 的规定取样检查外，主要应控制压实参数，如不符合要求，施工人员应及时纠正。每层压实后，即可继续铺土填筑，其测定的铺土厚度、碾压遍数应经常进行统计分析，研究改进措施。

反滤料、过渡料级配应在筛分现场进行控制，填筑时应对接头、防护措施等加强检查。

(9) 汽车经常进入心墙或斜墙填筑面上的道路处，应取样检查土层有无剪力破坏等，一经发现必须彻底返工处理。

(10) 现场含水量对黏性土、砾质土以手试测定的同时，应取样用烘干法或其他方法测定，并以此来校正干表观密度。

取样时应注意操作上有无偏差，如有怀疑，应立即重新取样。测定表观密度时应取至压实层的底部，并测量压实土层的厚度。

(11) 按（5）取样所测定的干表观密度，其合格率应不小于 90%，且不合格样不得集中，不合格干表观密度不得低于设计干表观密度的 98%。

(12) 应根据坝址地形、地质及坝体填筑土料性质、施工条件，对防渗体选定若干个固定取样断面，沿坝高每 5～10m 取代表性试样（取样总数不宜小于 30 个）进行室内物理力学性能试验，作为核对设计及工程管理之依据。必要时应留样品蜡封保存，竣工后移交工程管理单位。

(13) 雨季施工，应检查施工措施落实情况。雨前应检查坝面松土表层是否已适当压实和平整；雨后复工前应检查填筑面上土料是否合格。

(14) 负温下施工应增加以下检查项目：

1) 填筑面防冻措施。

2) 冻块尺寸、冻土含量、含水量等。

3) 坝基已压实土层有无冻结现象。

4) 填筑面上的冰雪是否清除干净。

同时，每班应对气温、土温、风速等进行观测并作记录。在春季，应对去冬所完成的全部填土层质量进行复查。

(五) 护坡和排水反滤质量控制要点

(1) 砌石护坡应检查下列项目：

1）石料的质量及块体的质量、尺寸、形状是否符合设计要求。

2）砌筑方法和砌筑质量，抛石护坡石料是否有分离，块石是否稳定等。

3）垫层的级配、厚度、压实质量及护坡块石的厚度。

（2）当采用混凝土板护坡时，应控制垫层的级配、厚度、压实质量、接缝以及排水孔质量等。

（3）在开始铺筑反滤层前，应对坝基上进行下列试验分析：

1）对于黏性土：天然干表观密度、含水量及塑性指数；当塑性指数小于7时，尚需进行颗粒分析。

2）对无黏性土：颗粒分析和天然干表观密度。

从坝基土中取样，一般应在25m×25m的面积中取一个样；对于条形反滤层的坝基可每隔50m取一个或数个样。

（4）在填筑排水反滤层过程中，每层在25m×25m的面积内取样1个；对于条形反滤层，每隔50m作为取样断面，每个取样断面每层所取的样品不得少于1～12个（应均匀分布在断面不同部位）。各层间的取样位置应彼此相对应。对于所选取的样品，应做颗粒分析，以检查是否符合设计要求。在施工过程中，应对铺筑厚度、施工方法、接头、防护措施等进行检查。

二、土石坝碾压式沥青混凝土防渗墙

（一）对材料的质量控制要点

（1）水工沥青混凝土使用的沥青应采用石油沥青，其品种和牌号应根据设计要求经试验确定，一般可选用道路石油沥青60甲和100甲，质量应符合GB 50092—1996《沥青路面施工及验收规范》规定的要求。

（2）沥青的运输和保管，应遵守下列事项：

1）按不同产地、品种和牌号分别储存，防止混杂。

2）桶装沥青要堆放整齐，防止装卸时碰坏铁桶，若发现漏桶，应及时采取措施防止沥青外流并尽先使用。对混入土块等杂质的外流沥青不得直接使用。

3）罐装沥青的储存和运输设备应有加热设施。

4）堆放场地宜尽量靠近沥青混合料拌和厂（站），注意防火、防洪，避免杂质混入和水分浸入。

（3）粗骨料宜采用碎石。制备时以用反击式碎石机为宜。当用天然卵石加工碎石时，卵石的粒径宜为碎石最大粒径的3倍以上。若需用小卵石、砾石作粗骨料，应通过试验作充分论证。

（4）粗骨料宜采用碱性岩石。当需用酸性岩石时，必须采取有效措施（如掺用消石灰、水泥等）改善与沥青的黏附性能，并应有充分的试验论证。

（5）粗骨料的最大粒径，对防渗沥青混凝土，不得超过压实后的沥青混凝土铺筑层厚度的1/3，且不得大于25mm；对非防渗沥青混凝土，不得超过层厚的1/2，且不大于35mm。

（6）粗骨料可根据其最大粒径分成2～3级进行配料。在施工过程中应保持粗骨料级配稳定。

(7) 对碎石的技术要求：

1) 质地坚硬，不因加热引起性质变化，不得使用风化岩石加工，比重不小于2.5，吸水率不大于3%。

2) 洁净，含泥量不大于0.5%。

3) 针片状颗粒含量不大于10%。

4) 级配良好，粒径组成应符合设计、试验提出的级配曲线的要求，超逊径含量应按下列两种方法之一进行控制：

① 当以超径、逊径筛检验时，超径率为0，逊径率小于2%；

② 当以原孔筛检验时，超径率小于5%，逊径率小于10%。

5) 耐久性好，用硫酸钠法干湿循5次，质量损失小于12%。

6) 黏附性能良好，与沥青的黏附力应达四级以上。

(8) 细骨料可选用河沙、山砂、人工砂等。加工碎石筛余的石屑，应充分加以利用。对细骨料的技术要求：

1) 质地坚硬，不因加热引起性质变化。

2) 干净，不含有机质和其他杂质，含泥量不大于2%。

3) 耐久性好，用硫酸钠法干湿循环5次，质量损失小于15%。

4) 水稳定等级不低于四级。

5) 级配良好，粒径组成应符合设计、试验提出的级配曲线的要求。

(9) 骨料的堆存，应注意下列事项：

1) 堆料场位置应选在洪水位以上、便于装卸处，并尽量靠近沥青混合料拌和厂（站）。

2) 堆存场地应进行平整，对松软地面还应压实，做到排水通畅。

3) 砂和不同粒径的碎石应分别堆存，用隔墙分开，防止混杂。

4) 砂的储存最好有防雨设施，使加热前砂的含水率不大于4%。

5) 堆存时，防止骨料分离。

6) 储存量应满足4天以上的生产需要。

(10) 填料一般采用石灰岩粉或白云岩粉，也可采用水泥、滑石粉等粉状矿质材料。对填料的技术要求：

1) 颗粒组成符合表7-29的规定。

2) 含水率小于0.5%。

3) 亲水系数不大于1.0。

4) 不含泥土、有机物等杂质和结块。

表7-29　　颗 粒 组 成

筛孔尺寸（mm）	0.6	0.15	0.074
通过率（%）	100	>90	>70

(11) 填料的储存必须防雨防潮，并防止杂物混入。散装填料宜采用筒仓储存，袋装

填料应存入库房，堆高不宜超过 1.5m，最下层距地面至少 30cm。

(12) 为改善沥青混凝土性能，可根据设计要求选用以下掺料：为提高其斜坡稳定性和弯曲强度，可掺入石棉；为提高沥青混凝土的水稳定性，可掺入消石灰（氧化钙含量应大于 65%）、水泥；为提高其变形能力，可掺入橡胶、塑料或其他高分子材料。

(13) 掺料的最优用量，应根据掺料的性质和沥青混凝土的技术要求，通过试验确定。

(14) 掺料宜采用工业产品，其质量应符合相应的技术标准；如掺料系现场加工或外协生产，应制定相应的质量标准，认真验收；如系利用工业废料，应采取措施使其质量稳定均匀。

(15) 掺料如为矿质粉状材料，其细度应符合规范所规定的细度要求；如为可溶性材料，必须注意掺配工艺，使其质量均匀。

(二) 沥青混凝土制备的质量控制要点

(1) 沥青混合料拌和厂（站）位置的选择应注意以下各点：

1) 尽可能靠近铺筑现场，以减少沥青混合料的热量损失与离析，并便于施工管理。

2) 在工程爆破危险区之外，远离易燃品仓库，不受洪水威胁，排水条件良好。

3) 尽可能设在坝区的下风处，保护坝区的环境卫生。

4) 远离生活区，以利于防火及环境卫生。

(2) 拌和厂（站）沥青混合料生产设备，可分为间歇式、连续式和综合式三种。当铺筑强度较大时，以采用连续烘干、间歇计量和拌和的综合式工艺流程为宜。拌和厂的生产能力应满足高峰铺筑强度的要求。

(3) 拌和厂（站）应根据地形合理布置，使各工序能紧密衔接，互相协调，减少热量损失，充分发挥机械设备的效能。

(4) 沥青的溶化、脱水和加热保温场所均应有防雨、防火设施。

(5) 沥青用脱水锅溶化时，其加入量应控制在锅容积的 50%～60%以内，锅边可设一溢流口，以防漫溢。沥青脱水温度应控制在 120℃±10℃。

(6) 沥青脱水后的加热温度应根据沥青混合料出机温度的要求确定。加热过程沥青针入度的降低以不超过 10%为宜。对于 60 号、100 号道路石油沥青，加热温度不超过 170℃，保温时间（在锅内停留的时间）不超过 6h。

(7) 骨料的烘干、加热宜用内热式加热滚筒进行。滚筒倾角一般为 3°～6°，可通过试验确定。

(8) 骨料的加热温度、根据沥青混合料要求的出机温度确定。在拌和时，骨料的最高温度应不超过沥青温度 20℃。

(9) 填料如需加热时，可用红外线加热器进行，加热温度和时间，应保证填料干燥，并使沥青混合料的出机温度符合要求，一般为 60～100℃。

(10) 工地试验室应根据设计的配合比，结合现场各种矿料的级配和含水量，确定拌和一盘沥青混合料的各种材料用量，并签发“沥青混合料施工配料单”。

(11) 矿料应按质量配料，沥青可按质量或体积配料。各种原材料均以干燥状态为标准，当采用含水骨料配料时，必须予以校正。

(12) 沥青混合料配合比的允许偏差，不得大于表 7-30 中规定的数值。沥青混合料配合比按矿料为 100%计。

表 7-30　　配合比的允许偏差

材料种类	沥青	填料	砂石屑	碎石
配合比的允许偏差（%）	±0.5	±1.0	±2.0	±2.0

(13) 沥青混合料宜采用强制式双轴搅拌机拌和。

(14) 拌制沥青混合料时，应先将骨料与填料干拌 16～25s，再加入热沥青一起拌和。要求拌和均匀，沥青裹覆骨料良好。防渗和非防渗沥青混合料的裹覆率应分别达到 95%、90%以上。拌和时间不宜过长，应通过试验确定，一般约需 1.0～1.2min。

(15) 沥青混合料拌和后的出机温度，应使其经过运输、摊铺等热量损失后的温度能满足起始碾压温度的要求。沥青适宜的拌和温度可在沥青运动黏度为 $150\times10^{-6}\sim300\times10^{-6}m^2/s$（赛氏重油黏度为 75～150s）的温度范围内选定，但不得超过 185℃。不同针入度的沥青，其适宜的出机温度，可参考表 7-31。

表 7-31　　不同针入度沥青适宜的出机温度

针入度（1/10mm）	40～60	60～80	80～100	125～150
拌和出机温度（℃）	175～160	165～150	160～140	155～135

(16) 当搅拌机停机后，或由于机械发生故障等其他原因临时停机超过 30min 时，应将机内的沥青混合料及时放出，并用热矿料搅拌后清理干净。如沥青混合料已在搅拌机内凝固，可将柴油注入机内点燃加热或喷灯烘烤，逐渐将沥青混合料放出。此时必须谨慎操作，防止机械损坏，保证安全。

(三) 沥青混凝土面板铺筑的质量控制要点

(1) 铺筑前准备工作的质量控制要点：

1) 在铺筑前，应按设计要求对坝体上游坝坡进行修整和压实。对土坝坡面应喷洒除草剂。

2) 垫层坡面应整平，在 2m 长度范围内，干砌石垫层凹凸度应小于 50mm，碎石（或卵、砾石）垫层凹凸高度小于 30mm。

3) 铺筑沥青混合料前，先在垫层的表面喷垫一层乳化沥青或稀释沥青。

(2) 沥青混合料的运输与摊铺的质量控制要点：

1) 沥青混合料的运输应注意下列事项：

① 要求路面平整、转运次数少，防止离析。

② 运输途中，应尽量减少热量损失，当其温度不能满足碾压要求时，应作废料处理。

③ 防止漏料。

2) 碎石（或卵、砾石）垫层按设计的粒料分层填筑压实，而后用振动碾顺坡碾压，上行振动、下行不振。碾压遍数按设计的密实度要求通过碾压试验确定。

3）干砌石垫层所用块石要求质地坚硬，禁止使用风化岩石，坡脚和封边应用较大的岩石。块石间的缝隙需用片石嵌紧，孔隙率应小于30%。

4）铺筑沥青混合料前，先在垫层的表面喷涂一层乳化或稀释沥青，其用量为0.5～2kg/m^3，碎石垫层取大值。待其干燥后，方可铺筑沥青混合料。其干燥时间由气象条件、基底型式及其自身的挥发性而定，无雨天一般需12～24h。

5）沥青混凝土面板应按设计的层次，沿垂直坝轴线方向依摊铺宽度分成条幅，自下而上摊铺。摊铺宽度以3～4m为宜。

6）沿坝坡全长宜一次连续铺筑。当铺筑能力较小，坝坡过长或有度汛拦洪等要求时，可将防渗层沿坝坡按不同高程分区，每区按铺筑条幅由一岸依次至另一岸铺筑。铺完一个区后再铺上面相邻的区。各区间的水平横向接缝应加热处理。

7）沥青混合料的摊铺宜采用摊铺机进行，摊铺速度以1～3m/min为宜。如摊铺机兼作运料设备，宜采用有变速装置的卷扬设备牵引。如摊铺机在垫层上行驶有困难，面板最下面的一层整平胶结层可用人工摊铺。

8）沥青混合料的摊铺要求温度合适、厚度准确、质量均匀。摊铺厚度应根据设计通过试铺确定。机械摊铺时，压实系数为1.2～1.35，细粒混合料取大值。

9）防渗层一般采用多层铺筑，各区段、条幅间的上下层接缝必须相互错开，水平横缝的错距应大于1m。顺坡纵缝的错距一般为条幅宽度的1/3～1/2。当通过试验论证，接缝和压实质量确有保证，并经设计单位同意后，防渗层方可采用单层铺筑。

（3）沥青混合料碾压的质量控制要点：

1）沥青混合料宜用振动碾碾压。一般先用附在摊铺机后的小型振动碾或振动器进行初次碾压，待摊铺机从摊铺条幅上移出后，再用大型振动碾进行二次碾压。振动碾单位宽度的静碾重可参考表7-32。若摊铺机没有初压设备，可直接用大型振动碾进行碾压。

表7-32　振动碾单位宽度的静碾重

碾压类别	初次碾压	二次碾压
单位宽度碾重（kg/m）	146	6420

2）振动碾压时，应在上行时振动，下行时不振动，以防碾压层表面产生细微水平裂缝。

3）沥青混合料应在合适的温度下进行碾压。初次及二次碾压温度，应根据现场铺筑试验确定。当没有试验成果时，可按沥青的针入度参考表7-33选用，气温低时，选用大值。

表7-33　沥青混合料碾压温度　℃

项目	针入度（1/10mm）		一般控制范围
	60～80	80～150	
最佳碾压温度	150～145	≥135	—
初次碾压温度	125～120	≥110	140～110
二次碾压温度	100～95	≥85	120～80

4）施工接缝处及碾压带之间，应重叠碾压10～15cm。

(4) 面板特殊部位铺筑的质量控制要点：

1）面板周边、死角等特殊部位，可用人工摊铺，小型压实机具压实，不得漏压、欠压。

2）面板曲面的铺筑宜采用以棱线分成几个扇形段，每段按平行该段曲面的中心线布置摊铺条幅，摊铺条幅可穿越棱线以减少剩余的三角带，并可在已铺条幅上形成重叠部分，以加强三角带。

3）靠近坝项部位的沥青混合料，当难以用机械铺筑时，可用人工铺筑。

4）铺筑复式断面的排水层一般应先分段铺筑排水沥青混合料，以后再用防渗沥青混合料铺筑预留的隔水带。隔水带可视其设计宽度采用机械或人工摊铺。

(5) 施工接缝处理的质量控制要点：

1）防渗层的施工接缝是面板的薄弱部位，铺设时应尽量加大铺摊条幅的宽度和长度，减少纵、横向接缝。

2）防渗层的施工接缝以采用斜面平接为宜，斜面坡度一般为45°。

3）对整平胶结层和排水层的施工接缝可不作处理。

4）对防渗层的施工接缝应按如下规定处理：

① 对条幅的边缘进行修整，当摊铺面无压边器时，可用人工切除其不规则的松散部分。

② 对受灰尘等污染的条幅边缘，应清扫干净，污染严重者，还应喷涂一薄层乳化沥青或稀释沥青。

③ 对温度低于90℃的条幅边缘，应用红外线加热器加热到100～110℃，及时摊铺热沥青混合料，并尽可能剔除邻接部位的粗粒料，再用振动碾进行碾压。

5）使用加热器加热施工接缝应严格控制温度和加热时间，防止因温度过高而使沥青老化。摊铺机因故停止摊铺时，应及时关闭加热器。

6）对防渗层的施工接缝，应用渗气仪进行检验；若不合格，应用加热器加热后再用小型压实机具压实；当有水浸入接缝时，应烘干加热后再压实；必要时将该部位挖除，置换新的沥青混合料后压实。接缝修补后，应再次检验，至合格为止。

(6) 层间处理的质量控制要点：

1）为保证面板各层间的结合紧密，必须遵守下列规定：

① 铺筑上一层时，下层层面必须干燥、洁净。

② 上下层的施工间隔时间不宜过长，以不超过48h为宜。

③ 防渗层上、下铺筑层之间应喷涂一薄层乳化沥青，稀释沥青或热沥青。当用乳化沥青或稀释沥青时，应待喷涂液干燥后（喷涂后12～24h）再铺上一层。

2）防渗层层间喷涂液所用沥青，其针入度应控制为20～40，喷涂要均匀，沥青用量不得超过1kg/m²，以防止面板沿层面滑动。

(7) 封闭层及降温、防冻设施施工的质量控制要点：

1）面板表面应涂敷封闭层。封闭层材料可采用沥青胶等。其性能应满足在坝坡上夏季高温下不流淌、冬季低温下不脆裂的要求。其配比由试验确定。

2）沥青胶可采用机械或人工拌制，应搅拌均匀。出料的温度控制在 180～200℃。

3）涂刷沥青胶前，坝面应干净、干燥。污染而清理不净的部分，应喷涂乳化沥青或稀释沥青。

4）沥青胶在运输中应防止填料沉淀。沥青胶用涂刷机或橡皮刮板沿坝坡方向分条涂刷，涂刷时的温度应在 170℃以上，涂刷量为 2.5～3.5kg/m²。涂刷后如发现有鼓泡或脱皮等缺陷时应及时处理。

5）涂刷好的封闭层坝面，禁止人机行走。

6）在死水位以上的封闭层上应喷涂浅色涂层或采用喷（淋）水降温。

7）喷（淋）水降温设施应按设计要求的时间完成。竣工后应进行喷（淋）水试验，检验降温效果。

8）降温涂层材料可用铝漆等浅色涂料，但在施工前应进行现场试验，检验其耐久性和降温效果。喷涂铝漆的用量可按 10～12m²/L 控制。

9）在寒冷地区，当面板基础设有防冻胀置换层时，应按设计要求选择透水性好、不易发生冻胀的材料。

10）当面板表面设有防冻保护层时，应按设计要求在冬季前完成覆盖。

11）当面板表面需采取破冰措施时，应按设计在水库蓄水前的第一个冬季完成，并应进行必要的试验。

（四）面板与刚性建筑物连接的质量控制要点

（1）材料、工艺的质量控制要点：

1）面板与岸坡、坝基截水墙、坝顶防浪墙、溢洪道边墙、进水塔等刚性建筑物的连接是整个面板防渗系统的重要组成部分，应确保施工质量。

2）连接处使用的成品材料应经质量检验合格后方能使用。工地配制的材料，其原材料、配比和配制工艺应由试验确定。

3）面板与岸坡连接的周边轮廓线尽量保持平顺，以便于机械施工。

4）面板与刚性建筑物的连接部位施工可留出一定的施工宽度，在面板铺筑后进行。先铺筑的各层沥青混凝土应做成阶梯形，以满足规范规定的接缝错距的要求。

5）当面板与岸坡连接部位施工已完，如需补做基础灌浆，应严格控制灌浆压力，保证连接部位不致受压破坏。

6）面板与刚性建筑物连接部位应避免锚栓、支杆等穿过面板；施工结束后，应及时拆除支撑杆件，认真填补坝面留下的孔洞。

7）面板与刚性建筑物连接部位一般可按混凝土连接面处理，楔形体浇筑、沥青混凝土防渗层铺筑、表面封闭层敷设等工序施工。必要时，施工前应进行现场铺筑试验，以确定合理的施工工艺和质量标准。

（2）混凝土连接面处理的质量控制要点：

1）面板与混凝土结构连接面施工前，应将混凝土表面清除干净，然后均匀喷涂一层稀释沥青或乳化沥青，用量为 0.15～0.20kg/m²。潮湿部位的混凝土在喷涂前应将表面烘干。

2）混凝土结构的表面如需敷设沥青或橡胶沥青胶，应待稀释沥青或乳化沥青完全干燥后进行。沥青胶涂层要均匀平整，不得流淌。如涂层较厚，可分层涂抹，涂抹层厚度应根据连接面的部位特点和施工难易，由试验确定。

（3）楔形体浇筑的质量控制要点：

1）楔形体的材料可采用沥青砂浆、细粒沥青混凝土等，一般可采用全断面一次热浇筑施工。当楔形体尺寸较大时，也可分层浇筑，每层厚度以30～50cm为宜。

2）楔形体的浇筑可采用模板施工。模板的制作与架设可参照DL/T 5110—2000《水电水利工程模板施工规范》进行。模板表面应涂刷脱模剂。

岸坡连接部位的楔形体模板应边浇筑边安装，每次架设长度以1m为宜。在沥青混合料冷却，温度降至气温后方可拆模，但不得小于24h。

3）楔形体沥青混凝土浇筑温度应控制在140～160℃。应由低到高依次浇筑，边浇注边捣实。

（4）沥青混凝土防渗层铺筑的质量控制要点：

1）在混凝土面和楔形体上铺筑沥青混凝土防渗层，必须在沥青胶和楔形体冷凝后进行。

2）铺设第一层沥青混合料时，应适当降低混合料的铺筑温度，减薄摊铺厚度，并禁止集中卸料，使楔形体不致局部熔化、滑移。

3）连接部位的沥青混合料，宜选用小型振动碾等机具压实。每层的铺筑厚度应根据选用机具的压实功能经试验确定。

4）连接部位的沥青混凝土防渗层与面板的同一防渗层的接缝应按施工接缝处理。

5）连接部位的上层沥青混凝土防渗层必须待下层冷凝后方能铺筑，间隔时间一般不少于12h，以防流淌。

（5）止水片、加强层及封闭层施工的质量控制要点：

1）当连接部位设置金属止水片时，其安装方法和要求与水工混凝土结构的止水片相同。嵌入沥青混凝土一端的止水片表面应涂刷一层沥青胶，以利紧密结合。

2）当连接部位使用玻璃丝布油毡或其他加强层时，应先清理沥青混凝土表面，再喷涂稀释沥青或乳化沥青、待其干燥后，再涂刷沥青胶，将加强层铺上、压平，与沥青混凝土粘牢。加强层的搭接宽度不小于10cm。

当采用多层加强层时，上下层应相互错缝，错距不小于1/3幅宽。

（五）沥青混凝土心墙铺筑的质量控制要点

（1）铺筑前准备的质量控制要点：

1）沥青混凝土心墙底部的混凝土基座（或盖板）和观测廊道，必须按设计要求和DL/T 5144—2001《水工混凝土施工规范》施工。

2）沥青混凝土心墙与基座、岸坡等刚性建筑物连接面的处理，应按规范有关规定做好。

3）坝基防渗工程，除在廊道内进行的帷幕灌浆外，应尽量在沥青混凝土施工前完成。

若心墙与坝基防渗工程必须同时施工时，应做好施工计划，合理布置场地、减少施工干扰。

(2) 沥青混合料铺筑的质量控制要点：

1) 沥青混凝土心墙与过渡层、坝壳填筑应尽量平起平压，均衡施工，以保证压实质量，减少削坡处理工程量。

2) 沥青混合料的施工机具应及时清理，经常保持干净。

3) 沥青混凝土心墙的铺筑，尽可能采用专用机械施工。在缺乏专用机械或专用机械难以铺筑的部位，可用人工摊铺、小型机械压实，但应加强检查注意压实质量。

(3) 模板的架设与拆卸的质量控制要点：

1) 心墙沥青混合料的铺筑，宜采用钢模。钢模表面应涂刷脱模剂。

2) 钢模应架设牢固，拼接严密，尺寸准确。相邻钢模应搭接，其长度不小于 5cm。定位后的钢模距心墙中心线的偏差应小于±1cm。

3) 钢模定位经检查合格后，方可填筑两侧的过渡层。

4) 过渡层压实合格后，再将沥青混合料填入钢模内铺平。在沥青混合料碾压之前，应将钢模拔出，并及时将表面黏附物清除干净。

(4) 过渡层填筑的质量控制要点：

1) 过渡层填筑前，可用防雨布等遮盖心墙表面，防止砂石落入钢模内。遮盖宽度应超出两侧模板各 30cm 以上。

2) 过渡层的填筑尺寸，填筑材料以及压实质量（相对密度或干表观密度）等均应符合设计要求。

3) 心墙两侧的过渡层应同时铺填压实，防止钢模移动。距钢模 15～20cm 的过渡层先不压实，待钢模拆除后，与心墙骑缝碾压。

(5) 沥青混合料摊铺与碾压的质量控制要点：

1) 在已压实的心墙上继续铺筑前，应将结合面清理干净。污面可用压缩空气喷吹清除（风压 0.3～0.4MPa），如喷吹不能完全清除，可用红外线加热器烘烤沾污面，使其软化后铲除。

2) 当沥青混凝土表面温度低于 70℃时，宜采用红外线加热器加热，使不低于 70℃。但加热时间不得过长，以防沥青老化。

3) 沥青混凝土心墙的铺筑，应尽量减少横向接缝。当必须有横向接缝时，其结合坡度一般为 1∶3，上下层的横缝应相互错开，错距大于 2m。

4) 沥青混合料宜采用汽车配保温料罐运输，由起重机吊运卸入模板内，再由人工摊铺整平。摊铺厚度一般为 20～30cm。必要时，摊铺后可静置一定时间，预热下层冷面混凝土。

5) 沥青混凝土摊铺后，宜用防雨布将其覆盖，覆盖宽度应超出心墙两侧各 30cm。

6) 沥青混合料宜采用振动碾在防雨布上进行碾压。一般先静压两遍，再振动碾压。振动碾压的遍数，按设计要求的密度通过试验确定。碾压时，要注意随时将防雨布展平，并不得突然刹车或横跨心墙行车。横向接缝处应重叠碾压 30～50cm。

7）心墙铺筑后，在心墙两侧 4m 的范围内，禁止使用大型机械（如 13.5t 振动碾，2.5t 打夯机等）压实坝壳填料，以防心墙局部受震畸变或破坏。各种大型机械也不得跨越心墙。

（六）沥青混合料低温季节与雨季施工的质量控制要点

（1）低温季节施工的质量控制要点：

1）当日平均气温在 5℃以下时，属低温季节，沥青混合料不宜施工。气温虽在 5～15℃，但风速大于四级时，亦不宜施工。

2）当必须在低温季节施工时，需经上级技术主管部门同意，同时应采取下列措施：

① 选择环境温度在 5℃以上的时段进行施工，环境温度低于 5℃时不能施工。

② 加强施工组织管理，使各工序紧密衔接，做到及时拌和、运输、摊铺、碾压，尽量缩短作业时间。

③ 沥青混合料的出机温度采用上限。

④ 沥青混合料的储运设备和摊铺机等加保温设施。

⑤ 铺筑现场准备必要的加热设备。

⑥ 施工机具上喷涂的防粘液，宜采用轻柴油，不得用肥皂水。

⑦ 如有必要，心墙可搭设暖棚施工。

3）当预报有降温、降雪或大风时，应及早做好停工安排。

4）在寒冷地区，面板的非防渗沥青混凝土层不得裸露越冬；当需要越冬时，可用防渗沥青混凝土将面板全部覆盖（含顶部边缘），防止水分浸入引起冻胀破坏。

5）在寒冷地区，心墙在冬季停工时，可用砂料覆盖防冻，覆盖厚度根据当地的最大冻结深度确定。

6）在寒冷地区，面板如跨年度施工时，应分级铺筑，对已完工的部分，最好能及时蓄水越冬。

（2）雨季施工及施工期的度汛措施的质量控制要点：

1）沥青混凝土防渗墙不得雨中施工。遇雨应停止摊铺，未经压实而受雨、浸水的沥青混合料应全部铲除。

2）雨季施工，应采取下列措施：

① 当有降雨预报及征候时，应做好停工准备，停止沥青混合料的制备。

② 摊铺现场应备防雨布，遇雨应立即覆盖。

③ 缩小铺筑面积，摊铺后尽快进行碾压。

④ 雨后复工，应用红外线加热器或其他设备加热，加速层面干燥，保证层间紧密结合。

3）面板防渗层铺筑时遇雨，水分可能从摊铺层上部边缘浸入条幅底面。雨后，应将上部边缘的沥青混凝土顺坡向下铲除数厘米，直至层面完全干燥为止。

4）跨汛期铺筑沥青混凝土面板时，可采取以下措施：

① 汛前，最好将死水位以下的沥青混凝土面板施工并验收完毕；若难以全部完成时，可在面板最低处预留或挖出排水口，汛后通过坝体排除积水续建，排水口用后应按面板的

设计要求封堵。

② 汛前，拦洪水位以下坝面至少应铺筑一层防渗沥青混凝土，或征得设计单位同意，适当提高整平胶结层的抗渗性，作为度汛的应急措施。

③ 复式断面的防渗面板，在汛前应及时用防渗沥青混凝土临时封闭拦洪水位以下未完建的顶部，防止非防渗沥青混凝土层进水。

5）未完建的面板一般不允许蓄水；如需临时蓄水，应采取相应措施。放水时，应控制水位下降速度，一般小于每日 2m。

三、浆砌石坝

（一）砂、砾（碎石）、石料的规格与质量控制要点

（1）必须对砂、砾（碎石）、石料料场的分布、储量与质量进行复查。调查、试验的项目和精度应符合 SL 251—2000《水利水电工程天然建筑材料勘察规程》的有关规定。

（2）砂浆和混凝土用砂的质量，除设计另有规定外，应符合表 7 - 34 中的规定。

表 7 - 34　砂浆和混凝土用砂质量要求

项　目	指标	备注
天然砂中含泥量（%） 其中黏土含量	<5 <2	（1）含泥量系指粒径小于 0.08mm 的细屑、淤泥和黏土的总量； （2）不应含有黏土团粒
人工砂中的石粉含量（%）	<12	系指小于 0.15mm 的颗粒
坚固性（%）	<10	系指硫酸钠溶液法 5 次循环后的质量损失
云母含量（%）	<2	
硫化物及硫酸盐含量按质量计折算成 SO_3（%）	<1	
有机质含量	浅于标准色	如深于标准色，应配成砂浆进行强度对比试验
表观密度（t/m^3）	>2.5	

（3）混凝土所用砾石（碎石）的质量应符合表 7 - 35 中的规定。

表 7 - 35　混凝土所用砾石（碎石）的质量要求

项　目	指标	备注
含泥量（%）	D20、D40 粒径级：<1 D80 以上粒径级：<0.5	各粒径级均不应含有黏土团块
坚固性（冻融损失率，%）	<5 <12	有抗冻要求时 无抗冻要求时
硫酸盐及硫化物含量按质量折算成 SO_3（%）	<0.5	
有机质含量	浅于标准色	如深于标准色，应进行混凝土强度对比试验
表观密度（t/m^3）	>2.55	
吸水率（%）	<2.5	
针片状颗粒含量（%）	<15	砾石经过试验论证，可放宽至%

(4) 砌石混凝土施工中，宜将粗骨料按粒径分成几个粒径级：

1) 当最大粒径为 20mm 时，分成 5～20mm 一级。

2) 当最大粒径为 40mm 时，分成 5～20mm 和 20～40mm 两级。

(5) 砌坝石料必须质地坚硬、新鲜，不得有剥落层或裂纹。其基本物理力学指标应符合设计规定。

(6) 砌坝石料，按外形可分为粗料石、块石、毛石（包括大的河卵石）三种，其规格要求如下：

1) 粗料石：包括条石（一般为长方体形状）、异形石（按特殊要求，经专门加工成特定形状与尺寸的石料），要求棱角分明，六面基本平整，同一面最大高差小于 1.0cm，其尺寸视料场择优选定，但其长度宜大于 50cm，块高宜大于 25cm，长厚比不宜大于 3。坝体粗料石的外露面，宜修琢加工，其高差宜小于 0.5cm。

2) 块石：一般由成层岩石爆破而成或大块石料锲裂而得，要求上下两面平行且大致平整，无尖角、薄边，块厚宜大于 20cm。

3) 毛石：无一定规则形状。单块质量应大于 25kg，中厚不小于 15cm。规格小于上述要求的毛石，又称片石，可用于塞缝，但其用量不得超过该处砌体质量的 10%。

(7) 应合理选定砂、砾（碎石）料筛分设备的规格，严格控制筛网的倾角，以保证砂砾料成品的超径含量小于 5%，逊径含量小于 10%。

(8) 砂、砾（碎石）料的含泥量超过表 7－34 和表 7－35 中的规定时，必须用水清洗。

(9) 用爆破法开采石料时，应遵守以下规定：

1) 应根据料场的地形地质条件，合理布孔，适当控制装药量，石料开采的利用率宜在 60%以上。

2) 采用松动爆破时，宜采用硝铵、铵油等弱性炸药。

(10) 各种成品的砂、砾、石料，应根据其品种、规格分别堆放，严防混杂污染。堆放场地应平整、干燥、排水良好，位于洪水位影响带之上，并宜靠近交通干线，以减少转运次数。

(二) 胶结材料及其配合比、拌和与运输的质量控制要点

(1) 浆砌石坝的胶结材料，主要有水泥砂浆和混凝土。此外，还有混合水泥砂浆。

(2) 水泥砂浆系由水泥、砂、水按一定比例配合而成。

(3) 用作砌石坝胶结材料的混凝土系由水泥、水、砂和最大粒径不超过 40mm 的骨料按一定比例配合而成。

(4) 混合水泥砂浆，是在水泥砂浆中掺一定数量的混合材料配制而成。

(5) 水泥品质应符合现行的国家标准及有关部颁标准的规定。

(6) 坝体各部位采用的水泥品种，应符合下列要求：

1) 水位变化区的外部砌体、建筑物溢流面和受水流冲刷的砌体，其胶凝材料，宜选用普通硅酸盐水泥。

2) 环境水对砌体的胶凝材料有硫酸盐侵蚀时，优先选用抗硫酸盐水泥。

3) 有抗冻要求的砌体，其胶凝材料应选用普通硅酸盐水泥，并应掺加气剂，以提高

其抗冻性。

4）坝体内部及水下表面砌体的胶凝材料，宜选用矿渣硅酸盐水泥、粉煤灰质硅酸盐水泥或火山灰质硅酸盐水泥。

（7）选用水泥强度等级的原则如下：

1）胶结材料所用的水泥强度等级，不应低于 32.5。

2）水位变化区、溢流面和受水流冲刷的部位以及有抗冻要求的砌体，其胶结材料所用的水泥强度等级不应低于 42.5。

（8）对胶结材料拌和用水的要求如下：

1）凡适于饮用的水，均可作为拌和用水。

2）未经处理的工业污水和沼泽水，不得用作拌和养护水。

3）天然矿化水中的硫酸根离子含量不超过 2700mg/L，pH 值不小于 4 时，可以用作拌和养护水。当采用抗硫酸盐水泥时，水中 SO_4^{2-} 离子含量允许放宽到 10 000mg/L。

4）对拌和、养护的水质有怀疑时，应进行砂浆强度验证，如用该水制成的砂浆的抗压强度，低于饮用水制成的砂浆 28 天龄期的抗压强度的 90%，则这种水不宜使用。

（9）应根据施工需要，对胶结材料性能的要求和建筑物所处的环境条件，选择适当的外加剂。工业用的氯化钙，作为早强剂，只宜用于素混凝土中，以无水氯化钙占水泥质量的百分数计，其掺量一般不得超过 3%，在砂浆中的掺量不得超过 5%。

（10）胶结材料的配合比，必须满足设计强度及施工和易性的要求。

（11）考虑施工质量的不均匀性，胶结材料的配制强度应等于设计强度等级乘以系数 K，K 值可按表 7-36 查得。

表 7-36　　K 值表

C_v	P（%）			
	90	85	80	75
0.1	1.15	1.12	1.09	1.08
0.13	1.20	1.15	1.12	1.10
0.15	1.24	1.19	1.15	1.12
0.18	1.30	1.22	1.18	1.14
0.20	1.35	1.26	1.20	1.16
0.25	1.47	1.35	1.27	1.21

注　表中 C_v 为离差系数，P 为强度保证率。

（12）胶结材料的和易性，用坍落度、泌水性、离析及可砌性综合评定。水泥砂浆的坍落度宜为 4～6cm，混凝土的坍落度宜为 5～8cm。

（13）胶结材料配合比、水灰比确定后，施工中不得随意变动。

（14）胶结材料所用的水泥、沙、骨料、水及外加剂溶液均以质量计，称量的偏差不应大于表 7-37 的允许偏差值。

表 7-37 胶结材料各组分的允许偏差 %

材料名称	允许偏差	材料名称	允许偏差
水泥	±2	水、外加剂溶液	±1
砂、砾（碎石）	±3		

（15）胶结材料的拌和时间，机械不小于 2min，人工拌和至少干拌三遍。胶结材料应随拌随用，其允许间歇时间（自出料时算起到砌筑完为止），可参照表 7-38 选定。

表 7-38 胶结材料的允许间歇时间

砌筑时的温度（℃）	允许间歇时间（min）	
	普通硅酸盐水泥	矿渣硅酸盐水泥及火山灰质硅酸盐水泥
20～30	90	120
10～20	135	180
5～10	195	—

注 本表数值未考虑掺外加剂及其他特殊施工措施的影响。

（16）胶结材料在运输中应保持其均匀性，避免发生离析、漏浆、日晒、雨淋、冰冻等现象而影响胶结材料的质量。

（17）应尽量减少胶结材料的转运次数和缩短运输时间，如因故停歇过久而初凝应作废料处理。

（18）不论采用何种运输设备，胶结材料自由下落的高度应不大于 2.0m，若超过 2.0m，宜采取缓降措施。

（三）砌筑施工的质量控制要点

（1）砌体与基岩连接的质量控制要点：

1）坝基按设计要求开挖后，应进行清理；敲除尖角，清除松动石块和杂物，并将基岩表面的泥垢、油污等清洗干净，排除积水。

2）浇筑坝基垫层混凝土前，应先湿润基岩表面，铺设一层厚 3～5cm 的水泥砂浆（强度等级≥M10），铺设的面积应与混凝土浇筑强度相适应，再按设计规定浇筑垫层混凝土。若设计无规定，垫层混凝土面层应大致平整，厚度宜大于 0.3m，强度等级不宜低于 M15。

3）已浇好的垫层混凝土，在抗压强度未达 2.5MPa 前不得进行上层砌石（或混凝土浇筑）的准备工作。

4）坝体与岸坡连接部位的垫层混凝土的施工宜先砌石 3～4 层，高 0.8～1.2m，预留垫层位置，预埋好灌浆管件等，后浇填混凝土。

（2）工程测量及砌筑前准备工作的质量控制要点：

1）坝体放样测量的精度应根据工程等级、枢纽复杂程度、坝型等条件，参照施工测量规范确定。也可参照以下测量精度要求：

① 控制网：基本平面控制，不低于四等三角网或四级导线的精度。基本高程控制，不低于四等水准的精度，测站点高程，不低于五等水准的精度。

② 放样点的允许误差：坝轴线的允许误差，不大于±10mm，坝体轮廓、平面的允许

误差，不大于±20mm，高程的允许误差，不大于±10mm。

2）不同坝型坝轴线的施工测量桩距及每层放样控制高度可参照表7-39。

表7-39 测量桩距及放样控制高度 m

类　别	坝轴线测量桩距	每层放样控制高度
重力坝	10～20	2～10
轻型坝	2～10	2～5

3）坝体砌筑前，应在坝外将石料逐个检查，要求将表面的泥垢、青苔、油质等冲刷清洗干净，并敲除软弱边角。砌筑时，石料必须保持湿润状态。

4）坝体砌筑前，应对砌筑基面进行检查，砌筑基面符合设计及施工要求后，方允许在其上砌筑。

5）砌体的砌缝宽应符合表7-40中的要求。

表7-40 砌体的砌缝宽度要求 cm

类　别			砌缝宽度		
			粗料石	块石	毛石
砂浆砌石体	平缝		1.5～2	2～2.5	—
	竖缝		2～3	2～4	—
混凝土砌石体	平缝	一级配	4～6	4～6	4～6
		二级配	8～10	8～10	8～10
	竖缝	一级配	6～8	6～9	6～10
		二级配	8～10	8～10	8～10
备注			当砌石体平缝采用砂浆，竖缝采用混凝土砌筑时，缝宽分别见“砂浆砌石体”、“混凝土砌石体”平缝、竖缝栏		

6）浆砌石坝结构尺寸和位置的砌筑允许偏差，应符合表7-41中的要求。

表7-41 砌筑允许偏差 cm

类别	部位		允许偏差
平面控制	坝面分层	中心线	±(0.5～1)
		轮廓线	±(2～4)
	坝内管道	中心线	±(0.5～1)
		轮廓线	±(1～2)
竖向控制	重力坝		±(2～3)
	拱坝、支墩坝		±(1～2)
	坝内管道		±(0.5～1)

（3）砂浆砌石体砌筑的质量控制要点：

1）砂浆砌石体砌筑，应先铺砂浆后砌筑，砌筑要求平整、稳定、密实、错缝。

2）粗料石砌筑，同一层砌体应内外搭接，错缝砌筑，石料宜采用一丁一顺，或一丁多顺。后者丁石不应小于砌筑总量的1/5，拱坝丁石不应小于砌筑总量的1/3。

3）块石砌筑，应看样选料，修整边角，保证竖缝宽度符合表7-41中的要求。

4）毛石砌筑、竖缝宽度在5cm以上时可填塞片石，应先填浆后塞片石。

5）砌石体内埋置钢筋处，应采用高强度等级水泥砂浆砌筑，缝宽不宜小于钢筋直径的3～4倍。

6）处于坝体表面的石料称为面石，其余坝体石料称为腹石。坝体面石与腹石砌筑，一般应同步上升。如不能同步砌筑，其相对高差不宜大于1m，结合面应作竖向工作缝处理。不得在面石底面垫塞片石。

7）坝体腹石与混凝土的结合面，宜用毛面结合。

8）坝体外表面为竖直平面，其面石宜用粗料石，按丁顺交错排列。顺坡斜面宜用异形石砌筑。如倾斜面允许呈台阶状，可以采用粗料石水平砌筑。

9）溢流坝面的头部曲线及反弧段，宜用异形石及高强度等级砂浆砌筑。廊道顶拱宜用拱石砌筑。如用粗料石，可调整砌缝宽度砌成拱形。

10）拱坝、连拱坝内外弧面石，可以采用粗料石，调整竖缝宽度砌成弧形。但同一砌缝两端宽度差：拱坝不宜超过1cm，连拱坝不宜超过2cm。

11）坝体横缝（沉陷缝）表面应保持平整竖直。

12）连拱坝砌筑，应遵守以下规定：

① 拱筒与支墩用混凝土连接时，接触面按工作缝处理。

② 诸拱筒砌筑应均衡上升。当不能均衡上升时，相邻两拱的允许高差必须按支墩稳定要求核算。

③ 倾斜拱筒采用斜向砌筑时，宜先在基岩上浇筑具有倾斜面（与拱筒倾斜面垂直）的混凝土拱座，再于其上砌石，石块的砌筑面应保持与斜拱的倾斜面垂直。

13）坝面倒悬施工，应遵守以下规定：

① 采用异形石水平砌筑时，应按不同倒悬度逐块加工、编号，对号砌筑。

② 采用倒阶梯砌筑时，每层挑出方向的宽度不得超过该石块宽度的1/5。

③ 粗料石垂直倒悬而砌筑时，应及时砌筑腹石或浇筑混凝土。

（4）混凝土砌石体砌筑的质量控制要点：

1）混凝土砌石体的平缝应铺料均匀，防止缝间被大骨料架空。

2）竖缝中充填的混凝土，开始应与周围石块表面齐平，振实后略有下沉，待上层平缝铺料时，一并填满。

3）竖缝振捣，以达到不冒气泡且开始泛浆为适度。相邻两振点间的距离不宜大于振捣器作用半径的1.5倍（约为25cm）。应采取措施防止漏振。

4）当石料长1m或厚0.5m以上时，应采取适当措施，保证砌缝振捣密实。

5）有关混凝土的施工工艺，除符合SD 120—1984《浆砌石坝施工技术规定》的规定外，还应符合DL/T 5144—2001《水工混凝土施工规范》中的有关规定。

(四) 防渗体施工的质量控制要点

(1) 混凝土防渗体施工的质量控制要点：

1) 浆砌石坝的防渗，可采用混凝土防渗面板，混凝土防渗心墙和浆砌料石水泥砂浆勾缝等型式。

2) 混凝土防渗体，必须按设计要求伸入基岩。齿槽开挖，应采用小爆破结合撬挖的方法，距设计基础面 50cm 内的岩石，应采用撬挖，以避免震裂基岩。

3) 基坑浇筑混凝土前，应用压力水冲洗，清除残碴、积水，并保持基岩表面湿润，经验收合格后，方可浇筑混凝土。

4) 混凝土防渗体与砌石的施工顺序，应先砌石，后浇防渗体。防渗体的浇筑，宜略低于砌石面。

5) 防渗体与坝体的连接，应按设计要求施工。浇筑混凝土前，应清除砌体表面的松散水泥砂浆或混凝土，并冲洗干净，排除积水。

6) 防渗体混凝土，必须满足抗裂、抗渗、抗冻、抗侵蚀和强度等方面的设计要求。为防止防渗体混凝土裂缝，应根据不同结构类型，从温度控制、原材料选择和施工工艺等方面采取综合措施。

7) 浇筑混凝土时的最高气温不得超过 28℃，最低气温不得低于 0℃。当最高气温高于 25℃时，应采取措施降低骨料温度，如搭凉棚、洒水喷雾、堆高及地垄取料等。

8) 为降低混凝土的水化热温升，可采用水化热低的水泥、使用外加剂、加大骨料粒径、改善骨料级配等措施。

9) 为增强混凝土的抗渗性和抗冻性，可掺用加气剂。混凝土的最佳含气量宜采用下列数值：

① 当骨料最大粒径为 20mm 时，最佳含气量取 6%。

② 当骨料最大粒径为 40mm 时，最佳含气量取 5%。

③ 当骨料最大粒径为 80mm 时，最佳含气量取 4%。

10) 混凝土防渗体的工作缝处理应遵守下列规定：

① 下一层已浇好的混凝土，在强度尚未到达 2.5MPa 前，不允许进行上一层混凝土浇筑的准备工作。

② 在满足强度要求的混凝土面上继续浇筑混凝土前，应用压力水、风砂枪、刷毛机或人工方法将混凝土面加工成毛面，清除乳皮，使其砾石出露，并应结合仓面清理，排除残渣和积水。压力水冲毛的时间由试验确定。

③ 浇筑第一层混凝土前（包括在基岩面或混凝土面上），必须先铺一层厚度不小于 3cm 的水泥砂浆，砂浆的水灰比应较混凝土的水灰比小 0.05。一次铺设的砂浆面积应与混凝土的浇筑强度相适应。

④ 竖直工作缝应埋设止水片。

11) 混凝土防渗体如采用预留横向宽缝，分块或跳仓浇筑混凝土的块长，宜为 10～20m，缝宽宜为 0.8～1.0m。回填宽缝混凝土必须在日平均气温低于年平均气温的季节进行。

12）各块的浇筑应大致分层平衡上升，心墙每层浇筑高度不宜大于 1.5m，面板宜为 2～4m。

13）严禁在防渗体混凝土中埋石。

14）应加强防渗体混凝土的养护工作，一般宜在混凝土浇筑完毕后 12～18h 内开始养护，养护时间，根据所用水泥品种而定，硅酸盐水泥和普通硅酸盐水泥养护时间 14 天；火山灰质硅酸盐水泥、矿渣硅酸盐水泥、粉煤灰硅酸盐水泥等养护时间为 21 天，但在炎热、干燥气候条件下，应提前养护和延长养护时间。

15）防渗体混凝土工程的施工，除符合 SD 120—1984《浆砌石坝施工技术规定》规定外，并应符合 DL/T 5144—2001《水工混凝土施工规范》的有关规定。

(2) 止水设施施工的质量控制要点：

1）止水设施的型式、位置、尺寸及材料的品种规格等，均应符合设计规定。

2）金属止水片应平整，表面的浮皮、锈污、油漆、油渍均应清除干净。如有砂眼钉孔，应予焊补。

3）金属止水片的衔接，按其厚度可分别采用折叠、咬接或搭接。搭接长度不得小于 20mm。咬接或搭接必须双面焊缝。

4）采用金属止水片时，应采取可靠措施防止水泥浆漏入伸缩段的缝槽内，以保证止水片的自由伸缩。

5）塑料止水片或橡胶止水片的安装，应采取措施防止变形和破裂。

6）止水伸入基岩的部分应符合设计要求。金属止水片在伸缩缝隙中的部分应涂（填）沥青，埋入混凝的两翼部分应与混凝土紧密结合。

7）架立止水片时，不得在其上穿孔，应用接或其他方法加以固定，安装好的止水片应加强保护。

8）宜优先采用预制的止水沥青柱。如采用浇沥青柱时，沥青孔应保持干燥洁净。

9）采用预留沥青井时，应注意：

① 混凝土预制件外壁必须是毛糙面，以便与浇筑的混凝土结合紧密，各节接头处应封堵严密。

② 电热元件的位置应安放准确，必须保证电路畅通，避免发生短路。埋设的金属管路亦应保持通畅。

③ 随着防渗体的升高，应逐段检查、逐段灌注沥青，须待沥青加热沉实后，方可浇筑周边的混凝土，不得全井一次性灌注沥青。

④ 沥青灌注完毕后，应立即将井口封盖，妥加保护。

10）结构缝的混凝土表面，应保持竖直、平整、洁净，如有外露铁件，应予割除，有蜂窝麻面则应填补平整。

(五) 冬、夏季和雨天施工的质量控制要点

(1) 冬季施工的质量控制要点：

1）寒冷地区日平均气温稳定在 5℃以下或最低气温稳定在－3℃以下，温和地区日平均气温稳定在 3℃以下时，坝体除防渗体外，其他部位混凝土的施工，应按 DL/T 5144—

2001《水工混凝土施工规范》有关规定执行。

2）当最低气温在℃时，砌筑作业应注意表面保护；最低气温在0℃以下时，应停止砌筑。

3）在养护期内的混凝土和砌石体的外露表面，应采取保温措施。

（2）夏季施工的质量控制要点：

1）最高气温超过28℃时，应停止砌筑作业。

2）夏季施工应加强混凝土和砌体的养护，外露面在养护期必须保持湿润，为避免日晒，宜加草袋等物遮盖。当有严格防裂要求时，应加强养护并适当延长养护期。

（3）雨天施工的质量控制要点：

1）无防雨棚的仓面，小雨中浇筑混凝土或砌石时，应适当减小水灰比，及时排除仓内积水，做好表面保护。

2）无防雨棚的仓面，在施工中遇大雨、暴雨时，应立即停止施工，妥善保护表面。雨后应先排除积水，并及时处理受雨水冲刷的部位，如表层混凝土或砂浆尚未初凝，应加铺水泥砂浆继续浇筑或砌筑，否则应按工作缝处理。

3）抗冲、耐磨或需要抹面等部位的混凝土和砌体，不得在雨天施工。

四、水利水电工程混凝土防渗墙的质量控制要点

（一）槽（桩）孔建造的质量控制要点

（1）混凝土防渗墙的中心线及高程，应依照设计文件要求，根据测量基准点进行控制。

（2）划分槽孔时，应综合考虑地基的工程地质和水文地质条件、混凝土供应强度、施工部位、造孔方法及延续时间等因素。合拢段的槽孔长度以短槽孔为宜，应尽量安排在深度较浅、条件较好的地方。

（3）建造槽（桩）孔的主要机具，其性能应满足下列基本要求：

1）能达到设计要求的有关指标。

2）具有足够的松动或破碎地层的能力，以及较好的排渣性能。

3）操作简便、安全，能灵活地移动位置。

（4）建造槽（桩）孔，建议根据地层情况采用以下钻进和出渣方法：

1）钢丝绳冲击钻机，配以各种形式的钻头钻进，抽砂筒及接砂斗出渣，适用于砂卵石地层或其他地层。

2）采用不同方法钻主孔，两主孔间的部分使用抓斗成槽，适用于粒径较小的松散地层。

3）泵吸反循环钻机造孔，适用于绝大部分颗粒能从排渣管内通过的地层。

（5）确定孔口高程时，应考虑下列因素：

1）施工期的最高水位。

2）能顺畅排除废浆、废水、废渣。

3）尽量减少施工平台的挖填方量。

4）孔口高出地下水位2.0m。

(6) 建造槽（桩）孔前，应埋设孔口导向槽板，以防止孔口坍塌，并起导向作用。槽板可用木材、混凝土或其他材料制成，高度 1.5～2.0m 为宜。槽板埋设必须直立、稳固、位置准确，两侧应按各工程规定的质量标准分层回填夯实。

(7) 建造槽（桩）孔的钻机应设置在乎行于防渗墙中心线的轨道上。轨道地基必须平坦、坚实，不得产生过大或不均匀的沉陷，以保证钻机工作时的稳定和造孔的垂直精度。

(8) 造孔过程中为保证孔壁的稳定，孔内泥浆液面必须保持在导向槽板顶面以下 30～50cm。

(9) 采用冲击钻机造槽孔时，可以选用钻劈法（主孔钻进，副孔劈打）或钻抓法（主孔钻进，副孔抓取）等方法。选用钻劈法时，应注意下列几点：

1) 开孔钻头直径必须大于终孔钻头直径，造孔过程中应经常检查钻头直径，磨损后应及时补焊。

2) 因地制宜地选择合理的副孔长度。

3) 一、二期槽孔同时造孔时，其间应留有足够的长度，以免被挤穿。

(10) 采用回转钻机造槽孔时，可以选用平打或主副孔钻进等方法，槽孔两端孔应领先钻进。

(11) 孔内升降钻具受阻时，或孔内发生掉钻、卡钻、埋钻等故障时，必须摸清情况，分析原因，及时处理。

(12) 当地层中有密集的大孤石时，在立设槽板前，可采用小钻孔预爆的方法进行处理。造孔中遇到漂石、大孤石时，在保证孔壁安全的前提下，可采用小钻孔爆破或定向聚能爆破的方法进行处理。

(13) 对漏失地层，应采取预防措施，当发现泥浆漏失时，应查明原因，及时采取措施制止漏浆，并加强泥浆供应工作。

(14) 在较厚细砂、淤泥、人工松散堆积物及黏土心墙中造孔时，必须根据具体情况提出钻进中应注意的事项。

(15) 在造孔过程中，应及时排除废水、废浆、废渣，以免影响工效或造成孔壁坍塌。

(16) 在造孔过程中，操作人员应随时检查造孔质量，发现问题，及时纠正。

(17) 在造孔过程中，应切实掌握地层变化情况，摸清变层深度。发现地层有变化时，应采取有效措施，以防孔斜。

(18) 槽孔孔壁应保持平整垂直，孔位允许偏差±3cm；除端孔外的孔斜率不得大于0.4%；一、二期槽孔套接孔的两次孔位中心在任一深度的偏差值，不得大于设计墙厚的1/3，并应采取措施保证设计墙厚。槽孔水平断面上，不应有梅花孔、小墙等。一期柱孔的孔斜率，不得大于0.2%；一、二期桩孔连接处的墙厚应满足设计要求。

(19) 槽（桩）孔底部钻入基岩的深度必须满足设计要求。

(20) 造孔工作结束后，应对造孔质量进行全面检查（包括孔位、孔深、孔宽或孔径、孔斜）。检查合格后方准进行清孔换浆工作。

(21) 清孔换浆工作结束后 1h，应达到下列清孔标准：

1) 孔底淤积厚度小于或等于 10cm。

2）孔内泥浆的比重小于或等于1.3，黏度小于或等于30s，含沙量小于或等于10%。清孔换浆工作合格后，方准进行下道工序。悬挂式混凝土防渗墙槽（桩）孔的清孔标准，可根据情况另行规定。

（22）二期槽（桩）孔清孔换浆结束前，应清除混凝土孔壁上的泥皮。建议用钢丝刷子钻头进行分段刷洗，刷子钻头直径应略小于造孔钻头直径。刷洗的合格标准是：刷子钻头上基本不带泥屑，孔底淤积不再增加。

（23）清孔合格后，应于4h内浇筑混凝土。如因下设墙内埋设件，不能按时浇筑，则应由设计与监理单位协商后，另行提出清孔标准和补充规定。

（24）一、二期槽孔间混凝土套接接头的造孔，建议优先选用接头管法。条件不具备时，可采用钻凿法。采用钻凿法时，一期槽孔混凝土浇筑完毕后24～36h方可开钻。

（二）对泥浆的质量要求及质量控制要点

（1）在松散透水地基中建造槽（桩）孔时，泥浆的主要功用是固着孔壁、悬浮岩屑和冷却钻头。成墙后，还可增加防渗墙体的抗渗能力。泥浆应符合下列主要要求：

1）较小的失水量。

2）适当的静切力。

3）良好的稳定性。

4）较低的含沙量。

（2）配制泥浆的黏土，应进行物理、化学分析和矿物鉴定，其黏粒含量大于50%，塑性指数大于20，含沙量小于5%，二氧化硅与三氧化二铝含量的比值等于3～4为宜。有条件时，建议选用膨润土。

（3）泥浆的性能指标，必须根据地层特性，施工部位、造孔方法、不同用途等，通过试验加以选定。在一般砂卵石地层中造孔时，可参照表7-42中标准选择。

表7-42　砂卵石地层造孔参数

黏度（s）	比重	含沙量（%）	胶体率（%）	稳定性	失水量	静切力（0.1Pa）		泥饼厚（mm）	pH值
						1min	10min		
18～25	1.4～1.2	<5	>96	<0.03	20～30	20～50	50～100	2～4	7～9

（4）不同阶段应分别测定下列泥浆性能指标：

1）在鉴定黏土的造浆性能时，测定其胶体率、比重、稳定性、黏度、含沙量。

2）在确定泥浆配合比时，测定黏度、比重、含沙量、稳定性、胶体率、静切力、失水量、泥饼厚及pH值。

3）新生产的泥浆、回收重复使用的泥浆，以及浇筑混凝土前孔内的泥浆，主要测定其黏度、比重及含沙量。

（5）配制泥浆所用处理剂的品种及数量，必须通过试验及技术经济比较确定。

（6）配制泥浆用水，应进行水质分析，避免对泥浆产生不利影响。

（7）搅拌泥浆的方法及时间均应通过试验确定，并应按规定配合比配制泥浆，其差值不得大于5%。储池内的泥浆应经常搅动，保持指标均一。

(8) 不得向孔内泥浆中倾注清水。在因故停钻期间，应经常搅动孔内泥浆。

(三) 混凝土浇筑的质量控制要点

(1) 混凝土的配合比通过试验决定，其性能应满足下列要求：

1) 保证设计要求的抗压强度、抗渗性能及抗压弹性模量等指标。

2) 采用一、二期槽（桩）孔套接成墙，需在一期混凝土内钻凿接头孔时，其早期强度不宜过高。

3) 用直升导管法浇筑泥浆下混凝土时，应有良好的和易性，入孔时的坍落度为18～22cm，扩散度34～38cm，最大骨料粒径不大于4cm。

(2) 为满足上条对混凝土的要求，建议加入适量的掺合料和外加剂，其品种和加入量应通过试验决定。

(3) 水泥、骨料、水、掺合料及外加剂等，应符合DL/T 5144—2001中的有关规定。

(4) 泥浆下浇筑混凝土采用直升导管法，导管内径以20～25cm为宜。导管应定期进行密闭承压试验。

(5) 槽孔浇筑混凝土前，必须拟订浇筑方案。

(6) 为保证浇筑顺利进行，浇筑系统的主要机具应有备用，开浇前并应进行试运转检查。

(7) 浇筑前，应仔细检查导管的形状、接口及焊缝等，在地面进行分段组装并编号。

(8) 混凝土的拌和和运输应遵守DL/T 5144—2001中的有关规定。

(9) 开浇时（下入导注塞后），并应准备好足够数量的混凝土，以便导注塞被挤出后能一举将导管底端埋住。

(10) 在浇筑过程中应遵守下列规定：

1) 导管埋入混凝土的深度不得小于1m，不宜超过6m。

2) 连续浇筑，混凝土的最低面上升速度不应小于2m/h（土石坝坝体内槽孔混凝土面的最高上升速度，由设计单位另行规定）。

3) 槽孔内混凝土面应均匀上升，其高差控制在0.5m范围内。

4) 每30min测量一次孔内混凝土面，每2h测量一次管内混凝土面，在开浇和结尾阶段适当增加测量次数。

5) 绘制混凝土浇筑指示图，核对浇筑方量，指导导管拆卸，作出详细记录。

6) 孔口设置盖板，避免混凝土散落孔内。

7) 不符合质量要求的混凝土，不得浇入孔内。

(11) 在施工过程中，质检人员对混凝土质量进行检验的主要内容为：

1) 混凝土的原材料、配合比，以及流态混凝土的各项性能指标。

2) 按设计、施工、质检商定的位置和数量在孔口留取试样。

(12) 鉴于表层混凝土质量较差，混凝土终浇顶面高程应高于设计要求50cm左右。

(13) 混凝土的冬季、夏季及雨季施工应遵守DL/T 5144—2001中的有关规定。

(14) 在浇筑时若发现导管漏浆或混凝土混入泥浆，应立即停浇，进行处理。

(15) 对浇筑过程中的质量事故，施工单位除了按规定进行处理和补救外，并应提交事故发生的时间、位置和原因分析、补救措施、处理经过等资料。

（四）对墙内埋设件的质量要求及其质量控制要点

（1）当墙底以下基岩需灌浆处理时，可采用预埋钢管或预留孔法（拔管法）。也可优先选用预留孔法。预埋钢管或管模应按设计位置下入孔内，在浇筑混凝土时应积极采取措施避免钢管挠曲、移位。

（2）槽孔内下设钢筋笼（网），应做到以下几点：

1）钢筋笼（网）应有足够的起吊刚度，其外侧应有导向装置，上、下端均应有一定的锥度。

2）在钢筋笼（网）内，应备有安设导管和预埋件的合理空间。

3）先试下断面相同、高度较小的钢筋笼。

4）钢筋笼（网）下设至设计规定位置。下设完毕后，予以固定，以防浇筑过程中变位。

（3）在槽（桩）孔内埋设观测仪器，应做到以下几点：

1）埋设前，做好各项准备工作，并制定保护方法。

2）按设计要求严格控制埋设位置和方向。

3）在埋设和浇筑过程中，保持仪器、电缆完好，各部连接牢固；浇筑完毕后，妥善保护电缆。

（五）对特殊处理的质量控制要点

（1）一、二期槽（桩）孔套接处墙厚不够时，建议采取下列措施进行处理：

1）在接缝处套打一钻，钻头直径根据接头孔斜率选择。成孔后，清除混凝土孔壁上的泥皮，再浇筑混凝土。

2）在接缝上游侧进行钻孔灌浆补强。

（2）在混凝土浇筑过程中，由于发生事故而影响混凝土质量时，必须予以处理。

第六节　模板工程质量控制技术要点

一、模板工程的要求与分类

（一）模板工程的基本要求

为使模板工程达到保证混凝土工程质量，保证施工的安全，加快工程进度和降低工程成本的目的，对模板及支撑要符合下列要求：

（1）保证工程结构和构件各部分形状尺寸和相互位置的正确。

（2）具有足够的承载能力、刚度和稳定性，能可靠地承受新浇筑混凝土的重力和侧压以及在施工过程中所产生的荷载。

（3）构造简单，装拆方便，并便于钢筋的绑扎与安装和混凝土的浇筑及养护等工艺要求。

（4）模板接缝不应漏浆。

(二) 模板工程的分类

(1) 按模板规格形式分类:

1) 非定型模板。模板板块规格不定，尺寸也不一定符合建筑模数，可根据不同结构的开口尺寸需要而制作安装的模板。

2) 工具式模板。构件形状复杂、尺寸不合模数但构件数量较多时，专门设计和制造的模板，可多次周转使用。

(2) 按装拆方式分类:

1) 固定式。一般常用的模板及支架安装完后，直至拆除其位置固定不变。

2) 移动式。模板及支架安装完成后，可以随混凝土结构移动施工，直至混凝土结构全部浇筑完成后一次拆除，如滑升模板、水平移动式模板等。

3) 永久式。模板在混凝土浇筑以后与构件连成整体而不可拆除，如叠合板。

(3) 按材料分类：即按模板工程采用的材料分，可分为木模板、钢模板、胶合板模板和塑料模板等其他材料制成的模板。

(4) 按工程部位分类：按模板的工程部位分，可分为基础模板、隧洞模板、墙模板和柱模板等。

(三) 模板的选型

模板是混凝土结构工程施工中的主要设备之一。在具体工程中，模板的选型通常应考虑混凝土结构的形式，现有材料情况，机械设备情况，并结合本单位施工的技术水平和技术力量等情况来确定。

二、模板工程材料

(一) 模板工程材料的选用

模板材料有木模板、胶合板模板、钢模板、铝合金模板及塑料模板等，其优缺点及周转次数见表 7-43。

表 7-43　不同材质模板的优缺点及周转次数

材质	优点	缺点	周转次数
木模板	容易加工，有保温性能和吸水性能	刚性差，易漏浆	3～4
胶合板模板	混凝土表面美观，较钢模板易加工	较钢模板使用次数少	4～5
钢模板	强度高，刚性好，易拆装，周转次数多	保温性差，易生锈	>30
铝合金模板	质量小（约为钢模的 1/2），易拆装，不生锈	价格贵，较钢模板刚性差，易粘混凝土	>50
塑料模板	质量小，可做成任何形状	价较贵，不耐冲击，不耐火、热	>20

支架材料多采用钢材，也可以钢支架为主，配用一些木材。施工人员对模板和支架材料的选用要因地制宜，就地取材，以降低成本，并应尽量采用先进技术，达到多快好省的目的。当选用的模板材料为普通碳素钢材时，其材质应符合 GB 700—1988《碳素结构钢》的要求。如采用其他钢材时，其材质应符合相应标准的要求。

当选用的模板材料为木材时，木材应符合 GB 50005—2003《木结构设计规范》中的承重结构选材标准，但其树种可按各地区实际情况选用，材质不宜低于Ⅲ等材。

当模板的板面选用胶合板时，胶合板应符合 GB/T 17656—2008《混凝土模板用胶合板》的规定，其性能须符合国标 A 级胶合板性能要求，具有耐低温、高温、耐水性，能适应在室外使用等技术条件。胶合板的工作面应有完整牢固的酚醛树脂面膜或其他性能相当的树脂面膜。胶合板面膜的耐磨性应适应混凝土浇筑施工工艺要求。面膜应优先采用压膜工艺。胶合板的侧面、切割面及孔壁应采用封边漆密封，封边漆的质量和密封工艺应保证胶合板的使用技术要求，宜采用具有弹性的封边漆。

（二）辅助材料

为了保护模板和拆模方便，要求在与混凝土接触的模板面涂刷隔离剂（或称脱模剂），选用质地优良和造价适宜的隔离剂，是提高混凝土结构、构件的表面质量和降低模板工程费用的重要措施之一。

(1) 隔离剂的使用性能要求：

1) 脱模效果良好。

2) 不污染脱模的混凝土表面。

3) 对模板不腐蚀，脱模剂要兼起防锈和保护的作用。

4) 涂敷简便，拆模后容易清理模板。

5) 施工过程中不怕日晒雨淋。

6) 长期储存和运输时质量稳定，不发生严重离析和变质现象。

7) 对于热养护的混凝土构件，使用的脱模剂还应具有耐热性。

8) 在冬季寒冷气候条件下施工时，使用的脱模剂尚应具有耐冻性。

(2) 脱模剂的种类。脱模剂在我国尚无产品标准，但已使用的品种繁多，根据脱模剂的主要原材料情况，可划分为以下几类：

1) 纯油类。各种植物油、动物油和矿物油均可配制脱模剂。但目前大多采用矿物油，即石油工业生产的各种轻质润滑油，如各种牌号的机械油等。纯油类脱模剂中最好掺入2%的表面活性剂（乳化剂、湿润剂），使混凝土表面不出现气孔，并减少颜色的差异。纯油类脱模剂可用于钢、木模板，但对混凝土的表面质量有一定影响。

2) 乳化油类。乳化油大多用石油润滑油、乳化剂、稳定剂配制而成，有时还加入防锈添加剂。这类脱模剂可分为油包水型和水包油型，一般用于钢模板，也可用于木模板上。常用的乳化剂有阴离子型和非离子型，阳离子型很少使用。阴离子型乳化剂常采用钠皂、乳化油、油酸三乙醇胺皂、石油磺酸钠等。非离子乳化剂有聚氯乙烯蓖麻油、平平加等。使用阴离子和非离子复合乳化剂配制的乳化脱模剂，乳化效果更理想。

3) 石蜡类。石蜡具有很好的脱模性能，将其加热熔化后，掺入适量溶剂搅匀即可使用。溶剂型石蜡脱模剂成本较高，而且不易涂刷均匀。石蜡类脱模剂可用于钢、木模板和混凝土台座上，缺点是石蜡含量较高时往往在混凝土表面留下石蜡残留物，有碍于混凝土表面的黏结，因而其应用范围受到一定限制。

4) 脂肪酸类。这类脱模剂一般含有溶剂，如汽油、煤油、苯、松节油等，此外还有如硬脂酸和苯溶液、硬脂酸铝和煤油溶液、凡士林和煤油溶液、脂肪酸和酒精溶液等。这

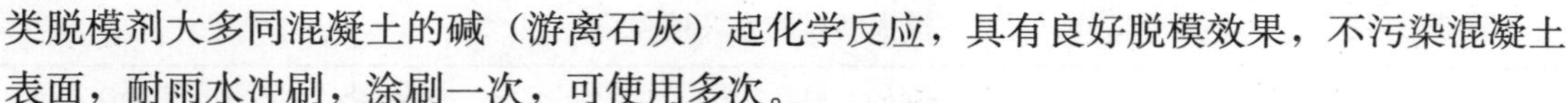

类脱模剂大多同混凝土的碱（游离石灰）起化学反应，具有良好脱模效果，不污染混凝土表面，耐雨水冲刷，涂刷一次，可使用多次。

5）油漆类。这类脱模剂价格较高，可反复使用多次。作为脱模剂的油漆要求耐碱、耐水且涂膜坚硬，经得住摩擦。

6）合成树脂溶液类。使用不饱和聚酯树脂和硅油配制的脱模剂，每涂一次可使用多次。其缺点是干燥时间较长，更新涂层时，铲除旧涂层也比较费事。多用于大模板工程。

7）废料类。利用工农业产品废料配制脱模剂是降低脱模剂成本的有力措施。如利用皂角，或利用造纸厂碱法制浆的黑液配制的脱模剂，在一定条件下亦可取得较好的效果。

8）其他亲水性脱模剂，有用黄土、石灰膏、滑石粉、洗衣粉和水配制而成。使用亲水性脱模剂时，应注意防止雨水冲刷，也不能长期存放，必须现配现用，使用受到一定限制。

（3）脱模剂使用注意事项。每一种脱模剂都有一定的使用条件和范围，在选用脱模剂时应注意以下事项：

1）注意脱模剂对模板的适用性。如脱模剂用于金属模板时，应具有防锈、阻锈性能；用于塑料模板时，应不使塑料软化变质；用于木模板时，要求它渗入木材一定深度，但又不致被全部吸收掉，并能提高木材的防水性能。

2）要考虑混凝土结构构件的最终饰面要求。如构件的最终饰面是油漆、刷浆或抹灰，应选用不影响混凝土表面黏结的脱模剂。对建筑装饰混凝土构件，则应选用不会使混凝土表面污染和变色的脱模剂。

3）要注意施工时的气温和环境条件。在冬期施工时，要选用凝固点低于气温的脱模剂；在雨季施工时，要选用耐雨水冲刷的脱模剂；当混凝土构件采取蒸汽养护或蒸压养护时，应选用热稳定性合格的脱模剂。

4）应注意施工工艺的适应性。有些脱模剂刷后即可浇筑混凝土，但有些脱模剂要等干燥后才能浇筑混凝土。因此选用时应考虑脱模剂的干燥时间是否能满足施工工艺要求。脱模剂的脱模效果与拆模时间有关，当脱模剂与混凝土接触面之间黏结力大于混凝土的内聚力时，往往发生表层混凝土被局部黏掉的现象，因此具体拆模时间，应通过试验确定。

5）要考虑脱模费用。有些脱模剂价格较高，但单位面积用量少，或可以多次使用。有些脱模剂价格较低，但单位面积用量大，常只能使用一次。所以脱模剂的最终经济效果不完全取决于价格高低，而应按单位质量价格除以使用面积与使用次数的积进行对比来确定。

6）在涂刷脱模剂之前，模板表面的尘土和混凝土残留物必须彻底清理干净，以免影响脱模效果。脱模剂的涂敷方法视其种类而定，一般用刷涂、喷涂、擦涂、滚涂或浸渍等方法。不论使用那种方法，都应涂敷均匀，用量要适当。涂敷脱模剂时，严禁脱模剂沾污钢筋与混凝土接槎处。

三、模板的制作

模板制作的允许偏差应符合模板设计规定，一般不得超过表 7－44 中的规定。

表 7-44　　模板制作的允许偏差

项次		偏差名称	允许偏差（mm）
木模板	1	小型模板：长和宽	±3
	2	大型模板（长、宽大于 3m）：长和宽	±5
	3	模板平整度 相邻两板的高差 局部不平（2m 直尺检查）	1 1 5
	4	板面缝隙	2
钢模板	5	模板长和宽	±2
	6	模板面局部不平（用 2m 直尺检查）	2
	7	连接配件的引眼位置	±1

注　1. 异型模板（蜗壳、尾水器等），滑动式、移动模板，永久模板等特种模板的允许偏差，按模板设计文件执行。
2. 定型组合钢模板，可按冶金部有关规定执行。

四、模板的安装

模板的安装是以模板工程施工设计为依据，按照预定的施工程序，将模板、配件和支承系统安装成梁、板、墙、柱和基础等模板体系以供浇筑混凝土。

（一）一般要求

（1）大型竖向模板和支架的支承部分应为坚实的地基或老混凝土，应有足够的支承面积。如安装在基土上，基土必须坚实并有排水措施。对湿陷性黄土，必须有防水措施；对冻胀性土，必须有防冻融措施。

（2）模板及其支架在安装过程中，必须设置足够的临时固定设施，以防倾覆。

（3）支架的主柱必须在两个互相垂直的方向上，且用撑柱固定，以确保稳定。

（4）模板的钢拉条不应弯曲，直径应大于 8mm，拉条与锚环必须连接牢固。埋在下层混凝土的锚固件（螺栓、钢筋环等），在承受荷载时，必须有足够的锚固强度。

（5）模板与混凝土接触的面板，必须平整严密，以保证混凝土表面的平整度。混凝土密实性建筑物分层施工时，应逐层校正下层偏差，模板下端不应“错台”。

（6）现浇钢筋混凝土梁，当板跨度等于及大于 4m 时，模板应起拱，当设计无具体要求时，起拱高度宜为全跨长度的 1/1000～1/300。

（7）现浇多层房屋和构筑物，应采用分段分层支模的方法，安装上层模板及其支架应符合下列规定：

1）下层楼板应达到足够的承载力或具有足够的支架支撑；

2）如采用悬吊模板、桁架支模方法时，其支撑结构必须有足够的承载力和刚度；

3）层支架的主柱应对准下层支架的主柱，并铺设垫板。

（8）当层间高度大于 5m 时，宜选用桁架支撑或多层支架支模方法。采用多层支架支模时，支架的横垫板应平整，支柱应垂直，上下层支柱应在同一竖向中心线上。

（9）采用分节支模时，底模的支点应按模板设计要求设置，各节模板应在同一平面上，高低差不得超过 3cm。

(10) 承重焊接钢筋骨架和模板一起安装时，应符合下列规定：

1) 模板必须固定在承重焊接钢筋骨架的结点上；

2) 安装钢筋模板组合体时，吊索应按模板设计的吊点位置绑扎。

(11) 固定在模板上的预埋件和预留孔洞均不得遗漏，安装必须牢固，位置要准确。

(二) 组合钢模板质量标准及检验方法

1. 钢模板及配件质量标准

钢模板成品的质量检验，包括单件检验和组装检验，其质量标准和检查方法见表 7-45 和表 7-46。

表 7-45　　钢模板组装质量标准表

序号	项目	允许偏差（mm）	检查方法	量具
1	两块模板之间的拼接缝宽	≤1.0	用 1.0mm 塞尺插拼缝通不过	塞尺
2	相邻模板面的高低差	≤2.0	用平尺靠模板拼缝，2mm 塞尺通不过	平尺、塞尺
3	组装模板板面平整度	≤2.5	用 2m 长平尺靠板面，可见缝用 2.5mm 塞尺通不过	2m 平尺、塞尺
4	组装模板的长宽尺寸	±2.0	用 2m 长钢尺检查两端和中间部位	2m 钢尺
5	组装模板两对角线的长度	≤3.0	用钢尺检查组装模板两对角线	钢尺

表 7-46　　配 件 质 量 标 准

序号	项目		允许偏差（mm）	量具
1	U形卡	卡口宽度	±0.5	游标尺
		用 50 次后的卡口残余变形	≤1.2	同上
2	扣件	高度	+1.0，−0.5	同上
		长度、宽度	±1.5	钢尺
3	矩形钢管、内卷边槽钢	横截面总高度	+2.0，−1.0	同上
		横截面总宽度	±1.0	同上
		长度方向弯曲度	≤L/1000	平尺、塞尺
		内圆弧半径	±0.5	样板
4	支柱、斜撑	长度方向弯曲度	≤L/1000	平尺、塞尺
		销孔直径	±0.5	游标尺
		销孔位	±1.0	同上
5	桁架	平面内、外弯曲度	≤L/1000	平尺、塞尺
		焊缝长度	+5.0，−2.0	钢尺
		焊缝高度	+1.0，−0	焊缝检查尺
		销孔直径	±0.5	游标尺
		任意两孔中心距	±1.0	同上
6	梁卡具	销孔直径	±0.5	同上
		销孔中心距	±1.0	同上
		立管垂直度	≤2°	角度尺

2. 钢模板成品质量检验方法

钢模板的质量检查包括单件检查和组装检查两种。单件检查的方法是在同一材质、同一生产工艺制成的每批钢模板中，任意抽出不少于生产量5%的钢模板，按质量标准逐项检验，每项测量3个点，记录实测的偏差值。当合格率达到85%时，该批钢模板为合格，否则应加倍取样，重新检验。若检验中有30%钢模板的同一项目均超出允许偏差值，则应另行加倍抽样检验。如加倍抽样检验后，该项目仍有15%的钢模板超出允许偏差值，则认为该批产品不合格。组装检查的方法是按表7-45的要求逐项检查的，每项测量3个点，记录实测的偏差值。当合格率达到85%时，认为组装质量合格。

3. 模板安装的质量标准与检查

(1) 质量标准：

1) 大体积混凝土木模板安装的允许偏差见表7-47。

2) 现浇结构模板安装的允许偏差见表7-48。

3) 预制构件模板安装的允许偏差见表7-49。

4) 预埋件及预留孔洞的允许偏差见表7-50。

表7-47　大体积混凝土木模板安装的允许偏差　mm

项次	偏差项目	混凝土结构的部位	
		外露表面	隐蔽内面
1	模板子整度	3	5
2	相邻两板面高差	3	5
3	局部不平（用2m的直尺）	5	10
4	结构物边线与设计边线	10	15
5	结构物水平截面内部尺寸	±20	
6	净重模板标高	±5	
7	预留孔、洞尺寸及位置	10	

表7-48　现浇结构模板安装的允许偏差　mm

项　目		允许偏差
轴线位置		5
底模上表面标高		±5
截面内部尺寸	基础	+10
	柱、墙、梁	+4，-5
层高垂直	全高	6
	全高	8
相邻两板表面高低差		2
表面平整2m长度上		5

表 7-49 预制构件模板安装的允许偏差 mm

项目		允许偏差
长度	板、梁	0，+5
	薄腹梁、桁架	+10
	柱	0，−10
	墙板	0，−5
宽度	板、墙板	0，−5
	梁、薄腹梁、桁架、柱	+2，−5
高度	板	+2，−3
	墙板	0，−5
	梁、薄腹梁、桁架、柱	+2，−5
板的对角线差		7
拼板表面高低差		1
板的表面平整（用2m的直尺检查）		3
墙板的对角线差		5
侧向弯曲	梁、柱、板	$L/1000$ 且≤15
	墙板、薄腹梁、桁架	$L/1500$ 且≤15

表 7-50 预埋件及预留孔洞的允许偏差 mm

项目		允许偏差
预埋钢板中心线位置		3
预埋管、预留孔中心线位置		3
预埋螺栓	中心线位置	2
	外露长度	+10，0
预留洞	中心线位置	10
	截面内部尺寸	+10，0

（2）质量检查：

1）模板安装完毕，应进行全面的质量检查，合格验收后，方可进行下一道工序的施工。

2）组合钢模板的安装质量，一般应检查如下内容：

① 检查组合钢模板的布局和施工顺序是否符合施工设计和技术措施的规定。

② 各种连接件、支承件的规格、质量和紧固情况，用尺量、手摇动和观察检查。关键部位的紧固螺栓、支撑扣件还应使用力矩扳手或其他专用工具检查。

③ 支承着力点和组合钢模板的整体稳定性可用手摇动、小锤敲击和观察检查。

五、模板的拆除

（一）混凝土拆模强度及拆模时间

模板及其支架拆除时的混凝土强度，应符合设计要求；当设计无要求时，可根据工程结构的特点和混凝土所达到的强度来确定。

(1) 现浇结构模板的拆除：

1) 侧模。应在混凝土强度能保证其表面及棱角不因拆除模板而受损坏时，方可拆除。

2) 底模。应在与结构同条件养护的试件达到一定的强度时，方可拆除。期限参照表 7-51。

表 7-51　现浇结构拆模时所需混凝土强度

结构类型	结构跨度（m）	按设计的混凝土强度标准值的百分数计（%）
板	≤2	50
	2～8	75
	>8	100
梁、拱、壳	≤8	75
	>8	100
悬臂构件	≤2	75
	>2	100

(2) 预制构件模板的拆除：

1) 侧模。应在混凝土强度能保证构件不变形，棱角完整时，方可拆除。

2) 芯模或预留孔洞的内模。应在混凝土强度能保证构件和孔洞表面不发生坍陷和裂缝时，方可拆除。

3) 底模。其构件跨度等于或小于 4m 时，应在混凝土强度达到设计的混凝土强度标准值的 50%；构件跨度大于 4m 时，应在混凝土强度达到设计的混凝土强度标准值的 75%时，方可拆除。

(二) 拆模的一般要求

(1) 当混凝土未达到规定强度时，如需要提前拆模或承受部分荷载时，必须经过计算，经确认其强度足够承受此荷载后，方可拆除。

(2) 预应力混凝土结构或构件模板的拆除，除应满足混凝土强度达到规定要求外，侧模应在预应力张拉前拆除；底模应在结构或构件建立预应力后拆除。

(3) 已拆除模板及其支架的结构，应在混凝土强度达到设计的混凝土强度标准值后，才允许承受全部使用荷载。当承受施工荷载产生的效应比使用荷载更为不利时，必须经过核算，加设临时支撑。

(4) 当混凝土强度达到拆模强度后，应对已拆除侧模的结构及其支撑结构进行检查，确认混凝土无影响结构性能的缺陷，支撑结构有足够的承载能力后，方允许拆除承重模板和支撑。

(5) 冬季施工要遵照现行混凝土工程施工及验收规范中的有关冬期施工规定进行拆模。

(6) 对于大体积混凝土的拆模时间，除应满足混凝土强度要求外，还应考虑产生温度裂缝的可能性。一般应采取保温措施，使混凝土内外温差降低到 25℃以下时方可拆模。

为了加速模板周转，需要提早拆模时，必须采取有效措施，使拆模与养护措施密切配合，边拆除，边用保温材料覆盖，以防止外部混凝土温度降低过快使内外温差超过25℃而产生温度裂缝。

第七节 截渗墙工程质量控制要点

一、地下混凝土截渗墙工程质量控制

（一）导槽支护及铺轨放线

首先在截渗墙轴线位置进行场地平整和压实，然后按设计要求放设轴线（轴线在堤脚外1m处），导槽以截渗墙轴线为中心对称开挖，截面宽0.3m，深1.0～1.2m，槽壁用钢板支护，护槽板间通过插销和凹凸槽连接，且由铁丝将其与轨外地面木桩连接将钢板固定，成墙后拆除钢板。

导槽支护是为了防止因机械振动，短时间槽内液面变化及人群荷载造成的槽口部位坍塌。

在导槽支护中，现场检查导槽轴线、截面宽度、槽深是否符合设计要求，钢板支护牢固程度。

道轨由枕木支垫，轨距2.58m，对称于墙轴线水平铺设，轨上安装开槽机，浇筑机等设备，两轨高差要求9mm。道轨铺设分段进行，现场对所铺设每段道轨进行轨顶高程校核，检查两轨高程是否符合要求。

（二）钻孔

钻孔是为了安装开槽机，将开槽机刀杆下入到钻孔中进行开槽，钻孔孔径和孔深应能将刀杆下入深度满足设计墙底高程，一般孔径为0.8～1.0m，钻孔深度应超出槽孔设计深度1m左右。用测绳检查钻孔深度是否满足机械设备的安装，并把检测结果记入钻孔检测记录表。

（三）开槽

先将开槽机移至导孔处就位，使用吊车将刀杆送入导孔内，连接安装后将刀杆与开槽机连接牢固并测试；将刀杆提离导孔底，开启泥浆泵将泥浆送入砂石泵和反循环抽渣管系统排气等系统内气体排完，启动砂石泵并关闭排气阀门，砂石泵开始正常工作；砂石泵和泥浆泵正常工作后，启动开槽机进行开槽。开槽过程中，现场技术员填写开槽施工记录，现场抽检：

(1) 孔斜率。开槽机刀杆横向斜度不大于0.4%，通过检测两轨高差和机架水平差来控制。

(2) 检查其纵向斜度。(纵向斜度控制在8%左右)，从而控制其成槽速度。

(3) 泥浆性能。密度为1.1～1.2g/cm^3，黏度为18～20s，含沙量不大于0.5%，每30min检测一次泥浆性能；泥浆性能对于保证开出的槽孔壁面稳定不坍塌非常重要。泥浆固壁作用有两种：其一，泥浆在槽壁之上会形成一层透水性能较低的泥皮，可有效阻止水分渗进疏松土体和缝隙中：其二，泥浆比重较大，对槽壁施加的静水压力相当于一种液体

支撑，能阻挡槽壁倒塌和剥落，防止槽壁坍塌；另外，泥浆还有清除切掉的土砂，冷却刀排及成槽后减少沉淀等作用和功能。

(4) 开槽深度及孔底淤积，开槽深度根据实测轨顶高程和设计槽底高程确定：开槽深度＝实测轨顶高程－设计槽底高程，孔底淤积不大于 10mm：孔底淤积＝开槽深度－清孔后槽深（用测绳检验开槽深度是否满足设计槽深），通过检测开槽深度和清槽后的槽深来检测孔底淤积厚度。

(5) 刀排宽度控制其开槽宽度。

（四）清槽、验槽

开槽时采用反循环排渣，正循环补浆。在开槽机循环排渣的同时，清槽机随后跟进清槽（但要注意清槽机导管底孔与液压开槽机刀排、渣孔保持一定的距离），清除刀杆未能清除的土屑和由于泥浆含沙沉淀造成的淤积，以确保槽深在允许范围内（清槽机采用反循环）。

钻孔及开槽施工中，采用造浆机黏土造浆，泥浆密度严格控制在 1.1～1.2g/cm^3 之内，必要时添加适量膨润土。

清槽完毕后，先由现场技术员自检轨下槽深（验槽用测绳），记入单元工程验槽报告，并填写工程报验单，向监理单位报验后，再由现场监理复检其轨下槽孔深度，根据轨下槽孔深度和开槽深度计算其孔底淤积厚度，复检合格后，将复检结果记入单元工程验槽报告中，方允许进行下一道工序——槽孔隔离的施工。

（五）槽孔隔离

槽孔虽然是连续开槽，但混凝土浇筑须分段进行，须用隔离体进行隔离浇筑。隔离体的基本作用是使开槽与浇筑两工序互相不干扰，实现边开槽边浇筑循环往复，流水作业，提高截渗墙施工效率。

隔离体主要有橡胶材料隔离体和土工布软体隔离体两种。考虑到橡胶材料隔离体存在须向隔离体内充填一定的介质并要对介质加压等，并且一段浇完后还要拆除等因素，工程中多采用土工布软体隔离体。

土工布缝制成口袋形，袋宽 2～3m，在袋内装入一定质量的混凝土预制块把土工布袋坠入槽底，在袋内下导管浇筑混凝土，与混凝土一起成为墙体。土工布隔离体分为有纺土工布和无纺土工布。无纺土工布延伸性大，浇筑混凝土后两侧边不垂直，在浇筑下段时，侧边挂泥不易清除，所以不宜使用，应选用有纺土工布。

隔离原理是土工布内所浇混凝土对槽壁产生一定的压力，从而与槽壁之间产生摩擦力，抵抗槽孔混凝土浇筑施工期间混凝土产生的侧压力，隔离体起到槽段间的密封隔离作用，防止槽内混凝土向开槽段漏失，保证混凝土浇筑正常施工。在下设隔离体前，要检查其隔离体是否有破损、撕裂现象，检查隔离体缝织情况，发现不合格的立即撤换；隔离体下设后，要检查隔离体下设深度，以防止在浇筑过程中由于隔离体没下设到底，被混凝土坠破而发生的隔离体底部漏浆现象。

（六）水下混凝土浇筑

水下混凝土浇筑是截渗墙一期混凝土施工的最后一道工序，也是关键性工序之一，其混凝土拌制及浇筑质量直接影响墙体的强度和抗渗能力，对其混凝土拌制及混凝土浇筑严格控制，为了保证其水下混凝土的浇筑质量，应加强对混凝土浇筑的监督。

水下混凝土浇筑采用的是导管法浇筑工艺，在混凝土浇筑前进行导管安装，安装长度由验槽深度确定，导管安装要顺直，杜绝漏空，导管底口距槽底15～25cm，导管间距不大于3.5m，导管距槽孔两侧隔离体距离为1～1.5m。

主要检查导管间距、导管距两端隔离体距离是否符合设计要求，根据轨下导管长度和实测槽深确定导管底口距槽底的距离（导管底口距槽底距离＝实测轨下槽深－轨下导管长度）是否符合设计要求。经抽检合格后方能进行混凝土的浇筑。

(1) 对混凝土原材料质量控制。对其所进每一批原材料（水泥、砂、石子，外加剂）取样检查。

1) 水泥要三证齐全，即水泥厂家资格证、水泥出厂合格证、水泥抽检合格证，其中水泥抽检由监理工程师进行取样（每200t取样一次），在监理的监督下送有资质的质量检测部门进行水泥物理性能实验，鉴定合格后方能用于施工。

2) 砂、石子抽样由监理监督，到专门检测机构进行试验，做砂、石的物理性能实验，以确定施工配合比。现场抽样进行砂、石料筛分试验，做砂子的级配曲线，求出砂子的细度模数，检验是否是中砂，石子的超逊径是否合格，并检验砂，石料的含水量、含泥量是否合格（以后对每批原材料都这样检查），还要定期或不定期对砂石料进行抽查试验，对混凝土实际配合比进行抽查。

3) 每开仓一次要根据砂、石的实际含水量调整一次混凝土的配合比，采用磅秤进行称量检测砂、石料实际用量，并填写相应的表格。

(2) 混凝土浇筑质量控制。主要从以下几个方面控制：

1) 抽查混凝土坍落度，通过做混凝土坍落度试验，检验混凝土坍落度（18～22cm）、扩散度（38～40cm）指标是否符合设计要求，并填写混凝土坍落度、扩散度抽检表，检验合格后方能用于浇筑。

2) 严格控制其导管埋深在1～6m之间，通过轨下导管深度和测混凝土面深（导管埋深＝轨下导管长－混凝土面深）来检测导管埋深是否符合设计要求。

3) 控制混凝土浇筑速度 $v \geqslant 2m/h$，通过每30min检测同一断面的混凝土面高差来检测混凝土的浇筑速度是否满足设计要求，将检测结果记入混凝土面深度记录表。

4) 两混凝土面高差不大于0.5m。

5) 在浇筑过程中，随时抽测隔离体后（新开槽段）、1.5、3m处的槽孔深度，以判断隔离体是否漏浆，检查结果记入隔离体后槽孔深度记录表。

6) 每30m一组抗压试块，每50m一组抗渗试块，用以检验混凝土强度，取样由监理监督进行，定期养护，送有资质的质量检测部门做抗压、抗渗试验，以检验截渗墙的抗压强度和抗渗性能。

地下截渗墙混凝土浇筑过程应记入单元工程浇筑记录表，本单元浇筑完成后，由施工单位填写单元工程质量检查表、工程报验单，监理根据抽查情况填写相应的抽检表，对该单元工程进行质量评定。

(3) 施工缝质量控制。混凝土截渗墙是一个连续结构，而施工工艺造成了一些施工缝，泥浆下浇筑时混凝土缝的处理相当关键。保证施工缝质量的措施如下：

1) 在待浇筑段清孔时，利用高压水侧向冲洗已浇筑段墙的堵头面。

2) 提高混凝土浇筑速度和一次浇筑量，增强混凝土入槽后的翻冲力，使其挤压已浇筑段混凝土接头将泥浆排出。

3) 限制导管控制范围和埋入混凝土的深度，确保混凝土从下往上翻。

(4) 冬季施工质量控制。在温度低于－10℃时严禁施工；在－10～0℃时，混凝土浇筑要采取以下保温措施：

1) 在混凝土拌和物中加入防冻剂和食盐。

2) 对拌和混凝土的水加温至 50℃以上。

3) 控制砂的含水量，并对料场内的砂石料用塑料膜和草苫进行覆盖，以防冻结。

4) 将溜槽用保温材料封闭起来，并在其内挂设若干个大灯泡，以提高其空间温度。

5) 加强现场管理，加快浇筑速度。

(七) CT 弹性波质量检测

在地下截渗墙混凝土墙体完成后，对建成的地下混凝土截渗墙质量进行检测。

对于混凝土截渗墙的浇筑质量和连续性，采用 CT 弹性波检测。超声波 CT 检测技术的原理是：当水泥强度等级、骨料成份和粒径等因素基本稳定时，超声波在混凝土体中的传播速度反映混凝土质量；波速高的区域密度大，强度高；波速低的区域密度小，强度低。甚至可能为夹泥、空洞等严重缺陷。超声波 CT 是利用超声波信息分析结构内部构造的成像技术，CT 检测测管预埋在截渗墙中，每三根检测管为一组观测点，管径 50mm，壁厚 2.5mm，每一组两个测管之间中心距 2.5m。在预埋 CT 管过程中，主要控制：

(1) 每组两个测管之间中心距 2.5m，两个测管必须跨越施工缝。

(2) CT 管底口下到槽底，上口下设到低于二期混凝土墙顶 5cm 处，用木塞堵封其管口，以防止泥浆等杂物进入 CT 管中。

(3) CT 管预埋要竖直，在浇筑过程中也要保持 CT 管竖直，不发生倾斜。

在检测中除了进行 CT 检测外还要对墙体的倾斜度用测斜仪进行观测，来验证墙体的垂直度能否达到设计要求，要求误差小于 6%。

截渗墙属隐蔽工程，施工过程中形成的质量主要通过原始资料反映出来，是工程质量的认可依据。主要报验的单元工程资料有：开槽施工记录表、单元工程验槽报告、隔离体装置安装表、单元工程浇筑记录表、隔离体后孔深测量记录、混凝土质量控制表、泥浆下浇筑混凝土顶面深度测量记录表、混凝土截渗墙单元工程质量评定表、工程报验单。施工单位在自检合格的基础上，将自检资料连同工程报验单上报现场监理。

以上资料经监理审查合格后，对单元工程质量进行抽检，按《水利水电工程混凝土防渗墙施工技术规范》、《水利水电土工合成材料应用技术规范》、《堤防工程施工质量评定与验收规范》、《堤防工程监理手册》进行质量等级评定。质量评定合格，现场监理人员在工程报验单上签字后，承建单位方能进行下一单元的施工。

在分部工程包含的所有单元工程完成后，施工单位在分部工程质量自检全部合格的基础上，将自检资料连同工程报验单、分部工程质量评定表报给监理工程师，监理工程师审查合格后，到施工现场，对分部工程内在及外观质量进行抽检和对工程质量等级进行核定。经监理工程师、建设单位代表、质量监督对工程验收合格、在分部工程验收签证书上签字后，施工单位方能进行下道工序的施工。

二、二期混凝土质量控制

（一）二期混凝土质量控制内容

（1）一期混凝土墙顶凿除。上部浮浆层全部清除，直到露出混凝土新鲜部位（一般凿除40～50cm），顶部要凿毛，接缝要重点处理，墙体接缝要凿到密实新鲜混凝土部位，凿成倒三角状，以利于新老混凝土结合。

（2）模板支护稳定、牢固，垂直度满足设计要求。

（3）二期混凝土浇筑前墙顶冲洗干净，保持湿润。

（4）预埋螺栓安装齐全，平整稳固，间距25cm，距墙顶20cm。

（5）二期混凝土振捣密实，墙体连续，顶部达到设计要求；二期混凝土的配合比由设计单位在二期混凝土开工前提供。

（6）二期混凝土原材料及混凝土指标符合质量要求。

（二）施工验收程序

一期混凝土墙顶凿除冲洗完成，现场质检人员自检合格，由监理工程师、质量监督代表、承建单位代表组成的联合验收小组，对一期墙顶凿除进行验收，主要检查墙体宽度、墙体凿除情况，墙体接缝密实情况，验收合格后才能进行下一道工序——模板支护，螺栓预埋，墙顶冲洗干净并自检合格，填写工程报验单及自检资料后，报现场监理，现场监理验收合格后才能进行二期混凝土浇筑，二期混凝土浇筑主要检查混凝土质量（混凝土配合比、坍落度等）及浇筑振捣情况（若振捣不密实易出现蜂窝麻面），二期混凝土墙体养护情况。二期混凝土墙体浇筑完毕后，监理工程师组织质量监督、建设单位代表进行二期混凝土墙体验收，主要检查墙体厚度是否达到设计厚度，顺堤墙体长度，墙顶高程，螺栓安装是否齐全、牢固。

三、基础处理质量控制

二期混凝土分部工程验收合格后，开始进行基础处理工程，首先清除凿除的混凝土块到墙外10cm处泥浆池内，墙体两侧所有杂草，树根等杂物全部清除出场，经过验收合格后，方进行墙体两侧土方回填，分坯回填（坯土厚度一般为20cm），逐坯夯实，逐坯验收，背河一侧土方回填到墙顶处，临河一侧回填到螺栓以下5～10cm处，以安装沥青防腐压条固定土工膜。

四、土工膜铺设质量控制

（一）原材料

土工膜铺设前由监理工程师监督取样，由施工单位送有资质的质量检测部门检查土工膜特性，通过做土工膜基本特性试验，指标要求见表7-52。

表 7-52　　土工膜基本特性指标

项目	单重 (g/m²)	梯形撕破 (kN)	断裂强度 (kN/cm)	断裂伸长度 (%)	CBR 顶破 (kN)	抗渗强度 (MPa)	圆球顶破强度 (kN)	渗透系数 (cm/s)
数量	500	0.23	0.40	40	1.5	0.60	1.0	5×10^{-11}

(二) 土工膜铺设要求

(1) 铺膜前，应将膜下基面铲平，土工膜质量也应经检验合格。

(2) 大幅土工膜拼接，宜采用胶接黏合或热焊接法，胶结法搭接宽度为 5～10cm，热焊接法叠合宽度为 1.0～1.5cm。

(3) 应自下游侧开始，依次向下游侧平展铺设，松紧适度，避免土工膜打皱。

(4) 随铺随用砂包临时压平，以防风吹。

(5) 土工膜铺设应在干燥、温暖、无风的天气进行。

(6) 铺设时不宜拉紧，留 1.5%余幅，以适应温度变化和焊接要求。

(7) 坡间转弯处特别注意土工膜裁剪尺寸和焊接。

(8) 土工膜横向搭接宽度为 10cm，纵向搭接宽度至少为 1.5m（尽量减少纵向搭接）。

(9) 顶部阻滑槽开挖要符合设计要求，宽 50cm，深 30cm。

(10) 施工中注意防火，不得抽烟。

(11) 施工质检人员等均穿无钉鞋或胶鞋。

(12) 土工膜上部要埋入阻滑槽内，以保证顶部的稳定。

(13) 土工膜与墙体的连接，应按设计要求，用螺栓固定。

(三) 土工膜质量控制

(1) 土工膜铺设质检。土工膜施工过程中包括准备工作、铺设、拼接、质量检查和填筑压实。土工膜尽量采用宽幅，减少拼接工程量，在坡面上施工，将膜材卷在钢管上平行铺设。质量检查按土工膜铺设的要求进行，重点放在接缝的控制上，检查方法主要有目测法、现场检漏法、抽样试验法。

1) 目测法。观察有无漏接，接缝是否烫损，无褶皱，是否拼接均匀。

2) 现场检漏法。一般采用充气法检测，焊缝为双条，两条之间留有 10mm 空腔，将待测段两端封死，插入气针，充气至 0.05～0.2MPa，静观 30～60s，观察压力表，如果气压不下降，说明不漏，接缝合格，否则应及时修补。

3) 抽样试验法：随机取试样，要求接缝强度不低于母材的 80%，且试样断裂处不得在接缝处，否则接缝质量不合格。

根据现场条件，采用目测法为主、辅以现场检漏法和抽样试验法检测接缝。采用目测法，对全部焊缝进行检查，即逐缝检查，检查有无漏接现象，接缝是否烫损，有无褶皱，拼接是否均匀，搭接宽度（横向搭接为 10cm，纵向搭接至少为 1.5m）是否符合设计要求，若发现焊接破孔应及时粘贴，粘贴膜大小应超出破孔边缘 10～20cm。

(2) 土工膜与墙体的连接用宽 10cm 的沥青防腐压条固定土工膜，用螺栓固定，现场检查其沥青防缝压条的宽度和压紧情况，以及螺栓是否固定牢固。

(3) 铺膜面积量测：对每次铺设的土工膜进行量测，每次量测的铺膜面积总和为铺膜工程量。

思考题

1. 水工建筑物岩石基础开挖工程的质量控制要点主要有哪些？
2. 水利水电地下工程围岩从工程地质上分为几类？是如何进行分类的？
3. 光面爆破及预裂爆破的质量要求有哪些？
4. 水利水电工程常规混凝土运输的质量控制要点和碾压混凝土运输的质量控制要点各是什么？
5. 高温季节混凝土施工的质量控制要点是什么？
6. 碾压混凝土施工的质量控制要点是什么？
7. 岩石基础灌浆的工程质量检查要点有哪些？
8. 碾压式土石坝坝体填筑质量控制应重点检查哪些项目？
9. 水利水电工程混凝土防渗墙的质量控制要点主要有哪些？
10. 模板安装有哪些质量要求？

附录 A 爆破对岩体破坏试验的检查标准

一、钻孔压水法检查

爆破后，岩石单位吸水率（ω_2）超过表 A.1 中规定数值时，则认为爆破作用使岩体遭受破坏。

表 A.1 压水试验检查标准

ω_1 [L/(min·m·m)]	ω_2 [L/(min·m·m)]	ω_1 [L/(min·m·m)]	ω_2 [L/(min·m·m)]
0.01～1	$(1\pm0.3)\ \omega_1$	>10	$(1\pm0.05)\ \omega_1$
1～10	$(1\pm0.3)\ \omega_1$～$(1\pm0.1)\ \omega_1$		

注 ω_1 表示爆破前岩石的单位吸水率。

二、声波法检查

爆破前后声波振幅的变化值超过仪器观测积累误差±0.5%，或爆破前后声波速度的变化值超过仪器观测积累误差±3.5%时，则认为爆破作用使岩体遭受破坏。

三、地震法检查

爆破前后纵波速度变化值超过仪器观测积累误差±6%时，则认为爆破作用使岩体遭受破坏。

附录B 预裂爆破、光面爆破参数

一、经验数据和经验公式

(1) 炮孔孔距按下式确定

$$a = (7 \sim 12)D \tag{B.1}$$

式中 a——炮孔孔距；

D——钻孔直径。

(2) 不耦合系数按下式确定

$$D_d = D/d = 2 \sim 5 \quad 或 \quad D = (2 \sim 5)d \tag{B.2}$$

式中 D_d——不耦合系数；

d——药卷直径，一般为20～30mm。

(3) 线装药密度的经验公式：

1) 根据岩石的极限抗压强度和相邻孔间距计算，即

$$Q_x = 0.188a\sigma^{0.05} \tag{B.3}$$

式中 Q_x——线装药密度，g/m，以全孔长度计；

a——炮孔孔距，cm；

σ——岩石极限抗压强度，Pa。

式（B.3）的适用范围为：σ=20～150MPa，a=45～120cm。

2) 根据岩石的极限抗压强度和钻孔半径计算（Q_x 以扣除孔口堵塞长度的余留孔深计），即

$$Q_x = 2.75r^{0.38}\sigma^{0.53} \tag{B.4}$$

式中 r——钻孔半径，mm。

式（B.4）的适用范围为：σ=10～150MPa，$D=2r$=46～170mm。

二、邻近预裂缝的松动爆破技术要求

(1) 在相当于无预裂缝的水平保护层内，松动爆破孔的药卷直径可参考表B.1选定。

表B.1　　邻近预裂缝的松动爆破孔的药卷直径参考值

距预裂缝距离（m）	<0.8	0.8～1.2	1.3～1.5	1.6～3.5	3.5～6.0
药卷直径（mm）	<32	32～55	55～70	70～90	90～110

注　坚硬、完整岩石取上限；反之取下限。

(2) 在相当于无裂缝时，用药卷直径32mm所定出的水平保护层内，松动炮孔孔底应高于预裂爆破孔孔底，其高差值为松动爆破孔所用药卷直径相应的垂直保护层厚度。该范围内可采用梯段毫秒爆破，其最大一段起爆药量应不大于300kg。

(3) 在相当于无预裂缝时，用一般松动爆破药卷直径所定出的水平保护层内的松动爆破区边缘应在预裂线内，即预裂缝两端应比水平保护层的爆破边缘长出松动爆破孔所用药卷直径相应的地表水平保护层厚度。

三、光面爆破参数

光面爆破参数见表 B.2。

表 B.2 光面爆破参数

岩石类别	周边孔间距（cm）	周边孔抵抗线（cm）	线装药密度（g/m）
硬岩	55～65	60～80	300～350
中硬岩	45～60	60～75	200～300
软岩	35～45	45～55	70～120

注 炮孔直径为 40～50mm，药卷直径为 20～25mm。

四、浅孔预裂爆破参数（孔深 4m 以内）

浅孔预裂爆破参数见表 B.3。

表 B.3 浅孔预裂爆破参数

岩石类别	周边孔间距（cm）	崩落孔至预裂面距离（cm）	线装药密度（g/m）
硬岩	40～50	40	350～400
中硬岩	40～45	40	200～250
软岩	35～40	35	70～120

注 炮孔直径为 40～50mm，药卷直径为 20～25mm。

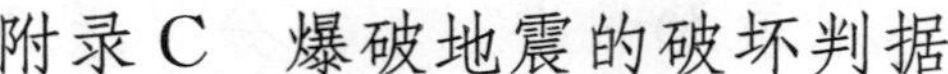

附录C 爆破地震的破坏判据

一、爆破地震危险半径的经验公式

目前，国内外爆破工程多以地表质点产生的最大振动速度作为地表建筑物产生破坏的判据，其经验公式为

$$V = K\left(\frac{\sqrt[3]{Q}}{R}\right)^{\alpha} \tag{C.1}$$

式中 V——爆破地震对建筑物（或构筑物）及地基质点产生的振动速度，cm/s；

K——当地系数，由试验确定，取决于爆破地震波的传播条件（地形）和所通过介质的性质（地质条件）；

Q——炸药量，kg，齐发爆破时取总装药量，延期爆破时取最大一段装药量；

R——爆破地点药量分布的几何中心至观测点、建筑物（或构筑物）的水平距离，m；

α——衰减指数，由试验确定，主要反映爆破地震波随装药量和距离的变化而变化。

二、水工建筑物及其新浇混凝土附近爆破的规定

距离与爆破方式及装药量的关系见表C.1。

表C.1　距离与爆破方式及装药量的关系

项目	混凝土龄期			允许的爆破方式与装药量（kg）
	7天以内	7～14天	14～28天	
允许的最小距离（m）	15	13	10	0.5m孔深，火花起爆
	30	25	15	1.0m孔深，火花起爆
	50	35	25	一般手风钻孔，火花起爆
	80	50	35	一般手风钻孔爆破，最大一段起爆药量不大于20
	90	55	40	延长药包，最大一段起爆药量不大于25
	105	70	45	延长药包，最大一段起爆药量不大于50
	120	80	50	延长药包，最大一段起爆药量不大于80
	130	85	55	延长药包，最大一段起爆药量不大于100
	150	95	65	延长药包，最大一段起爆药量不大于150
	165	105	70	延长药包，最大一段起爆药量不大于200
	180	110	75	延长药包，最大一段起爆药量不大于250
	190	120	80	延长药包，最大一段起爆药量不大于300
	210	130	90	延长药包，最大一段起爆药量不大于400
	220	140	100	延长药包，最大一段起爆药量不大于500

附录D 岩 石 分 级

岩石分级表见表D.1。

表D.1 **岩 石 分 级 表**

岩石级别	岩石名称	天然湿度下平均表观密度(kg/m³)	凿岩机钻孔(min/m)	坚固系数 f^*
Ⅴ	(1) 矽藻土及软的白垩岩； (2) 硬的石炭纪的黏土； (3) 胶结不紧的砾岩； (4) 各种不坚实的页岩	1550 1950 1900～2200 2000		1.5～2.0
Ⅵ	(1) 软的有孔隙的节理多的石灰岩及介质石灰岩； (2) 密实的白垩； (3) 中等坚实的页岩； (4) 中等坚实的泥灰岩	1200 2600 2700 2300		2.0～4.0
Ⅶ	(1) 水成岩卵石经石灰质胶结而成的砾岩； (2) 风化的节理多的黏土质砂岩； (3) 坚硬的泥质页岩； (4) 坚实的泥灰岩	2200 2200 2300 2500	2.0～4.0	
Ⅷ	(1) 角砾状花岗岩； (2) 泥灰质石灰岩； (3) 黏土质砂岩； (4) 云母页岩石及砂质页岩； (5) 硬石膏	2300 2300 2200 2300 2900	6.8 (5.7～7.7)	6.0～8.0
Ⅸ	(1) 软的风化较甚的花岗岩、片麻岩及正长岩； (2) 滑石质的蛇纹岩； (3) 密实的石灰岩； (4) 水成岩石卵石经硅质胶结的砂岩； (5) 砂岩； (6) 砂质石灰质的页岩	2500 2400 2500 2500 2500 2500	8.5 (7.8～9.2)	8.0～10.0
Ⅹ	(1) 白云岩； (2) 坚实的石灰岩； (3) 大理石； (4) 石灰质胶结的质密的砂岩； (5) 坚硬的砂质页岩	2700 2700 2700 2600 2600	10 (9.3～10.8)	10～12
Ⅺ	(1) 粗粒花岗岩； (2) 特别坚实的白云岩； (3) 蛇纹岩； (4) 火成岩卵石经石灰质胶结的砾岩； (5) 石灰质胶结的坚实的砂岩； (6) 粗粒正长岩	2800 2900 2600 2800 2700 2700	11.2 (10.9～11.5)	12～14

续表

岩石级别	岩石名称	天然湿度下平均表观密度（kg/m³）	凿岩机钻孔（min/m）	坚固系数 f^*
Ⅻ	（1）风化痕迹的安山岩及玄武岩； （2）片麻岩、粗面岩； （3）特别坚硬的石灰岩； （4）火成岩卵石经硅质胶结的砾岩	2700 2600 2900 2900	12.2 （11.6～13.3）	14～16
XⅢ	（1）中粗花岗岩； （2）坚实的片麻岩； （3）辉绿岩； （4）玢岩； （5）坚实的粗面岩； （6）中粒正长岩	3100 2800 2700 2500 2800 2800	14.1 （13.4～14.8）	16～18
XⅣ	（1）特别坚实的粗粒花岗岩； （2）花岗片麻岩； （3）闪长岩； （4）最坚实的石灰岩； （5）坚实的玢岩	2300 2900 2900 3100 2700	15.6 （14.9～18.2）	16～18
XⅤ	（1）安山岩、玄武岩、坚实的角闪岩； （2）最坚实的辉绿岩及闪长岩； （3）实的辉长岩及石英岩	3100 2900 2800	20 （18.3～24）	20～25
XⅥ	（1）拉长玄武岩和橄榄玄武岩； （2）特别坚实的辉长岩、辉绿岩、石英岩及玢岩	3300 3000	24 以上	25 以上

* 坚固系数 $f=R/10$，其中 R 为岩石极限抗压强度，MPa。

参 考 文 献

[1] 水利工程协会. 水利工程建设质量控制. 北京：中国水利水电出版社，2006.

[2] 中国建设监理协会. 建设工程质量控制. 北京：中国建材出版社，2005.

[3] 周宜红. 水利水电工程建设监理概论. 武汉：武汉大学出版社，2004.

[4] 钱有锐，王平稳，朱忠荣. 水利水电工程. 北京：中国建筑工业出版社，2008.

[5] 管振祥，腾文彦. 工程项目质量管理与安全. 北京：中国建材出版社，2001.

[6] 全国质量管理和质量保证标准化技术委员会秘书处，中国质量体系认证机构国家认可委员会秘书处. 2000 版质量管理体系国家标准理解与实施. 北京：中国标准出版社，2000.

[7] 本书编委会. 最新水利水电工程质量监控与通病防治实施手册. 北京：光明日报出版社，2005.

[8] 李坤. 水利水电工程质量评定管理系统的研究与开发. 四川大学，2005.

[9] 全国二级建造师职业资格考试用书编委会. 水利水电工程管理与实务. 北京：中国建筑工业出版社，2010.